U0228303

海洋天然气水合物开采基础理论与技术丛书

海洋天然气水合物开采
力学响应与稳定性分析

万义钊　吴能友　李彦龙 等　著

科 学 出 版 社

北 京

内 容 简 介

本书聚焦海洋天然气水合物开采面临的地层失稳等工程地质风险，在含天然气水合物沉积物力学性质分析的基础上，建立天然气水合物开采多相渗流、传热、相变及固体变形的多场耦合模型，重点探讨沉积物力学变形与多相渗流、水合物分解之间的耦合关系；提出系列针对天然气水合物开采的流固耦合数值模拟方法，分析直井、水平井及复杂结构井开采条件下的地层稳定性以及天然气水合物开采可能诱发的海底滑坡，系统研究天然气水合物开采可能引起的工程地质风险，为海洋天然气水合物安全高效开采提供科学依据。

本书可为科研院所、高校、石油公司等从事天然气水合物勘探开发研究的科研人员和研究生提供参考。

图书在版编目（CIP）数据

海洋天然气水合物开采力学响应与稳定性分析 / 万义钊等著.—北京：科学出版社，2025.3

（海洋天然气水合物开采基础理论与技术丛书）

ISBN 978-7-03-077562-7

Ⅰ.①海⋯　Ⅱ.①万⋯　Ⅲ.①海洋-天然气水合物-气田开发-研究

Ⅳ.①TE5

中国国家版本馆 CIP 数据核字(2024)第 013787 号

责任编辑：焦　健　李亚佩 / 责任校对：何艳萍
责任印制：肖　兴 / 封面设计：北京图阅盛世

科 学 出 版 社 出版
北京东黄城根北街 16 号
邮政编码：100717
http://www.sciencep.com

北京中科印刷有限公司印刷
科学出版社发行　各地新华书店经销
*
2025 年 3 月第 一 版　开本：787×1092　1/16
2025 年 3 月第一次印刷　印张：13
字数：308 000
定价：178.00 元
（如有印装质量问题，我社负责调换）

丛 书 序 一

为了适应经济社会高质量发展，我国对加快能源绿色低碳转型升级提出了重大战略需求，并积极开发利用天然气等低碳清洁能源。同时，我国石油和天然气的对外依存度逐年攀升，目前已成为全球最大的石油和天然气进口国。因此，加大非常规天然气勘探开发力度，不断提高天然气自主供给能力，对于实现我国能源绿色低碳转型与经济社会高质量发展、有效保障国家能源安全等具有重大意义。

天然气水合物是一种非常规天然气资源，广泛分布在陆地永久冻土带和大陆边缘海洋沉积物中。天然气水合物具有分布广、资源量大、低碳清洁等基本特点，其开发利用价值较大。海洋天然气水合物多赋存于浅层非成岩沉积物中，其资源丰度低、连续性差、综合资源禀赋不佳，安全高效开发的技术难度远大于常规油气资源。我国天然气水合物开发利用正处于从资源调查向勘查试采一体化转型的重要阶段，天然气水合物领域的相关研究与实践备受关注。

针对天然气水合物安全高效开发难题，国内外尽管已经提出了降压、热采、注化学剂、二氧化碳置换等多种开采方法，并且在世界多个陆地冻土带和海洋实施了现场试验，但迄今为止尚未实现商业化开发目标，仍面临着技术挑战。比如，我国在南海神狐海域实施了两轮试采，虽已证明水平井能够大幅提高天然气水合物单井产能，但其产能增量仍未达到商业化开发的目标要求。再比如，目前以原位降压分解为主的天然气水合物开发模式，仅能证明短期试采的技术可行性，现有技术装备能否满足长期高强度开采需求和工程地质安全要求，仍不得而知。为此，需要深入开展相关创新研究，着力突破制约海洋天然气水合物长期安全高效开采的关键理论与技术瓶颈，为实现海洋天然气水合物大规模商业化开发利用提供理论与技术储备。

因此，由青岛海洋地质研究所吴能友研究员牵头，并联合多家相关单位的专家学者，编著出版"海洋天然气水合物开采基础理论与技术丛书"，恰逢其时，大有必要。该丛书由6部学术专著组成，涵盖了海洋天然气水合物开采模拟方法与储层流体输运理论、开采过程中地球物理响应特征、工程地质风险调控机理等方面的内容，是我国海洋天然气水合物开发基础研究与工程实践相结合的最新成果，也是以吴能友研究员为首的海洋天然气水合物开采科研团队"十三五"期间相关工作的系统总结。该丛书的出版标志着我国在海洋天然气水合物开发基础研究方面取得了突破性进展。我相信，这部丛书必将有力推动我国海洋天然气水合物资源开发利用向产业化发展，促进相应的学科建设与发展及专业人才培养与成长。

中国科学院院士

2021 年 10 月

丛书序二

欣闻青岛海洋地质研究所联合国内多家单位科学家编著完成的"海洋天然气水合物开采基础理论与技术丛书"即将由科学出版社出版,丛书主编吴能友研究员约我为丛书作序。欣然应允,原因有三。

其一,天然气水合物是一种重要的非常规天然气,资源潜力巨大,实现天然气水合物安全高效开发是全球能源科技竞争的制高点,也是一个世界性难题。世界上很多国家都相继投入巨资进行天然气水合物勘探开发研究工作,目前国际天然气水合物研发态势已逐渐从资源勘查向试采阶段过渡。美国、日本、德国、印度、加拿大、韩国等都制定了各自的天然气水合物研究开发计划,正在加紧调查、开发和利用研究。目前,加拿大、美国和日本已在加拿大麦肯齐三角洲、美国阿拉斯加北坡两个陆地多年冻土区和日本南海海槽一个海域实施天然气水合物试采。我国也已经实现了两轮水合物试采,尤其是在我国第二轮水合物试采中,首次采用水平井钻采技术,攻克了深海浅软地层水平井钻采核心关键技术,创造了"产气总量""日均产气量"两项世界纪录,实现了从"探索性试采"向"试验性试采"的重大跨越。我多年来一直在能源领域从事勘探开发研究工作,深知天然气水合物领域取得突破的艰辛。"海洋天然气水合物开采基础理论与技术丛书"从海洋天然气水合物开采的基础理论和多尺度研究方法开始,再详细阐述开采储层的宏微观传热传质机理、典型地球物理特性的多尺度表征,最后涵盖海洋天然气水合物开采的工程与地质风险调控等,是我国在天然气水合物能源全球科技竞争中抢占先机的重要体现。

其二,推动海洋天然气水合物资源开发是瞄准国际前沿,建设海洋强国的战略需要。2018年6月12日,习近平总书记在青岛海洋科学与技术试点国家实验室视察时强调:"海洋经济发展前途无量。建设海洋强国,必须进一步关心海洋、认识海洋、经略海洋,加快海洋科技创新步伐。"天然气水合物作为未来全球能源发展的战略制高点,其产业化开发利用核心技术的突破是构建"深海探测、深海进入、深海开发"战略科技体系的关键,将极大地带动和促进我国深海战略科技力量的全面提升和系统突破。天然气水合物资源开发是一个庞大而复杂的系统工程,不仅资源、环境意义重大,还涉及技术、装备等诸多领域。海洋天然气水合物资源开发涉及深水钻探、测井、井态控制、钻井液/泥浆、出砂控制、完井、海底突发事件响应和流动安全、洋流影响预防、生产控制和水/气处理、流量测试等技术,是一个高技术密集型领域,充分反映了一个国家海洋油气工程的科学技术水平,是衡量一个国家科技和制造业等综合水平的重要标志,也是一个国家海洋强国的直接体现。"海洋天然气水合物开采基础理论与技术丛书"第一期计划出版6部专著,不仅有基础理论研究成果,而且涵盖天然气水合物开采岩石物理模拟、热电参数评价、出砂管控、力学响应与稳定性分析技术,对推动天然气水合物开采技术装备进步具有重要作用。

其三,青岛海洋地质研究所是国内从事天然气水合物研究的专业机构之一,近年来在天然气水合物开采实验测试、模拟实验和基础理论、前沿技术方法研究方面取得了突出成绩。早在 21 世纪初，青岛海洋地质研究所天然气水合物实验室就成功在室内合成天然气水合物样品，并且基于实验模拟获得了一批原创性成果，强有力地支撑了我国天然气水合物资源勘查。2015 年以来，青岛海洋地质研究所作为核心单位之一，担负起中国地质调查局实施的海域天然气水合物试采重任，建立了国内一流、世界领先的实验模拟与实验测试平台，组建了多学科交叉互补、多尺度融合的专业团队，围绕水合物开采的储层传热传质机理、气液流体和泥砂产出预测、物性演化规律及其伴随的工程地质风险等关键科学问题开展研究，创建了水合物试采地质–工程一体化调控技术，取得了显著成果，支撑我国海域天然气水合物试采取得突破。"海洋天然气水合物开采基础理论与技术丛书"对研究团队取得的大量基础理论认识和技术创新进行了梳理和总结，并与广大从事天然气水合物研究的同行分享，无疑对推进我国天然气水合物开发产业化具有重要意义。

　　总之，"海洋天然气水合物开采基础理论与技术丛书"是我国近年来天然气水合物开采基础理论和技术研究的系统总结，基础资料扎实，研究成果新颖，研究起点高，是一份系统的、具有创新性的、实用的科研成果，值得郑重地向广大读者推荐。

中国工程院院士

2021 年 10 月

丛 书 前 言

天然气水合物（俗称可燃冰）是一种由天然气和水在高压低温环境下形成的似冰状固体，广泛分布在全球深海沉积物和陆地多年冻土带。天然气水合物资源量巨大，是一种潜力巨大的清洁能源。20世纪60年代以来，美、加、日、中、德、韩、印等国纷纷制定并开展了天然气水合物勘查与试采计划。海洋天然气水合物开发，对保障我国能源安全、推动低碳减排、占领全球海洋科技竞争制高点等均具有重要意义。

我国高度重视天然气水合物开发工作。2015年，中国地质调查局宣布启动首轮海洋天然气水合物试采工程。2017年，首轮试采获得成功，创造了连续产气时长和总产气量两项世界纪录，受到党中央国务院贺电表彰。2020年，第二轮试采采用水平井钻采技术开采海洋天然气水合物，创造了总产气量和日产气量两项新的世界纪录。由此，我国的海洋天然气水合物开发已经由探索性试采、试验性试采向生产性试采、产业化开采阶段迈进。

扎实推进并实现天然气水合物产业化开采是落实党中央国务院贺电精神的必然需求。我国南海天然气水合物储层具有埋藏浅、固结弱、渗流难等特点，其安全高效开采是世界性难题，面临的核心科学问题是储层传热传质机理及储层物性演化规律，关键技术难题则是如何准确预测和评价储层气液流体、泥砂的产出规律及其伴随的工程地质风险，进而实现有效调控。因此，深入剖析海洋天然气水合物开采面临的关键基础科学与技术难题，形成体系化的天然气水合物开采理论与技术，是推动产业化进程的重大需求。

2015年以来，在中国地质调查局、青岛海洋科学与技术试点国家实验室、国家专项项目"水合物试采体系更新"（编号：DD20190231）、山东省泰山学者特聘专家计划（编号：ts201712079）、青岛创业创新领军人才计划（编号：19-3-2-18-zhc）等机构和项目的联合资助下，中国地质调查局青岛海洋地质研究所、广州海洋地质调查局、中国科学院广州能源研究所、武汉岩土力学研究所、力学研究所、中国地质大学（武汉）、中国石油大学（华东）、中国石油大学（北京）等单位的科学家开展联合攻关，在海洋天然气水合物开采流固体产出调控机理、开采地球物理响应特征、开采工程地质风险评价与调控等领域取得了三个方面的重大进展。

（1）揭示了泥质粉砂储层天然气水合物开采传热传质机理：发明了天然气水合物储层有效孔隙分形预测技术，准确描述了天然气水合物赋存形态与含量对储层有效孔隙微观结构分形参数的影响规律；提出了海洋天然气水合物储层微观出砂模式判别方法，揭示了泥质粉砂储层微观出砂机理；创建了海洋天然气水合物开采过程多相多场（气-液-固、热-渗-力-化）全耦合预测技术，刻画了储层传热传质规律。

（2）构建了天然气水合物开采仿真模拟与实验测试技术体系：研发了天然气水合物钻采工艺室内仿真模拟技术；建立了覆盖微纳米、厘米到米，涵盖水合物宏-微观分布与动态聚散过程的探测与模拟方法；搭建了海洋天然气水合物开采全流程、全尺度、多参量仿真模拟与实验测试平台；准确测定了试采目标区储层天然气水合物晶体结构与组成；精细刻画了储层声、电、力、热、渗等物性参数及其动态演化规律；实现了物质运移与三相转化过程仿真。

（3）创建了海洋天然气水合物试采地质–工程一体化调控技术：建立了井震联合的海洋天然气水合物储层精细刻画方法，发明了基于模糊综合评判的试采目标优选技术；提出了气液流体和泥砂产出预测方法及工程地质风险评价方法，形成了泥质粉砂储层天然气水合物降压开采调控技术；创立了天然气水合物开采控砂精度设计、分段分层控砂和井底堵塞工况模拟方法，发展了天然气水合物开采泥砂产出调控技术。

为系统总结海洋天然气水合物开采领域的基础研究成果，丰富海洋天然气水合物开发理论，推动海洋天然气水合物产业化开发进程，在高德利院士、孙金声院士等专家的大力支持和指导下，组织编写了本丛书。本丛书从海洋天然气水合物开采的基础理论和多尺度研究方法开始，进而详细阐述开采储层的宏微观传热传质机理、典型地球物理特性的多尺度表征，最后介绍海洋天然气水合物开采的工程与地质风险调控等，具体包括：《海洋天然气水合物开采基础理论与模拟》《海洋天然气水合物开采储层渗流基础》《海洋天然气水合物开采岩石物理模拟及应用》《海洋天然气水合物开采热电参数评价及应用》《海洋天然气水合物开采出砂管控理论与技术》《海洋天然气水合物开采力学响应与稳定性分析》等六部图书。

希望读者能够通过本丛书系统了解海洋天然气水合物开采地质–工程一体化调控的基本原理、发展现状与未来科技攻关方向，为科研院所、高校、石油公司等从事相关研究或有意进入本领域的科技工作者、研究生提供一些实际的帮助。

由于作者水平与能力有限，书中难免存在疏漏、不当之处，恳请广大读者批评指正。

自然资源部天然气水合物重点实验室主任

2021 年 10 月

前　　言

天然气水合物是一种潜力巨大的高效清洁能源。加拿大、美国、日本和中国先后进行了天然气水合物的试验性开采，证实了其技术可采性。由于海洋天然气水合物储层的弱胶结特征，其开采过程面临井壁失稳、出砂、地层失稳等工程地质风险，长周期开采还可能诱发海底滑坡。

本书为"海洋天然气水合物开采基础理论与技术丛书"的第六卷。本书共分为六章。第一章绪论，主要梳理总结天然气水合物开采过程中可能面临的各类力学稳定性问题；第二章含天然气水合物沉积物的力学性质及本构模型，以室内三轴剪切试验为重点，介绍不同类型的含天然气水合物沉积物三轴剪切破坏特征，探讨不同类型的含水合物沉积物力学参数在开采过程中的弱化机理，总结含天然气水合物沉积物本构模型的研究进展，以及两类典型的含天然气水合物沉积物的本构模型；第三章天然气水合物开采热-流-固-化（THMC）多场耦合数学模型，围绕天然气水合物开采过程中渗流、传热、相变和固体变形的多场耦合过程，从基本假设、基于连续介质力学的数学模型构建、模型的辅助方程和定解条件等方面，给出 THMC 多场耦合数学模型；第四章天然气水合物开采流固耦合数学模型的求解方法及模拟器开发，在第三章 THMC 多场耦合数学模型的基础上，提出一套基于有限元和控制体有限元混合的流固耦合数值算法，从格式构建、优缺点对比、边界条件处理等方面详细介绍该算法，最后介绍基于该算法自主开发的天然气水合物开采三维多物理场耦合数值模拟器 QIMGHyd-THMC。第五章天然气水合物开采地层力学稳定性分析，首先给出基于稳定性系数概念的力学稳定性分析方法，并基于南海神狐海域天然气水合物的钻探资料建立开采地质模型，利用 QIMGHyd-THMC 数值模拟器，分析直井和水平井两种井型下天然气水合物降压开采的储层力学响应与稳定性特征；第六章天然气水合物与海底滑坡，总结天然气水合物诱发海底滑坡的研究现状，建立天然气水合物开采诱发海底滑坡的数值模型，分析天然气水合物开采对海底滑坡的影响。

本书撰写过程中得到了青岛海洋地质研究所、中国科学院武汉岩土力学研究所、吉林大学等单位的学者大力支持。本书各章分工如下：第一章由吴能友、李彦龙、万义钊完成；第二章由吴能友、李彦龙、董林、万义钊完成；第三章由万义钊、吴能友、韦昌富、李彦龙完成；第四章由万义钊、李文涛、吴能友完成；第五章由袁益龙、万义钊、辛欣、吴能友完成；第六章由赵亚鹏、万义钊、李彦龙完成。

本书的出版得到了国家自然科学基金"南海北部水合物水平井降压开采储层力学响应特征与稳定性研究"项目（编号：41906187）、"海洋天然气水合物多分支井降压开采的协同效应与增产机理研究"项目（编号：42276227）、崂山实验室科技创新项目（LSKJ202203503）和国家专项"天然气水合物实验测试技术更新"（编号：DD20221704）的联合资助，特此致谢。

本书是作者团队近年来在海洋天然气水合物开采领域最新研究成果的总结，可以为从事天然气水合物开采力学响应分析的科研人员和研究生提供参考。同时，本书在海洋天然气水合物的多场耦合数值模拟方面，提供了详细的基础数学模型和求解算法的实现细节，将数值模拟器的"黑匣子"详细展示给读者。本书还提供了一套流固耦合的算法框架，也可为从事多场耦合数值模拟算法和模拟器开发的人员提供参考。

　　希望读者能够通过本丛书系统了解海洋天然气水合物开采基础理论的发展现状与未来科技攻关方向，为科研院所、高校、石油公司等从事相关研究或有意进入本领域的科技工作者、研究生提供一些实际的帮助。

万义钊

2024 年 10 月

目　　录

第一章 绪 论

第一节 天然气水合物开采概述

天然气水合物（natural gas hydrate）是在一定条件下由非极性的烃类、二氧化碳及硫化氢等气体小分子与水组成的固体结晶物质，是一种非化学计量型的晶体化合物（Sloan，1998）。天然气水合物可以看作由水分子形成的空间笼形结构和充填于笼形结构中的气体分子组成，主要分为Ⅰ型、Ⅱ型和 H 型三种结构。自然界中，天然气水合物主要分布在陆地的永久冻土带和一定水深（>300m）的海底沉积物中，以甲烷水合物为主。

天然气水合物被认为是一种巨大的高效清洁能源。据估计，全球天然气水合物的资源量中有机碳含量相当于全球已探明化石燃料（煤炭、石油、天然气等）的两倍。天然气水合物分布范围广，资源量巨大，能量密度高，是有望成为满足未来人类能源需求的高效清洁能源。然而，天然气水合物尤其是海域天然气水合物的成藏条件复杂，且以固态形式存在，其开采面临着许多技术难题。目前，天然气水合物的开采仍处于实验和探索阶段。如何形成高效安全的天然气水合物开采方式，是天然气水合物开采中急需解决的关键基础问题。

目前天然气水合物开采方法主要有四种，分别是：①降压法；②热激法；③注化学抑制剂法；④CO_2 置换法。四种方法均是从天然气水合物的相平衡曲线出发，通过不同手段将天然气水合物从相平衡曲线的稳定区域改变为不稳定区域，使天然气水合物分解产生天然气，收集天然气以达到开采的目的。除从改变相平衡角度提出的开采方法外，井型也是影响天然气水合物开采产能的重要因素。井型主要是从增大天然气水合物开采过程中泄油面积从而实现高效开采的方面来考虑。开采方法和井型均是可以人为控制的因素，而天然气水合物的储层特征是固有属性，是决定开采产能最重要也是最直接的因素。不同的储层特征需要使用不同的开采方法和开采井型，从而达到安全高效开采的目的。表 1.1 是目前国际上已经进行的水合物试采情况。可以看出，降压法是目前天然气水合物开采最为有效的方法，但总体上天然气水合物的开采效率仍然较低，其中产量最高的是中国在 2020 年南海神狐海域进行的天然气水合物试采，30 天共生产约 86.14 万 m^3 的天然气，日产约 2.87 万 m^3。

表 1.1　国际上天然气水合物试采概况

年份	位置	储层	方法	生产时间	产气量	结果
2002	加拿大麦肯齐三角洲（Kurihara et al.，2010）	多年冻土区，砂砾层水合物	热激	5 天	463m³	效率低，因井筒失稳、出砂问题被迫终止，最佳日产 2000~4000m³
2007			降压	12.5 小时	830m³	
2008			降压	6 天	13000m³	

续表

年份	位置	储层	方法	生产时间	产气量	结果
2012	美国阿拉斯加北坡（Schoderbek et al.，2012）	多年冻土区，砂砾层水合物	CO_2置换+降压	1个月	24000m³	效率低
2013	日本南海海槽（Yamamoto et al.，2014，2019）	海洋沉积物，中粗砂质水合物	降压	6天	119000m³	20000m³/d，因井筒失稳、出砂问题被迫终止
2017			降压	井一：12天，井二：24天	井一：35000m³ 井二：200000m³	井一：3000m³/d，出砂被迫终止 井二：83300m³/d
2017	中国南海神狐海域（Li et al.，2018）	粉砂质黏土/黏土质粉砂水合物	降压	60天	309000m³	平均5151m³/d，主动终止
2020	中国南海神狐海域（叶建良等，2020）	粉砂质黏土/黏土质粉砂水合物	降压+水平井	30天	861400m³	平均日产气28700m³

从历次天然气水合物试采结果来看，目前，天然气水合物开采面临的主要问题有两方面：一是产量比较低，还达不到商业化开采的产量要求；二是开采存在地层和井筒失稳，以及井筒出砂等工程地质问题。开采过程中的出砂问题已经在本丛书的卷五《海洋天然气水合物开采出砂管控理论与技术》中专门讨论，本书则关注天然气水合物开采过程中的储层稳定性问题。

第二节　天然气水合物开采面临的力学稳定性问题

从天然气水合物开采过程来看，可能存在的力学稳定性问题主要包括以下几个方面（吴能友等，2024）：①钻井过程由于钻井扰动引起井壁稳定性问题；②开采地层变形与破坏引起地层稳定性问题；③开采引起的海底沉降与变形威胁海底管道及工程设施的安全；④天然气水合物长周期开采过程中引起的海底大面积滑坡。以上四个方面的力学稳定性问题涵盖了天然气水合物开采的整个生命周期，其影响范围也依次逐渐扩大。

一、天然气水合物开采钻井井壁稳定性

地下岩层或者天然气水合物层的骨架与孔隙中的流体在钻井前保持平衡状态，钻井后井壁的地层岩石的支撑力就会丧失，如果井壁的强度较弱，则可能发生失稳垮塌（宁伏龙，2005）。对于水合物储层来说，原始状态下水合物处于稳定状态，但钻井过程中钻井液的温度和压力变化可能导致储层中的水合物发生分解，这样原本水合物对储层的胶结和支撑作用将消失，进一步加剧了井壁失稳和垮塌的风险。此外，水合物分解会产生水和气体，并且会发生温度变化，这些变化会对钻井液的性能（黏度、密度、稳定性）等产生影响，进而影响井壁的稳定性。

钻井井壁稳定性研究的核心是钻井液的密度窗口。钻井液密度过大，井筒内的内压力过大，施加在井壁上的荷载超过地层强度的极限，井壁发生破坏。钻井液密度过小，则其对井壁的支撑力不够，井壁会发生垮塌。钻井液的密度窗口是确保井壁不发生破坏的钻井

液密度范围（图1.1）。对于水合物储层来说，温度对井壁稳定性也有较大的影响。近年来，有学者提出了钻井液密度和温度双窗口的概念（李庆超，2023）。

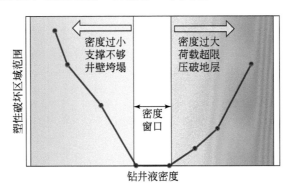

图 1.1　钻井液密度窗口示意图

二、天然气水合物开采过程中的井筒与地层稳定性

钻井过程中的井壁稳定性主要是原始地层受钻井过程与钻井液扰动的力学问题。当开采天然气水合物时，井筒已经完成了套管下入和固井等操作，由于开采过程中孔隙压力变化、水合物分解等因素，储层变形和破坏可能产生两方面的影响：一是井周地层变形和应力变化可能导致井筒套管变形甚至破坏（黄帅，2024；图1.2）；二是地层变形甚至破坏使得原本胶结的沉积物颗粒成为自由状态，并且在流体携带作用下流入井筒从而出砂（宁伏龙等，2020a，2020b；图1.3）。含水合物沉积物在开采前由孔隙压力和沉积物颗粒间的有效应力共同承担外界荷载，处于稳定状态。降压法通过降低孔隙压力使水合物分解，以及孔隙压力降低引起沉积物颗粒间的有效应力增加。由于海域水合物沉积物的胶结差、强度低，有效应力增加可能会超过地层强度，导致地层变形甚至破坏。并且水合物在沉积物颗粒间起胶结作用，水合物分解降低了地层强度，又进一步加大了储层失稳的风险。

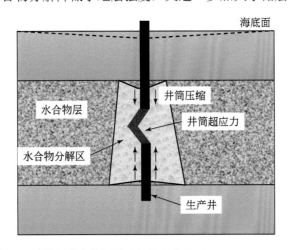

图 1.2　天然气水合物开采时井筒稳定性（Long et al.，2014）

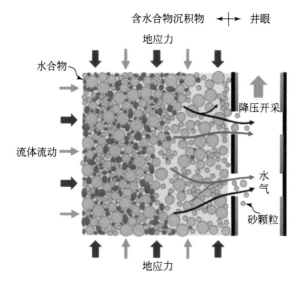

图 1.3   天然气水合物开采时应力作用引起出砂（宁伏龙等，2020b）

三、天然气水合物开采引起海底沉降

天然气水合物开采可能引起的另一个力学稳定性问题是海底沉降（图 1.4）。海底沉降的原因与井筒和地层失稳的原因相同，主要是由于天然气水合物开采时孔隙压力降低及地层强度下降导致储层变形。井筒和地层失稳主要从力学荷载超过材料强度的角度分析，而海底沉降则主要从变形量来分析问题。即使地层的荷载不超过其力学强度，地层没有发生强度破坏，但如果变形量过大，同样也会带来安全问题。当沉降量较大且出现不均匀沉降时，井口设施和海底管道的安全将受到威胁。相较于井筒与储层稳定性，水合物开采引起的海底沉降主要关注远离井筒的海底区域，以及由海底沉降引起的其他工程安全问题。

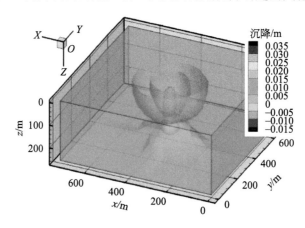

图 1.4   天然气水合物开采引起地层及海底沉降（万义钊等，2018）

四、长周期开采引起海底滑坡

天然气水合物在沉积物中起胶结作用，会增强沉积物强度。当水合物受到扰动发生分解后，一方面会降低沉积物强度，另一方面分解产生的气体和水也会增大孔隙压力，进一步降低胶结强度。当含水合物沉积物的坡度较大时，水合物的分解使得沉积物的抗剪强度和承载力降低，在沉积物自身重力的作用下，可能发生海底滑坡（刘锋，2010）。上述过程中水合物的分解既可以是人为因素（如开采等）引起的，也可以是自然因素（海平面下降或气候变暖）。对于水合物开采来说，降压法通常不会引起孔隙超压，可能造成海底滑坡的主要原因是水合物分解导致地层强度下降，而热激法或者注化学抑制剂法可能引起孔隙超压。海底滑坡通常规模较大，只有在长周期开采、水合物大范围分解的情况下才有可能发生。

第三节 天然气水合物开采工程地质风险研究进展与展望

围绕天然气水合物开采的地层力学失稳与出砂等工程地质风险，作者团队提出了海洋天然气水合物工程地质学（吴能友等，2024）。其基本学科科学问题可以归结为以下四个方面：①海洋天然气水合物系统的工程力学性质及其演变机理；②海洋天然气水合物系统中的多物理场耦合特征及其主控因素；③海洋天然气水合物开发活动诱发的工程地质风险及其调控原理；④自然条件扰动背景下海洋天然气水合物系统的地质灾害诱发因素及其演化机理。

一、海洋天然气水合物系统的工程力学性质与其演变机理

海洋天然气水合物系统的工程力学性质直接决定了工程地质风险的类型和规模，更直接影响着天然气水合物勘探开发工程的设计、实施、运行与维护方案的选择。因此，了解海洋天然气水合物系统的工程力学性质，深入理解其演变机理，是一切与海洋天然气水合物系统相关的工程地质风险/灾害预测与调控的总开关，也是海洋天然气水合物工程地质学的重要学科方向之一。海洋天然气水合物储层的上覆地层和下伏地层通常都是未固结成岩的松散沉积物，其力学性质主要决定于应力历史、沉积物类型、沉积历史等。相较而言，海洋天然气水合物储层的力学性质影响因素更多、演变行为更加复杂。目前，海洋天然气水合物储层的工程力学性质研究主要集中在静力学特征和蠕变变形两个方面。

海洋天然气水合物储层的变形行为因加载模式和荷载大小的改变而改变。在储层的弹性力学研究中，主要通过构建水合物饱和度、有效围压等条件与剪切波速和压缩波速的关系，通过经验公式或物理推导得到储层的剪切模量、阻尼比等力学参数（Guler and Afacan，2021；Liu et al.，2020）。已有研究结果表明，海洋天然气水合物储层的剪切强度随水合物饱和度与有效围压的升高而升高；在较高的有效围压条件下，海洋天然气水合物储层更多地表现为应变硬化，而水合物高饱和度储层更易发生脆性破坏（Li et al.，2021；Yang et al.，2019）。储层的内聚力受储层水合物饱和度的调控，而内摩擦角则受水合物饱和度影响较小（Xu et al.，2023）。与此同时，储层的抗剪强度也受沉积物颗粒尺寸、矿物组成等影响（Choi et al.，2018）。储层的剪切破坏是内部颗粒翻滚、滑移共同作用的结果（李彦龙等，

2020）。在储层的塑性力学研究中，主要研究沉积物颗粒在大应变条件下的颗粒级配变化与残余应力变化的关联（Kimura et al.，2015）。研究表明，剪切后储层渗透性的降低是由于剪切带内颗粒破碎后的孔隙度降低和颗粒尺寸减小共同引起的（Kimura et al.，2019，2014）。

天然气水合物开采过程中，实际储层的破坏过程在很大程度上属于长期荷载作用下的缓慢变形和破坏，本书将这种长期荷载作用引起的储层变形定义为蠕变（吴能友等，2021）。值得注意的是，由于天然气水合物开采过程中储层内部物质实际上处于动态调整状态，因此本书所指的蠕变与传统工程力学中所指的材料蠕变不完全一致。海洋天然气水合物储层的基本地质特征决定了天然气水合物开采过程中储层蠕变行为的发生具有其必然性（Hu et al.，2022；Li et al.，2016）。但是相较于静力学特征，目前对天然气水合物储层蠕变破坏行为的认识还较为初步，如一定应力条件下，部分实验结果显示储层并不会出现初始蠕变、稳定蠕变和加速蠕变三个完整过程，而部分研究则比较完整地观察到了上述三个变形过程。另外，水合物本身也具有一定的蠕变特性（Yoshimoto and Kimoto，2022）。因此，海洋天然气水合物储层的整体蠕变行为是水合物颗粒、沉积物颗粒以及其界面相互作用（Li et al.，2022）和孔隙中流体运移共同作用的结果，非线性特征明显，是典型的复合介质蠕变力学问题。总之，静力学特征和蠕变变形行为是海洋天然气水合物系统工程力学研究的两条基本主线。对于天然气水合物储层而言，目前的研究在一定程度上是对实际储层力学特性在解耦条件下的探讨，未来仍需遵循系统工程的思想开展天然气水合物储层工程力学特性的耦合重构研究（如变形行为与渗流行为的关联、变形行为与泥砂输运行为的关联等）。其中，最为关键的是静力学特征和蠕变变形行为的耦合与统一。建立能够同时体现水合物、沉积物及其界面作用的储层强度参数和变形行为预测本构模型，是该领域的重大科学挑战。

二、海洋天然气水合物系统中的多物理场耦合特征及其主控因素

海洋天然气水合物系统存在剧烈的多场耦合行为。如在近海底地层中，深部气体向上的迁移活动、底流作用导致的海水与沉积物孔隙水交换等都会引起地层压力场、温度场、应力场的改变，进而直接控制海洋天然气水合物系统的浅层工程地质风险演化；对于海洋天然气水合物储层而言，其多物理场耦合行为不仅直接影响天然气水合物的开发能效，也决定了与海洋天然气水合物系统相关的自然灾害和人工诱导工程地质风险的演化规律。因此，深入理解海洋天然气水合物系统的多物理场耦合机理，是海洋天然气水合物工程地质学面临的重要基础科学问题和学科方向。

具体而言，海洋天然气水合物储层区别于深水常规油气储层的最大特点是存在相变。因此，天然气水合物的分解相变是储层多物理场耦合行为的枢纽。而天然气水合物的相变行为及与之并发的气、水、泥砂迁移等多物理过程主要发生在从天然气水合物分解前缘到生产井的区域，因此该区域也是天然气水合物储层多场耦合行为最为强烈的区域。通常将天然气水合物储层的多物理场耦合问题简化为温度（T）-渗流（H）-变形（M）-相变（C）四场耦合问题（即THMC）（李淑霞等，2020；万义钊等，2018；Wan et al.，2022）。以力学变形为核心，研究由于其他物理过程对开采过程中力学行为的影响，是基于 THMC 多物理场耦合分析天然气水合物开采过程中地层力学响应与稳定性的基本思路。许多学者利

用 THMC 对天然气水合物开采过程中的井筒稳定性（Yoon et al.，2021）、地层稳定性（Yuan et al.，2023）、海底沉降（Jin et al.，2019）和滑坡（张功尧，2024）等进行分析。本书主要围绕 THMC 过程展开。

近年来，作者团队充分考虑泥砂迁移场的独特性，提出将传统 THMC 四场耦合问题，升级为温度（T）-渗流（H）-形变（M）-相变（C）-泥砂输运（S）五场耦合问题（即 THMCS，图 1.5）。提出上述耦合模式的主要考虑是：①泥砂输运行为是海洋天然气水合物特别是南海泥质粉砂水合物开采过程中必然会发生的物理过程（Li et al.，2019；Wu et al.，2021），泥砂输运是地层骨架沉积物颗粒由连续介质状态向离散介质状态转变的过程，泥砂颗粒的剥落、启动、迁移、再沉降过程均不能用 THMC 中的方程组表达。②泥砂输运与多孔介质中的多相渗流、水合物分解、地层变形及传热之间存在直接或间接的耦合关系，属于相对独立但又与其他物理过程高度耦合的储层行为。③泥砂输运是水合物分解、地层强度劣化和气水渗流共同作用下的客观物理过程，与常规意义上所述的井筒出砂是完全不同的概念，出砂是工程地质灾害而泥砂输运是客观物理现象。工程地质灾害需要防控而客观物理现象只能调节。④泥砂输运为井筒出砂提供了基本物质基础，因此泥砂输运行为与工程地质风险演变直接挂钩，不考虑泥砂输运行为可能导致工程地质风险演变预测结果失真失准。

本书不包含 THMCS 的内容。将天然气水合物储层的多场耦合行为从 THMC 升级为 THMCS 后，面临的第一个挑战是多场耦合模型的建模及其求解。现有天然气水合物多场耦合分析模拟器都无法实现泥砂输运行为的耦合分析，而多场耦合模型求解过程中离散固相颗粒迁移与流体渗流迁移的计算网格剖分方式完全不同，需要全新的网格剖分技术（Wan et al.，2022）。在流体传质行为（即流体渗流）方面，目前国内外研究者已经从水合物储层孔隙结构演变、有效渗透率预测等方面取得了突出进展，但是对水合物储层相对渗透率的研究则较少（Ji et al.，2020，2022）。在固相传质（即泥砂输运）方面，目前国内外在模拟实验、基础理论、多尺度数值模拟技术等方面都取得了许多有益的结论，初步厘定了水合物储层泥砂输运微观通道的演化规律（Jin et al.，2022），建立了基于自由沉降拱原理的出砂量预测模型（Qi et al.，2023），为后续多场耦合模型的建立提供了重要参考。在储层传

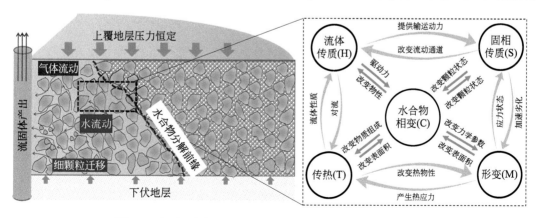

图 1.5 海洋天然气水合物多场耦合模式（吴能友等，2024）

热行为方面，流体渗流引起的焦汤效应、水合物分解吸热和周围热环境的耦合作用共同决定了地层的传热特征。而在储层固相变形方面，目前的主要挑战是将现有的弹塑性模型发展为能够体现储层蠕变特征的黏弹塑性模型。

三、海洋天然气水合物开发活动诱发的工程地质风险及其调控原理

按照工程地质风险的发生规模、对开发工程乃至海洋地质环境的影响程度，海洋天然气水合物开发过程中的潜在工程地质风险主要包括出砂、井筒完整性破坏、地层局部失稳、海底沉降塌陷、大规模滑坡等。工程地质风险轻则影响天然气水合物开发效率，重则导致开发工程难以为继，甚至严重威胁海洋生态地质安全。目前，国内外针对不同类型的工程地质风险演变规律开展了大量研究，特别是在海洋天然气水合物储层出砂和近井地层失稳的室内实验、理论模型与数值模拟方面取得了显著的成效。从出砂风险评估的角度，目前主要集中在储层出砂的临界条件、出砂速率演变和出砂调控方法等方面。国内青岛海洋地质研究所（Li et al.，2023）、中国地质大学（武汉）（Fang et al.，2021）、中国科学院广州能源研究所（Lu et al.，2021）等单位均研制了不同尺度的水合物出砂模拟系统，并基于这些系统从出砂量预测与防砂介质堵塞机制等方面开展了较为全面的研究。在实验模拟基础上，目前常见的水合物储层出砂数值模拟主要有连续介质模拟与离散介质模拟两类。其中，宏观尺度下水合物储层出砂数值模拟通常基于连续介质力学理论，多以有限元法与边界元法对水合物储层多物理场耦合模型进行求解，而细观尺度的出砂模拟主要基于离散单元法，可模拟水合物开采过程中骨架颗粒的动力学行为，从而探索孔隙尺度下的储层出砂机制（刘浩伽等，2017）。然而，实验模拟结果、数值模拟结果、现场监测结果之间仍然存在巨大的差异，导致出砂控制技术仍然没有摆脱常规油气开采井的基本出砂防控思路，即在生产井井底安装控砂介质（包括控砂筛管和充填砾石层等），阻挡地层深部的泥砂颗粒进入井筒。Zhu 等（2020）、Dong 等（2020）、Ding 等（2019）在降压开采水合物条件下探讨了采用控砂介质实现井筒出砂控制的可行性。李彦龙等（2017）和 Li 等（2020）结合南海实际水合物储层特征，修正了控砂介质的控砂精度设计方法，提出了以满足短周期水合物试采井筒安全为目标的"防粗疏细"式控砂精度设计方法。然而，这些方法主要聚焦于井筒"被动控砂"模式，如何将井筒控砂向储层深部延伸，实现从泥砂输运阶段的源头调控，是该领域的发展方向。

水合物开采过程中储层沉降、井筒垮塌、海底沉降、斜坡滑塌等都是储层失稳的具体表现形式。然而，目前所有的研究均单独针对某一类失稳风险开展实验模拟或数值模拟，对不同风险之间的转化关系尚不清楚。特别是大规模的地层塌陷、滑动灾害一定不会无故出现，而是小规模工程地质行为不断积累、不断放大的结果。因此，海洋天然气水合物开发过程中的工程地质风险不是相互独立存在的，而是一系列具有明显递进特征的、环环相扣的工程地质灾害链（类似于"马蹄钉的故事"，图 1.6）。即长期开采条件下，出砂作用一方面加剧了地层的物质亏空程度，另一方面可能导致地层颗粒间的胶结物减少，失去胶结的近井地层变形导致井筒完整性破坏；井筒完整性破坏进一步发展可能诱发开采区地层局部失稳，失稳区域随着开发工程（水合物分解范围）的推进而不断扩大，最终导致海底沉降或大规模滑动，诱发严重的海底地质灾害。

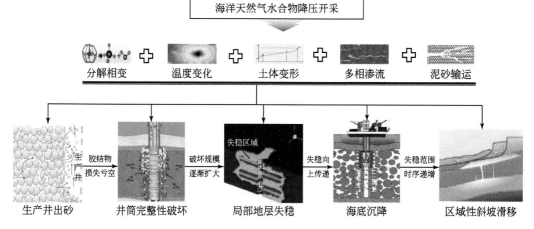

图 1.6 海洋天然气水合物开发相关的工程地质风险链式演化模式（吴能友等，2024）

四、自然条件扰动背景下海洋天然气水合物系统的地质灾害诱发因素及其演化机理

自然条件扰动背景下海洋天然气水合物系统地质灾害的孕育、发展、灾变行为是海洋天然气水合物地质、工程安全承载力评价的重要内容，也是海洋天然气水合物工程地质学的重要学科方向。与海洋天然气水合物系统直接相关的地质灾害包括海底滑坡、沉降、蠕变、气体大规模渗漏等具有活动能力的破坏性海底灾害，还包括海底麻坑、浅层气、断层等限制性地质现象，这些限制性地质现象也往往被称为灾害体。其中前者是海洋天然气水合物系统地质灾害的直接表现形式，可能对人类的深海勘探开发活动产生直接的破坏性影响，而后者则是前者发生、演变的重要推动力，在特定内部劣化因素和外部扰动因素条件下，后者也可能直接转化为活动性（突发性）地质灾害，对海底工程基础设施和海洋环境产生直接影响。由于海洋天然气水合物演化本身可能伴生海底泥火山、泥底辟、气烟囱等地质灾害体，因此在很长一段时间里，天然气水合物被当作是一种海底地质灾害。海洋天然气水合物对活动性海底灾害的主要影响可定性归纳为两个方面，一是天然气水合物的分解使地层强度劣化，二是分解的气体降低沉积物的有效应力，在外界扰动作用下诱发地质灾害。其中，滑坡是最常见的海底地质灾害之一，目前全球已知的与天然气水合物直接相关的典型海底滑坡主要有：非洲西南部大陆架上的海底滑坡与海底坍塌（Summerhayes et al.，1979）、美国大西洋大陆坡上的坍塌（Carpenter，1981）、挪威大陆架边缘的 Storegga 大型滑坡（Bugge et al.，1987）、British Columbia 的海底滑坡（Scholz et al.，2016）和阿拉斯加大陆边缘的滑坡与旋转滑坡（Kayen and Lee，1991）等。在限制性地质现象向活动性地质灾害转化方面，麻坑和泥火山最具代表性。其中，麻坑是指在天然气水合物赋存区附近，因下伏超压流体在海面不断溢出，在海面形成不同形状、大小和规模的塌陷凹坑。麻坑是由于强烈的流体快速喷溢出海面形成的，因此其下伏地层气体的溢出是形成麻坑形态的主要原因，麻坑地貌的形成与海底甲烷渗漏和活动流体运移有密切关系。海底麻坑的大小范围变化很大，最小的海底麻坑直径不到 5m（Hovland and Roy，2022），最大的海底麻坑直

径达数千米（Pilcher and Argent，2007），垂向深度从小于1m到几百米以上。海底泥火山也称海底泥丘或泥拱，呈圆丘状凸起于周边海底，且顶部带有漏斗状火山口和通向沉积物深部的管孔，可涌出混有大量水、气的泥质黏土状流体。泥火山在全球都有分布，海底泥火山在黑海、里海、地中海、挪威海、尼日利亚近海、墨西哥湾和我国东海等海域均有发现（孟祥君等，2012）。海底泥火山活动可影响钻井、套管安装和管线铺设，对海底泥火山的研究有助于保障海底工程安全（Milkov，2004）。总体而言，与海洋天然气水合物系统相关的活动性地质灾害大都属于缓发性灾害，限制性地质现象转化为地质灾害往往具有突发性。两者的诱发机制和演变机理存在本质区别，厘清不同类型的地质灾害的触发机制、演化过程及多种类型的地质灾害的递进转化模式，是海洋天然气水合物系统地质灾害研究面临的重大科学难题。

参 考 文 献

黄帅. 2024. 天然气水合物试采井储层段井筒稳定性研究. 青岛: 中国石油大学(华东).

李庆超. 2023. 深水浅层未成岩水合物地层钻采过程工程地质灾害分析研究. 青岛: 中国石油大学(华东).

李淑霞, 郭尚平, 陈月明, 等. 2020. 天然气水合物开发多物理场特征及耦合渗流研究进展与建议. 力学学报, 52(3): 1-26.

李彦龙, 胡高伟, 刘昌岭, 等. 2017. 天然气水合物开采井防砂充填层砾石尺寸设计方法. 石油勘探与开发, 44(6): 961-966.

李彦龙, 刘昌岭, 廖华林, 等. 2020. 泥质粉砂沉积物-天然气水合物混合体系的力学特性. 天然气工业, 40(8): 159-168.

刘锋. 2010. 南海北部陆坡天然气水合物分解引起的海底滑坡与环境风险评价. 青岛: 中国科学院研究生院(海洋研究所).

刘浩伽, 李彦龙, 刘昌岭, 等. 2017. 水合物分解区地层砂粒启动运移临界流速计算模型. 海洋地质与第四纪地质, 37(5): 166-173.

孟祥君, 张训华, 韩波, 等. 2012. 海底泥火山地球物理特征. 海洋地质前沿, 28(12): 6-9, 45.

宁伏龙. 2005. 天然气水合物地层井壁稳定性研究. 武汉: 中国地质大学.

宁伏龙, 方翔宇, 李彦龙, 等. 2020a. 天然气水合物开采储层出砂研究进展与思考. 地质科技通报, 39(1): 137-148.

宁伏龙, 窦晓峰, 孙嘉鑫, 等. 2020b. 水合物开采储层出砂数值模拟研究进展. 石油科学通报, 5(2): 182-203.

万义钊, 吴能友, 胡高伟, 等. 2018. 南海神狐海域天然气水合物降压开采过程中储层的稳定性. 天然气工业, 38(4): 117-128.

吴能友, 李彦龙, 刘乐乐, 等. 2021. 海洋天然气水合物储层蠕变行为的主控因素与研究展望. 海洋地质与第四纪地质, 41(5): 3-11.

吴能友, 李彦龙, 蒋宇静, 等. 2024. 海洋天然气水合物工程地质学的提出、学科内涵与展望. 地学前缘: 1-22.

叶建良, 秦绪文, 谢文卫, 等. 2020. 中国南海天然气水合物第二次试采主要进展. 中国地质, 47(3): 557-568.

张功尧. 2024. 天然气水合物开采对深海能源土斜坡稳定性的影响分析. 青岛: 中国石油大学(华东).

Bugge T, Befring S, Belderson R H, et al. 1987. A giant three-stage submarine slide off Norway. Geo-Marine Letters, 7(4): 191-198.

Carpenter G. 1981. Coincident sediment slump/clathrate complexes on the U.S. Atlantic continental slope. Geo-Marine Letters, 1(1): 29-32.

Choi J-H, Dai S, Lin J-S, et al. 2018. Multistage triaxial tests on laboratory-formed methane hydrate-bearing sediments. Journal of Geophysical Research: Solid Earth, 123(5): 3347-3357.

Ding J, Cheng Y, Yan C, et al. 2019. Experimental study of sand control in a natural gas hydrate reservoir in the South China Sea. International Journal of Hydrogen Energy, 44(42): 23639-23648.

Dong C, Wang L, Zhou Y, et al. 2020. Microcosmic retaining mechanism and behavior of screen media with highly argillaceous fine sand from natural gas hydrate reservoir. Journal of Natural Gas Science and Engineering, 83: 103618.

Fang X, Ning F, Wang L, et al. 2021. Dynamic coupling responses and sand production behavior of gas Hydrate-bearing sediments during depressurization: An experimental study. Journal of Petroleum Science and Engineering, 201: 108506.

Guler E, Afacan K B. 2021. Dynamic behavior of clayey sand over a wide range using dynamic triaxial and resonant column tests. Geomechanics and Engineering, 24(2): 105-113.

Hovland M T, Roy S. 2022. Shallow Gas Hydrates Near 64° N, Off mid-norway: concerns regarding drilling and production technologies//Mienert J, Berndt C, Tréhu A M, et al. eds. World atlas of submarine gas hydrates in continental margins. Cham: Springer International Publishing: 15-32.

Hu T, Wang H N, Jiang M J. 2022. Analytical approach for the fast estimation of Time-dependent wellbore stability during drilling in methane hydrate-bearing sediment. Journal of Natural Gas Science and Engineering, 99: 104422.

Ji Y, Hou J, Zhao E, et al. 2020. Study on the effects of heterogeneous distribution of methane hydrate on permeability of porous media using low-field NMR technique. Journal of Geophysical Research: Solid Earth, 125(2): e2019JB018572.

Ji Y, Kneafsey T J, Hou J, et al. 2022. Relative permeability of gas and water flow in Hydrate-bearing porous media: A micro-scale study by lattice Boltzmann Simulation. Fuel, 321: 124013.

Jin G, Lei H, Xu T, et al. 2019. Seafloor subsidence induced by gas recovery from a Hydrate-bearing sediment using multiple well system. Marine and Petroleum Geology, 107: 438-450.

Jin Y, Wu N, Li Y, et al. 2022. Characterization of sand production for clayey-silt sediments conditioned to hydraulic slotting and gravel packing: Experimental observations, theoretical formulations, and modeling. SPE Journal, 27(6): 3704-3723.

Kayen R E, Lee H J. 1991. Pleistocene slope instability of gas hydrate-laden sediment on the Beaufort Sea Margin. Marine Geotechnology, 10(1-2): 125-141.

Kimura S, Kaneko H, Ito T, et al. 2014. The effect of effective normal stress on particle breakage, porosity and permeability of sand: Evaluation of faults around methane hydrate reservoirs. Tectonophysics, 630: 285-299.

Kimura S, Kaneko H, Ito T, et al. 2015. Investigation of fault permeability in sands with different mineral compositions (evaluation of gas hydrate reservoir): 7. Energies, 8(7): 7202-7223.

Kimura S, Ito T, Noda S, et al. 2019. Water permeability evolution with faulting for unconsolidated turbidite sand in a gas-hydrate reservoir in the Eastern Nankai Trough Area of Japan. Journal of Geophysical Research: Solid Earth, 124(12): 13415-13426.

Kurihara M, Sato A, Funatsu K, et al. 2010. Analysis of production data for 2007/2008 mallik gas hydrate production tests in Canada. Beijing: SPE.

Li J, Ye J, Qin X, et al. 2018. The first offshore natural gas hydrate production test in South China Sea. China Geology, 1(1): 5-16.

Li Y, Liu W, Song Y, et al. 2016. Creep behaviors of methane hydrate coexisting with ice. Journal of Natural Gas Science and Engineering, 33: 347-354.

Li Y, Wu N, Ning F, et al. 2019. A sand-production control system for gas production from clayey silt hydrate reservoirs. China Geology, 2(2): 121-132.

Li Y, Ning F, Wu N, et al. 2020. Protocol for sand control screen design of production wells for clayey silt hydrate reservoirs: A case study. Energy Science & Engineering, 8(5): 1438-1449.

Li Y, Dong L, Wu N, et al. 2021. Influences of hydrate layered distribution patterns on triaxial shearing characteristics of hydrate-bearing sediments. Engineering Geology, 294: 106375.

Li Y, Yu G, Xu M, et al. 2022. Interfacial strength between ice and sediment: A solution towards fracture-filling hydrate system. Fuel, 330: 125553.

Li Y-L, Ning F-L, Xu M, et al. 2023. Experimental study on solid particle migration and production behaviors during marine natural gas hydrate dissociation by depressurization. Petroleum Science, 20(6): 3610-3623.

Liu Z, Ning F, Hu G, et al. 2020. Characterization of seismic wave velocity and attenuation and interpretation of tetrahydrofuran hydrate-bearing sand using resonant column testing. Marine and Petroleum Geology, 122: 104620.

Long X, Tjok K M, Wright C S, et al. 2014. Assessing well integrity using numerical simulation of wellbore stability during production in gas hydrate bearing sediments//Day 4 Thu, May 08, 2014. Houston, Texas: OTC: D041S055R002.

Lu J, Li D, Liang D, et al. 2021. An innovative experimental apparatus for the analysis of sand production during natural gas hydrate exploitation. Review of Scientific Instruments, 92(10): 105110.

Milkov A V. 2004. Global estimates of hydrate-bound gas in marine sediments: How much is really out there? Earth-Science Reviews, 66(3): 183-197.

Pilcher R, Argent J. 2007. Mega-pockmarks and linear pockmark trains on the West African continental Margin. Marine Geology, 244(1): 15-32.

Qi M, Li Y, Moghanloo R G, et al. 2023. A novel approach to predict sand production rate through gravel packs in unconsolidated sediment applying the theory of free fall arch. SPE Journal, 28(1): 415-428.

Schoderbek D, Martin K, Howard J, et al. 2012. North slope hydrate field trial: CO$_2$/CH$_4$ exchange//Proceedings Arctic Technology Conference, December 3-5, 2012, Houston, Texas.

Scholz N A, Riedel M, Urlaub M, et al. 2016. Submarine landslides offshore Vancouver Island along the northern Cascadia margin, British Columbia: Why preconditioning is likely required to trigger slope failure.

Geo-Marine Letters, 36(5): 323-337.

Sloan E D. 1998. Gas hydrates: review of physical/chemical properties. Energy & Fuels, 12(2): 191-196.

Summerhayes C P, Bornhold B D, Embley R W. 1979. Surficial slides and slumps on the continental slope and rise of South West Africa: A reconnaissance study. Marine Geology, 31(3): 265-277.

Wan Y, Wu N, Chen Q, et al. 2022. Coupled Thermal-hydrodynamic-mechanical-chemical numerical simulation for gas production from hydrate-bearing sediments based on hybrid finite volume and finite element method. Computers and Geotechnics, 145: 104692.

Wu N, Li Y, Chen Q, et al. 2021. Sand production management during marine natural gas hydrate exploitation: Review and an innovative solution. Energy & Fuels, 35(6): 4617-4632.

Xu J, Xu C, Huang L, et al. 2023. Strength estimation and stress—Dilatancy characteristics of natural gas hydrate-bearing sediments under high effective confining pressure. Acta Geotechnica, 18(2): 811-827.

Yamamoto K, Terao Y, Fujii T, et al. 2014. Operational overview of the first offshore production test of methane hydrates in the Eastern Nankai Trough. Houston, Texas: OTC.

Yamamoto K, Wang X-X, Tamaki M, et al. 2019. The second offshore production of methane hydrate in the Nankai Trough and gas production behavior from a heterogeneous methane hydrate reservoir. RSC Advances, 9(45): 25987-26013.

Yang J, Hassanpouryouzband A, Tohidi B, et al. 2019. Gas hydrates in permafrost: Distinctive effect of gas hydrates and ice on the geomechanical properties of simulated hydrate-bearing permafrost sediments. Journal of Geophysical Research: Solid Earth, 124(3): 2551-2563.

Yoon H C, Yoon S, Lee J Y, et al. 2021. Multiple porosity model of a heterogeneous layered gas hydrate deposit in Ulleung Basin, East Sea, Korea: A study on depressurization strategies, reservoir geomechanical response, and wellbore stability. Journal of Natural Gas Science and Engineering, 96: 104321.

Yoshimoto M, Kimoto S. 2022. Undrained creep behavior of CO_2 hydrate-bearing sand and its constitutive modeling considering the cementing effect of hydrates. Soils and Foundations, 62(1): 101095.

Yuan Y, Gong Y, Xu T, et al. 2023. Multiphase flow and geomechanical responses of interbedded hydrate reservoirs during depressurization gas production for deepwater environment. Energy, 262: 125603.

Zhu H, Xu T, Yuan Y, et al. 2020. Numerical investigation of the natural gas hydrate production tests in the Nankai Trough by incorporating sand migration. Applied Energy, 275: 115384.

第二章　含天然气水合物沉积物的力学性质及本构模型

力学性质和本构模型是决定天然气水合物储层力学响应及其稳定性的根本因素。探索含天然气水合物沉积物力学性质在开采过程中的劣化机制、建立本构模型是揭示力学响应和演变规律以及储层稳定性分析的基础。本章分为两节，第一节以室内三轴剪切试验为重点，介绍不同类型的含天然气水合物沉积物三轴剪切破坏特征，探讨不同类型的含天然气水合物沉积物力学参数在开采过程中的弱化机理。第二节介绍含天然气水合物沉积物本构模型的研究进展以及两类含天然气水合物沉积物的本构模型。

第一节　含天然气水合物沉积物的力学性质

一、主要力学参数测试方法

（一）三轴剪切试验

低温高压三轴剪切试验是获取含天然气水合物沉积物力学参数的有效途径之一。由于现场保压取心成本高、技术难度大，目前对含天然气水合物沉积物力学特性的研究主要利用室内人工制得的含水合物沉积物试样（注：此处水合物为人工合成的水合物，非天然气水合物）。过去 20 年间，国内外研究人员对含水合物沉积物三轴剪切破坏特征进行了大量研究，在试样制备方法、饱和度确定、试验温压条件控制、剪切速率控制等方面取得了很大进步，并且对沉积物的力学参数、变形特性进行了深入分析。结果表明：含水合物沉积物的力学性质受到水合物饱和度、有效围压、温度、剪切速率、制样方法、粒度分布等因素的影响，水合物饱和度增加使得沉积物的强度和刚度参数明显增大（李彦龙等，2016a）。

除了常规单级加载三轴试验方法，多级加载三轴剪切试验可以通过对单一试样进行多次加载测试获得试样的力学参数。已有研究表明，多级加载条件下含水合物沉积物的峰值强度、弹性模量及内聚力等参数的变化趋势与常规单级加载三轴试验结果基本一致，因而多级加载三轴剪切试验能够适用于含水合物沉积物的强度参数分析（董林等，2020）。与常规单级加载三轴试验相比，多级加载三轴剪切试验有其独特的优势：多级加载三轴剪切试验获得一系列强度指标仅需要一个试样，在有效提高试样利用率的同时，能够减少试样差异造成的测试误差。特别是，对于天然气水合物现场保压取心样品，取心费用高、样品非常珍贵，多级加载三轴剪切试验在水合物保压岩心测试中具有其独特优势。

室内人工重塑样与实际储层保压取心样品的多级加载三轴剪切试验结果一致性的最大不确定因素来源于水合物的分布差异：实际储层中天然气水合物的成藏过程受沉积模式

和气体运聚体系的影响，天然气水合物在储层中的分布表现出弥散状、结核状、脉状、裂隙状、块状、层状分布等复杂的非均质特征（Lei and Santamarina，2019）（图2.1）。但受制样方法和试验装置的限制，室内试验难以模拟实际非均质储层中水合物复杂的赋存特征，因而仅通过三轴剪切试验研究水合物非均匀分布条件下沉积物的力学特性及破坏机制存在很大困难。

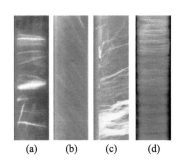

图 2.1　典型海域天然气水合物储层中的水合物分布特征（据 Lei and Santamarina，2019）

（a）韩国 Ulleung 盆地；（b）印度 K-G 盆地；（c）南海北部；（d）日本 Nankai 海槽。图中亮色条带表示水合物，暗色部位为沉积物

不同赋存模式下，水合物与沉积物颗粒间的相互作用明显不同，造成剪切过程中沉积物颗粒的相对运动特征存在很大差异。剪切过程中，水合物与沉积物颗粒之间胶结会发生损伤、破坏，同时沉积物颗粒发生旋转、滑移等相对运动，使得沉积物的微观结构发生变化。因而，水合物在沉积物中的形态以及水合物与沉积物颗粒界面性质对剪切过程中水合物与沉积物的破坏机制影响显著。深入理解水合物与沉积物在剪切过程中的相互作用微观机理对于含水合物沉积物的力学行为及破坏机制的研究非常重要。

基于上述问题，将室内三轴剪切试验与孔压静力触探等现场原位测试技术相结合，能够更好地预测水合物储层及其上覆层抗剪强度，提高现场原位测试的准确性（Li et al.，2019）。孔压静力触探测试能够实时测量探头在水合物储层中特定位置的锥尖阻力、侧摩阻力及孔隙压力等参数，但是仅仅依靠经验确定锥头系数会造成计算出的不排水抗剪强度与真实值差异较大（李彦龙等，2020）。因此，将三轴剪切试验与孔压静力触探测试相结合，主要目的是：通过三轴剪切试验结果辅助确定锥头系数，从而更加高效地求解水合物储层上覆层不排水抗剪强度。

（二）X-CT-三轴试验

X 射线计算机断层成像（X-ray computed tomography，X-CT）技术被广泛应用于多学科的微观结构测试，其基本原理是：基于反应釜内不同组分对 X 射线的吸收能力不同，通过入射前后射线强度变化的对比分析，获取结构截面入射方向上的衰减总值，最后利用图像重建技术得到 CT 二维图像，进而借助衰减系数数字矩阵可得到三维图像（李承峰等，2016）。X-CT 技术的发展及其对沉积物孔隙变化过程分析技术的提出，都对深入理解含水合物沉积物的性质起到了很大的推动作用。但目前 X-CT 技术在水合物中的应用以表征水合物赋存行为为主，对水合物储层微观破坏形态的相关报道较少（Rahmati et al.，2021）。X-CT-三轴试验将微观可视化与宏观力学测试相结合，能够实现可控条件下含水合物沉积物的力学测试及孔隙尺度微观观测。

　　然而，由于实现三轴剪切功能及提高 X 射线穿透性的需要，实际 X-CT-三轴试验的试样尺寸不能过大，并且安装试样的反应釜需要由特殊材料制成。试样尺寸的限制使得微观观测精度很难达到试样中水合物-沉积物颗粒胶结部分的损伤、断裂情况的观测需求。此外，由于需实现三轴剪切功能，试样尺度不能太小，使得微观观测精度受到限制，导致剪切过程中水合物-沉积物颗粒界面性质变化规律难以通过 X-CT-三轴试验来确定。因而，在 X-CT-三轴试验的基础上，需要进一步关注水合物胶结部分破坏规律及水合物-沉积物颗粒界面性质的影响，从而加深对水合物破坏过程中微观结果变化特性的理解。

（三）直剪试验

　　直剪试验是测定含水合物沉积物抗剪强度的一种常用方法。直剪试验的基本流程是：首先在试样上加载垂向应力，然后沿着特定的剪切面对试样进行剪切。目前，研究人员通过直剪试验，分别对含水合物砂质沉积物及黏土沉积物进行了测试（Liu et al.，2018）。结果表明：直剪试验条件下含水合物沉积物的抗剪强度和残余强度随着水合物饱和度的增加而明显增大。

　　直剪试验能够实现对含水合物沉积物剪切破坏过程中力学参数的描述，但是其变形模量为侧向压缩模量，并且剪切过程中试样受垂向压力影响较大，沉积物的应力状态与实际储层应力状态存在一定的差距。其优点是：相较于三轴剪切试验，直剪试验装置简单，操作方便，更加省时省力，并且在描述大变形条件下含水合物沉积物的变形破坏规律方面适应性更强。

（四）离散元数值试验

　　离散元模拟软件 PFC 能够定义颗粒的数量、形状、级配以及颗粒间胶结方式，在获取试样应力-应变关系及变形特性的同时，还能够对剪切过程中试样的应力状态、微裂隙发育及沉积物颗粒的相对运动进行分析。因此，数值试验能够从颗粒尺度对沉积物剪切变形过程中的应力场及变形场进行分析，是对室内含水合物沉积物模拟试验很好的补充和扩展。

　　目前已有部分研究对含水合物沉积物三轴剪切试验进行离散元模拟。如 Jung 等（2012）通过 PFC 软件模拟了含水合物沉积物力学行为，并探究了不同因素对其应力-应变关系的影响。周博等（2020）基于广义胡克定律建立了弱化方程，对不同水合物饱和度及围压条件下的沉积物力学行为进行了分析。蒋明镜等（2019）通过定义离散元颗粒的胶结性质，分析了不同开采工况条件下含水合物沉积物的力学性质，探究了剪切过程中沉积物的宏观力学性质与微观结构的关系。

　　然而，PFC 对于颗粒性质、水合物赋存状态及胶结性质进行了简化，与实际水合物在沉积物中的赋存模式及胶结特性存在明显差异。因此，需要结合含水合物沉积物三轴/直剪试验及微观观测（如 X-CT-三轴）深入分析水合物在沉积物中的赋存形态及胶结特征，通过更好地修正离散元模拟中颗粒性质及颗粒间的胶结状态，使模型更加接近实际情况，提高模拟结果的准确性。

二、三轴剪切力学参数的敏感性因素

国内外学者对试样制备方法、饱和度确定、试验温压条件控制、剪切速率控制等方面进行了大量研究，取得了很大进步，但目前仍存在许多问题。从文献调研结果来看，影响含水合物沉积物力学行为的主要因素如下。

（一）试样制备方法的差异

目前国内外尚无关于含水合物沉积物三轴剪切试验的统一试样制备方法及行业标准，三轴剪切试验中用到的含水合物沉积物制备方法主要有以下两类。

一是混合制样法：首先在一定的压力和温度条件下利用水雾与气体相结合形成粉末状的水合物，然后将固体水合物颗粒与沉积物颗粒混合，再把压制成的混合物放入低温环境中以开展三轴剪切试验。还有一种混合制样法：首先制备冰粉，将冰粉与沉积物在低温条件下充分混合，加入反应釜内部，使气体与冰结合生成水合物，在此过程中逐渐升高温度使冰完全融化，冰转化为水合物。

二是原位合成法：首先将沉积物砂样（饱和或不饱和）安装在压力舱，然后控制温度，施加一定压力的气体，经一定的时间形成含水合物沉积物试样。原位合成法在具体操作过程中根据实验仪器的不同而存在较大差异，可以直接将一定含水量的砂土填装到压力舱，然后用气过量法合成水合物；也可以首先将试样冰冻，安装到压力舱以后再升温使冰融化并合成水合物；还有部分研究者直接将四氢呋喃（THF）水溶液与干砂混合，然后置于压力舱加围压，制冷 2～3 天形成含水合物沉积物。

不同的制备方法形成的试样中水合物分布状态差异巨大，要研究相同水合物饱和度条件下其他试验控制因素对沉积物强度的影响，必须首先保证制备方法是一致的。

（二）水合物合成介质（客体分子）的差异

目前，含水合物沉积物制样过程中用到的水合物合成介质（客体分子）主要有气体和液体两种。气体主要有 CO_2、CH_4 及模拟实际天然气组分的混合气体。液体主要为四氢呋喃、环戊烷溶液等。由于四氢呋喃合成含水合物沉积物试样周期短、合成门槛低（1.01×10^5Pa 条件下，当温度低于 4.4℃时即可生成水合物），目前国内关于含水合物沉积物三轴试验相关的研究中，有近 40%集中于含四氢呋喃水合物沉积物。

当不同客体分子形成的水合物与沉积物混合形成含水合物沉积物体系时，对试样的强度影响存在明显不同。如张旭辉等（2010）通过设计对比试验，对比了含二氧化碳水合物沉积物、含甲烷水合物沉积物、含四氢呋喃水合物沉积物及冰沉积物的强度性质。结果表明，虽然四种沉积物均表现为塑性破坏，并且水合物含量及其他试验条件完全相同，但是不同类型的含水合物沉积物体系的强度差异巨大。因此，尽管用含四氢呋喃水合物沉积物的试验结果可以定性描述实际含水合物沉积物的强度参数变化规律，但很难直接应用到实际生产中进行定量计算。

因此，制备试样所用的合成介质类型不同，其强度参数计算模型应有所区别。如果针对特定区域的水合物储层进行强度参数测试，建议最好结合实测的气体成分，使用与实际气体成分接近的混合气体进行模拟试验，以增强三轴剪切试验结果的实践指导意义。

（三）沉积物本身固结程度的差异

国内大部分含水合物沉积物试样三轴剪切试验采用的是直接在松散沉积物中合成水合物，研究水合物含量对松散沉积物强度的影响。也有部分研究者用覆膜砂烧结制得弱胶结岩样，然后在岩样中合成水合物并进行剪切试验。上述研究均表明，含水合物沉积物的强度随水合物饱和度的增大而增大。

由于以上两种类型的沉积物的固结强度差异巨大，因此无法做横向对比分析，只能在各自的胶结强度条件下进行纵向对比。这也是导致目前部分研究成果无法进行整合并建立通用模型的关键因素之一。

由于海洋天然气水合物储层多属于未成岩储层，天然气水合物对储层的充填和胶结作用随其分解而逐渐降低。水合物完全分解后储层颗粒处于松散状态，因此未成岩储层的胶结强度是由水合物饱和度控制的，沉积物则可视为黏性土。为此，室内模拟水合物对沉积物抗剪指标影响规律时，需首先进行水合物饱和度为 0 条件下的三轴剪切试验（即空白试验），从而排除沉积物胶结程度对试验结果的影响。

（四）沉积物粒度分布的差异

由于目前原状含水合物沉积物保压试样获取难度大，含水合物沉积物三轴强度测试试样主要是通过人工沉积物样品复配合成。实际试样与人工试样差异的重要因素就是沉积物砂粒的粒度分布规律。

沉积物粒度分布规律对试样强度参数的影响主要表现在粒径大小、不均匀系数、泥质含量等方面。目前国内研究者常用的水合物赋存介质主要包括粉细砂、蒙古砂、黏性土粉砂、高岭土、天然海砂、高温烧结覆膜砂等。也有部分研究者利用实际采样得到的南海粉质黏土进行含水合物沉积物强度测试试验。上述沉积物颗粒的粒度分布各异，不均匀系数差距较大，导致试验结果差异较大。

文献调研结果显示，部分国内研究文献发表过程中甚至未公布其沉积物类型及其粒度分布，这非常不利于将不同研究者的研究结论进行横向对比分析，导致研究成果应用价值大打折扣，这种做法是非常不可取的。

（五）试样规格的差异

目前暂无报道明确指出试样高径比和具体尺寸对含水合物沉积物试样强度参数的影响规律，国内文献中采用的含水合物沉积物尺寸和高径比通常参照《土工试验方法标准》（GB/T 50123—2019）、《煤与岩石物理力学性质测定方法 第 9 部分：煤和岩石三轴强度及变形参数测定方法》（GB/T 23561.9—2009）等或直接参考国外文献报道确定。目前常用的含水合物沉积物三轴剪切试验试样规格为：Φ50mm×100mm、Φ39.1mm×80mm、Φ25mm×50mm，高径比为 2∶1；但也有部分研究者用 Φ50mm×75mm、Φ39.1mm×100mm 试样进行测试，高径比分别为 1.5∶1 和 3.5∶1。

　　针对常规粗粒土沉积物的研究结果：试样高径比和尺寸对试验的内摩擦角、峰值强度、割线模量等参数会产生较大的影响。因此，试样规格的差异是目前不同研究者的研究数据无法进行整合的重要原因之一。需要针对不同尺寸、高径比的含水合物沉积物试样进行系列研究。

（六）饱和度确定方式的差异

　　水合物饱和度是指沉积物多孔介质中所含水合物的体积占孔隙体积的比例。已有研究中关于水合物饱和度的测量方法主要有以下几种。

　　（1）首先按常规步骤进行三轴剪切试验，剪切完成后升温分解水合物，通过气体（甲烷）收集装置测量水合物分解释放的气体量，间接换算出水合物饱和度。需要特别注意的是，由于二氧化碳在水中的溶解度较高，且反应釜体积有限，合成的水合物量有限，所以采用该方法将产生较大误差，故不能用该方法测量二氧化碳水合物的饱和度。即使对于甲烷等难溶于水的气体，该方法也存在一定的误差：水合物合成、剪切过程中经过长时间的高压饱和，多孔介质中含有大量的游离气和水溶气，剪切结束后降压升温过程中不仅能排出水合物分解气，也能排出孔隙中原本存在的游离气、水溶气，因此该饱和度测量方法的关键是降低未水合气对测量结果的影响。

　　（2）安装试样前称量试样（含水）及密封袋的总质量，然后按常规步骤进行三轴剪切试验，剪切完成后将试样快速取出并放入密封袋，通过称量样品试验前、后的质量差，换算出水合物饱和度。含二氧化碳水合物沉积物尤其适合用该法进行饱和度测量。

　　（3）对于非饱和制样法制得的含水合物沉积物，在气体过量条件下假设沉积物中的水完全转化为水合物。根据质量守恒原理，利用参加反应的水的质量可以获得生成的水合物质量，进而根据水合物密度得到水合物的体积。再结合已测得的骨架孔隙度可以得到沉积物中的水合物饱和度。特别地，对于含四氢呋喃水合物沉积物，由于四氢呋喃水合物中四氢呋喃的质量分数为19%，因此三轴剪切试验可以直接用质量浓度为19%的四氢呋喃溶液，非饱和制样条件下认为四氢呋喃完全转化为水合物，从而换算试样中的水合物饱和度。

　　（4）利用时域反射技术（time domain reflectometry，TDR）测量：TDR技术根据电磁波在沉积物中的传播速度来测量其介电常数，通过沉积物的介电常数估算沉积物的含水率，结合初始含水率测量沉积物中的水合物饱和度。

　　（5）压力降落法确定水合物饱和度：在恒定温度条件下，可以根据水合物生成前、后试样孔压的变化来换算生成的水合物饱和度。

　　（6）对于混合制样法，由于混合过程中蒸馏水、纯水合物和沉积物的体积都是已知的，假设沉积物仅有饱和水和水合物，则由其各自的体积可估算得到水合物饱和度。

　　不同的水合物饱和度测量方法不可避免地存在测量误差，当利用不同的测量方法得到的饱和度数据进行含水合物沉积物强度参数演化规律分析时，误差可能被放大，横向对比性降低。因此目前亟待建立统一的、适用于含水合物沉积物三轴剪切试验的水合物饱和度测试方法，或者对不同测试方法得到的结果进行修正和对比，得出不同测量方法计算结果间的定量关系。

（七）剪切速率的差异

剪切速率是影响含水合物沉积物三轴强度参数差异的重要因素之一。已有试验结果表明，含水合物沉积物试样的破坏强度随着剪切速率的增大而增大。文献中常见的含水合物沉积物试样三轴剪切速率为 0.1mm/min、0.5mm/min、1mm/min 等。

另外，目前研究文献中控制剪切速率的方法主要有两种，一种是控制三轴剪切仪的推进速度，单位是 mm/min；另一种是控制三轴剪切仪施压过程中试样的应变速率，单位是 %/min。如果已知含水合物沉积物试样高度，则两者之间可以相互转化：

$$v_{mm} = v_{\%} \cdot h \tag{2.1}$$

式中，h 为试样高度，mm；v_{mm} 为用三轴剪切仪推进速度表示的剪切速率，mm/min；$v_{\%}$ 为用试样应变速率表示的剪切速率，%/min。

也有部分研究采用手摇泵式三轴剪切仪对试样加载，这种方法操作简便，其缺点是无法精确控制剪切速率，因此其研究成果无法定量表述加载速率对含水合物沉积物强度性质的影响。

（八）试验温度的差异

试验温度是影响含水合物沉积物强度性质的重要参数。已有文献报道显示，在 0℃ 以下时，含水合物沉积物强度随着温度降低线性增加，且试样应力-应变曲线均呈应变硬化型，未出现明显峰值。

目前国内尚无公开报道海洋含天然气水合物沉积物（温度在 0℃ 以上）的强度参数随温度的变化规律。由于设备承压等条件的限制，针对海洋含天然气水合物沉积物的三轴剪切试验温度基本上控制在 1～2℃。然而，我国南海海域含天然气水合物沉积物特别是神狐海域含天然气水合物沉积物平均温度在 13～16℃，温度差异导致目前的室内研究成果对直接指导实际工程设计仍存在困难。

为此，需要进行系列试验，验证冰点以上温度条件下含水合物沉积物强度参数随试验温度的变化规律，并根据我国海域天然气水合物资源试采区域的地质条件合理选择其他试验参数，才能为试采工程设计提供可靠依据。

三、主要共识与挑战

不同研究成果主要在以下几个方面形成共识。

（1）不同含水合物沉积物制备方法、水合物合成介质（客体分子）等因素是导致沉积物宏观强度参数差异的重要原因。

（2）含水合物沉积物的三轴剪切强度随着水合物饱和度的增大而增大，水合物分解将导致沉积物强度降低。

（3）含水合物沉积物三轴剪切强度与试验条件相关，如温度、围压、加载速率、初始孔隙率等。

主要存在的问题或分歧体现在以下几个方面。

（1）定量角度很难形成共识：目前含水合物沉积物三轴力学参数测试所形成的共识基

本上停留在定性表述层面，很难从定量角度达成共识。如水合物饱和度对沉积物强度参数的影响规律，虽然不同的研究者试图从自身试验角度出发建立强度参数随水合物饱和度的动态变化规律，但由于三轴剪切试验数据量有限，造成部分研究者的强度参数定量计算模型适用性有限，不同研究者的定量表征方法很难形成一致。

（2）试验数据横向对比性差：含水合物沉积物三轴剪切试验的根本目的是建立沉积物强度参数的计算方法，探讨水合物成藏或开采过程的地层变形规律，从而指导工程设计、预防地质灾害，为水合物的长效开采提供依据。但国内外尚无统一的含水合物沉积物三轴剪切试验标准规程，导致不同研究者进行三轴剪切试验时采用的试验方法差异较大，不同研究者的研究数据横向对比性较差，很难将不同研究者的试验数据联合起来，建立统一的含水合物沉积物强度参数演化规律模型。

（3）经验模型通用性差：由于试验条件及控制参数等方面的差异，虽然已有部分研究者根据自身的室内试验结果尝试建立不同的强度参数随含水合物饱和度、有效围压等变量的演化规律，但这些模型都只是针对一定的试验条件的经验或半经验公式，不同计算模型间的差异较大，不具有通用性。

（4）试验主控因素设置不明确：要对比分析不同的试验主控因素对含水合物沉积物强度的影响，必须保证其他影响因素相同，否则其对比意义将大打折扣。如已有水合物饱和度估算方法均存在一定的误差，相互叠加的结果是误差成倍放大。部分学者用不同的饱和度估算方法进行计算，然后对比不同的水合物类型对沉积物强度参数的影响，这种做法实际上是值得商榷的。

（5）与矿场实际条件差异大：目前含水合物沉积物室内三轴剪切试验的温压条件与实际水合物储层存在差异，对实际工程设计指导性差。如我国南海北部水合物储层平均温度在 $10\sim16℃$，平均储层压力在 $12\sim16MPa$，但由于目前试验条件限制，很难在三轴剪切仪条件下模拟实际水合物储层条件，这是试验结果工程指导价值大打折扣的重要因素。

第二节　含水合物沉积物力学本构模型

一、含水合物沉积物力学本构模型研究进展

含水合物沉积物力学本构模型总体上可以分为两大类：非线性弹性本构模型和弹塑性本构模型（韦昌富等，2020）。非线性弹性本构模型使用非线性函数描述应力-应变关系，但不考虑应力路径的影响，即加载和卸载过程的应力-应变规律相同；弹塑性本构模型则分为弹性阶段和塑性阶段，塑性阶段的变形规律与应力路径相关，即加载和卸载过程的应力-应变规律不同。非线性弹性本构模型又分为 Duncan-Chang 类模型和损伤本构模型两大类。前者利用试验结果修正 Duncan-Chang 模型的参数来描述含水合物沉积物的应力-应变行为。模型修正的参数通常来自试验建立的含水合物沉积物强度与水合物饱和度的经验公式。此外，其他一些模型还考虑了温度、围压、应变速率等因素的影响修正了 Duncan-Chang 模型。这一类模型通常基于试验结果只对现有本构模型的参数进行修正，不改变模型的形式，故应用简单。参数的物理意义较为明确且易通过试验获得，在数值模型中的应用较为

方便。但是，这一类模型无法对含水合物沉积物表现出的应变软化及剪胀行为进行描述。

非线性弹性本构模型的第二大类为损伤本构模型。该类模型将沉积物的骨架和水合物视为两种固体材料，含水合物沉积物为这两种固体材料组成的复合材料，使用混合率来计算含水合物沉积物的等效力学参数，作用在含水合物沉积物上的总荷载由损伤部分和未损伤部分共同承担，并从沉积物内部缺陷分布的随机性出发，建立基于统计损伤的本构模型。这一类模型考虑了沉积物在荷载作用下水合物对微观结构和应力-应变的影响，可以反映损伤过程，从而可以有效模拟含水合物沉积物的应变软化行为，同时在选择合适的损伤统计规律时，还可以模拟应变硬化行为。但是这类模型不能准确描述剪切过程的体积变化行为。吴二林等（2013）假设含水合物沉积物的微元强度符合韦布尔分布建立了损伤统计本构模型，该模型能够较好地描述三轴剪切条件下含水合物沉积物的应力-应变关系。李彦龙等（2016b）基于含水合物沉积物微元强度符合 Drucker-Prager 准则、韦布尔分布的假设，建立了能够描述应变软-硬化规律的损伤统计本构模型，并给出了模型参数的求解思路。张小玲等（2019）引入残余强度修正系数，提出了能够描述残余强度影响的含水合物沉积物损伤统计模型，并进一步建立了多场耦合模型。祝效华等（2019）基于复合材料细观力学混合率理论和岩石孔隙损伤理论建立了等效变弹性模量损伤本构模型。上述模型的建立提高了损伤本构模型的适用性和准确性，使得损伤本构模型能够更好地应用于不同工况下水合物储层力学行为的描述及预测。

上述两类模型仍然是在弹性框架内，无法考虑应力路径等对应力-应变行为的影响。为了更全面准确地描述含水合物沉积物的力学行为，需要在弹塑性框架内建立含水合物沉积物的本构模型。目前最常用的方式是通过改变屈服面大小反映水合物对力学行为的影响，结合硬化规律、屈服函数、流动法则和加卸载准则即弹性行为模拟来建立物理意义明确的含水合物沉积物弹塑性本构模型。Zhou 等（2018）考虑水合物在储层中纵向非均匀分布特征，建立了考虑各向异性的临界状态模型，该模型能够描述纵向层状分布水合物储层的力学特性。Sun 等（2019）基于加载面理论和硬化理论建立了改进临界状态模型，该模型能够与多场耦合模型相结合用以描述水合物分解过程中储层的饱和度场、温度场、压力场、应力场及应变场的变化规律。刘林等（2020）基于临界状态土力学，考虑水合物含量和赋存形式的影响，建立了含水合物沉积物弹塑性模型（即 UH 模型），该模型能够描述不同水合物赋存形式、不同水合物饱和度下沉积物的力学特性。此外，基于亚塑性理论，Zhang 等（2018）考虑水合物合成之后临界孔隙度和有效孔隙度的改变，提出改进亚塑性模型用以描述含水合物沉积物力学特性。

目前，随着对含水合物沉积物力学特性研究的深入和工程实际需求的提高，弹塑性本构模型不仅需要准确描述含水合物沉积物在不同工况下的力学行为，而且要与不同的水合物分解模型实现多场耦合。同时，随着对含水合物沉积物力学本构模型的要求不断提高，弹塑性本构模型不断改进提高，主要表现在以下三个方面：一是在均质模型的基础上不断增加其对水合物储层非均质的表征，提高对非均质储层描述的准确性；二是对强度和变形特性的描述和计算准确性不断提高，从而实现对储层力学行为的准确预测；三是增强其与水合物分解及渗流模型的耦合性，从而实现在不同工况下水合物储层力学行为的分析和评价。

非线性弹性本构模型和弹塑性本构模型均没有考虑时间因素的影响，即未考虑黏性。由于水合物商业化开采的需求，关于水合物长期开采过程中的储层变形和破坏特征越来越受到关注，特别是在长期荷载作用下沉积物的蠕变行为。在分析蠕变行为时，必须考虑时间因素的影响，并建立含水合物沉积物的黏弹性、黏塑性本构模型。

基于蠕变试验，Li 等（2016）发现同时含冰和甲烷水合物的沉积物试样蠕变均随偏应力增加、围压减小和温度降低而增加，破坏过程不会经历加速蠕变阶段。而 Miyazaki 等（2017）指出含甲烷水合物沉积物的加速蠕变阶段仅出现在较高温度条件下，并且水合物的分解会加速沉积物的蠕变破坏。吴德军（2022）的研究结果则表明，有效围压的增加可以使含甲烷水合物沉积物提前进入加速蠕变阶段。综上，含水合物沉积物的蠕变过程相较于传统油气藏表现出明显的差异性，因而建立适用于不同工况下含水合物沉积物蠕变本构模型是必要的。

针对上述问题，国内外研究人员建立了不同的黏塑性本构模型来描述含水合物沉积物的流变特性。Miyazaki 等（2017）建立了黏弹性本构模型来描述含水合物沉积物在不同荷载条件下的变形和长期蠕变行为。Zhou 等（2021）应用蠕变本构模型分析水合物分解及轴向影响条件下渗透率的变化规律。进一步，蠕变本构模型也应用于描述钻井过程中井眼的变形。Yan 等（2019）和 Li 等（2022）将蠕变本构模型引入井眼稳定性分析，发现蠕变会引起钻井过程中塑性区域的扩大，并且加速井眼的失稳过程。

总地来说，当前描述含水合物沉积物蠕变的本构模型较少，对于不同钻采条件下蠕变行为的描述还不够完善，特别是蠕变开始时间、蠕变过程中物性参数的变化及长周期开采过程中蠕变影响还需要准确预测。因此，建立适用于描述不同工况条件下水合物储层蠕变行为的黏塑性本构模型，是天然气水合物开发过程的关键问题。

二、含水合物沉积物力学本构模型概述

（一）非线性弹性本构模型

Duncan 和 Chang（1970）基于用双曲线拟合应力-应变关系的假设，提出了一种目前被广泛应用的增量弹性模型，称为 Duncan-Chang 模型。Miyazaki 等（2012）将该模型用于描述含水合物沉积物的力学特性，其应力-应变关系如下：

$$\sigma_1 - \sigma_3 = \frac{\varepsilon_a}{a + b \cdot \varepsilon_a} \tag{2.2}$$

$$a = \frac{1}{E_i} \tag{2.3}$$

$$b = \frac{1}{(\sigma_1 - \sigma_3)_{ult}} \tag{2.4}$$

式中，$\sigma_1 - \sigma_3$ 为偏应力，MPa；ε_a 为轴向应变，%；E_i 为初始弹性模量，MPa；$(\sigma_1 - \sigma_3)_{ult}$ 为极限偏差应力，MPa；a 和 b 为与初始弹性模量和极限偏差应力相关的常数。

式（2.2）可以改写为

$$\frac{\varepsilon_a}{\sigma_1 - \sigma_3} = a + b \cdot \varepsilon_a \tag{2.5}$$

模型参数 a、b、E_i、$(\sigma_1-\sigma_3)_{ult}$ 等参数可以通过近似线性关系曲线计算。

Duncan-Chang 模型中偏应力曲线存在水平渐近线，渐近线对应的偏应力为极限偏差应力。破坏强度 $(\sigma_1-\sigma_3)_f$ 与极限偏差应力的比值定义为破坏比 R_f：

$$(\sigma_1 - \sigma_3)_f = R_f \cdot (\sigma_1 - \sigma_3)_{ult} \tag{2.6}$$

将式（2.6）代入式（2.5）得到应力-应变的具体表达式：

$$\sigma_1 - \sigma_3 = \frac{\varepsilon_a}{\left[\dfrac{1}{E_i} + \dfrac{\varepsilon_a \cdot R_f}{(\sigma_1 - \sigma_3)_f}\right]} \tag{2.7}$$

其中，破坏强度可以通过莫尔-库仑强度准则确定（Miyazaki et al.，2012）：

$$(\sigma_1 - \sigma_3)_f = \frac{2 \cdot \sin\varphi(S_h)}{1 - \sin\varphi(S_h)} \cdot \sigma_3 + \frac{2 \cdot \cos\varphi(S_h)}{1 - \sin\varphi(S_h)} \cdot c(S_h) \tag{2.8}$$

式中，φ 为内摩擦角；c 为内聚力；S_h 为水合物饱和度。

而初始弹性模量可通过建立经验公式来描述（Miyazaki et al.，2012）：

$$E_i(S_h, \sigma_3) = e_{i0}(1 + \gamma \cdot S_h^\delta)\sigma_3^n \tag{2.9}$$

式中，e_{i0} 为不含水合物沉积物的弹性模量，MPa；γ、δ 和 n 为模型参数，可以通过数据拟合得到，$\gamma=3.90\times10^{-4}$，$\delta=2.10$。Miyazaki 等（2012）基于含水合物硅砂和丰浦砂给出了 n 和 e_{i0} 的参考值，具体如下：

$$n = \begin{cases} 0.608 & (\text{丰浦砂}) \\ 0.466 & (\text{7号硅砂}) \\ 0.356 & (\text{7号硅砂}) \end{cases} \tag{2.10}$$

$$e_{i0} = \begin{cases} 398\text{MPa} & (\text{丰浦砂}) \\ 344\text{MPa} & (\text{7号硅砂}) \\ 241\text{MPa} & (\text{7号硅砂}) \end{cases} \tag{2.11}$$

破坏比可以通过式（2.12）表示，基于室内测试数据得到：

$$R_f = \frac{(\sigma_1 - \sigma_3)_f}{(\sigma_1 - \sigma_3)_{ult}} \tag{2.12}$$

进一步可以得到不同时刻的剪切模量 E_t：

$$E_t = \frac{\partial(\sigma_1 - \sigma_3)}{\partial \varepsilon_a} = \left(1 - \frac{R_f \cdot (\sigma_1 - \sigma_3)}{(\sigma_1 - \sigma_3)_f}\right)^2 \cdot E_i \tag{2.13}$$

基于上述模型，可计算含水合物沉积物的应力-应变曲线。结合室内试验数据，三轴剪切过程中含水合物沉积物力学特性的试验值和计算值对比，如图 2.2 所示（Miyazaki et al.，2012）。

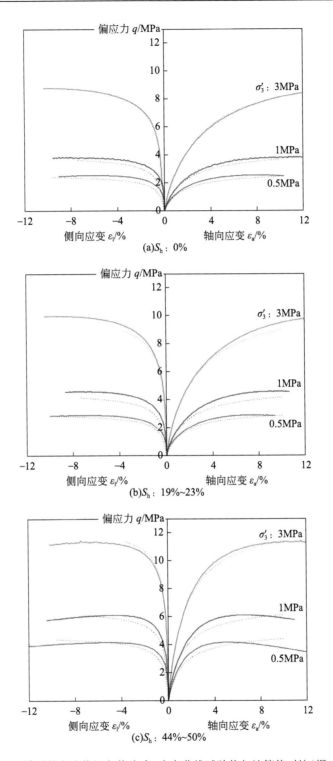

图 2.2　基于线弹性本构模型的水合物沉积物应力-应变曲线试验值与计算值对比(据 Miyazaki et al., 2012)

（二）损伤本构模型

几何损伤理论和统计损伤理论是建立含水合物沉积物损伤本构模型的两条基本途径。几何损伤理论主要关注试样的初始损伤几何特性对后继损伤的影响，不深入研究微观损伤对宏观应力、应变的影响，因此基于几何损伤理论建立的含水合物沉积物力学本构模型通常假设材料损伤部分不能承受任何应力。实际上，水合物的应力-应变曲线受水合物饱和度、围压等条件的影响，表现出不同的峰后特性（硬化或软化），且部分损伤材料仍然能承受一定的外载。因此需要考虑微观损伤对宏观应力、应变的影响，材料损伤部分承载的应力不能忽略。曹文贵等（1998）提出了基于常规岩土材料的统计损伤定义："损伤"为线弹性应力失效，即由线弹性应力状态向非线性应力状态的转化。这种损伤定义认为材料损伤后并非不能承担应力，而仅仅是发生了应力性状的改变。由于水合物对沉积物骨架颗粒的胶结、填充作用，含水合物沉积物在实际剪切破坏过程中的微元损伤过程与常规疏松岩土材料类似。因此，可以认为作用在含水合物沉积物试样上的总荷载由损伤部分和未损伤部分共同承担，由此可建立基于统计损伤理论的含水合物沉积物本构模型：

$$\sigma_i'(1-D) + \sigma_i''D = \sigma_i \tag{2.14}$$

式中，σ_i' 为未受损伤材料的微观应力；σ_i'' 为损伤材料的微观应力；σ_i 为材料宏观名义应力；D 为材料损伤变量。

从含水合物沉积物内部所含缺陷分布的随机性出发，假设试样微元强度服从特定的统计强度规律，根据材料在损伤前后的能量等价原则或变形前后的应变等价原则，可求得式（2.14）中的各参数。曹文贵等（1998，2006，2007）推导得到了三轴剪切试验条件下试样损伤应力 σ_1''、σ_3'' 的表达式：

$$\begin{cases} \sigma_3'' = k \\ \sigma_1'' = \tan^2 \alpha k + 2c \tan \alpha \end{cases} \tag{2.15}$$

其中，

$$k = \frac{[(1+\nu)\sigma_c^2 \sin \alpha / 3E\varepsilon_1 - c]\cot \varphi - 2c \sin \alpha}{\sin \alpha(1 + \tan \alpha)} \tag{2.16}$$

式中，c 为内聚力；$\alpha = \dfrac{\pi}{4} + \dfrac{\varphi}{2}$，$\varphi$ 为内摩擦角；E 为弹性模量；ν 为泊松比；ε_1 为第一主应变；σ_c 为单轴极限抗压强度。

由式（2.14）可得

$$\sigma_3 = \sigma_3'(1-D) + \sigma_3''D \tag{2.17}$$

即

$$\sigma_3' = (\sigma_3 - \sigma_3''D) / (1-D) \tag{2.18}$$

假设含水合物沉积物损伤之前应力-应变关系服从广义胡克定律，则未损伤部分承受的应力可以表示为

$$\sigma_1' = E\varepsilon_1 + \nu(\sigma_2' + \sigma_3') \tag{2.19}$$

联立式（2.14）、式（2.18）和式（2.19）可得

$$\sigma_1 = (1-D)E\varepsilon_1 + 2\nu\sigma_3 + D(\sigma_1'' - 2\nu\sigma_3'') \tag{2.20}$$

式（2.20）为基于统计损伤理论的含水合物沉积物本构模型的基本表达式。

上述损伤本构模型的关键是确定含水合物沉积物的统计损伤演化方程。通常的作法是：首先假设含水合物沉积物的微元强度 F 服从一定的统计分布规律（如韦布尔分布）；基于岩土材料的强度破坏准则（如 Drucker-Prager 准则、莫尔-库仑强度准则等）来求解微元强度 F 的表达式；建立含水合物沉积物的统计损伤演化方程。吴二林等（2012，2013）的研究表明，韦布尔分布和 Drucker-Prager 准则对描述含水合物沉积物的变形特性具有良好的适应性。因此作者基于韦布尔分布和 Drucker-Prager 准则探讨了含水合物沉积物的统计损伤演化方程及其参数确定方法。

由 Drucker-Prager 准则可得含水合物沉积物微元强度 F 的表达式为

$$F = \delta I_1' + (J_2')^{1/2} \tag{2.21}$$

考虑到含水合物沉积物三轴剪切试验过程中有效围压 $\sigma_2' = \sigma_3'$，则：

$$\begin{cases} I_1' = \sigma_1' + \sigma_2' + \sigma_3' = \sigma_1' + 2\sigma_3' \\ J_2' = \left[(\sigma_1' - \sigma_2')^2 + (\sigma_2' - \sigma_3')^2 + (\sigma_3' - \sigma_1')^2 \right]/6 = (\sigma_1' - \sigma_3')^2/3 \end{cases} \tag{2.22}$$

联立式（2.19）和式（2.22）可得

$$\begin{cases} I_1' = E\varepsilon_1 + 2(\nu+1)\sigma_3' \\ \sqrt{J_2'} = \left[E\varepsilon_1 + (2\nu-1)\sigma_3' \right]/\sqrt{3} \end{cases} \tag{2.23}$$

将式（2.23）代入式（2.21）可得用有效围压表示的微元强度 F 表达式：

$$\begin{aligned} F &= E\delta\varepsilon_1 + (2\nu+1)\delta\sigma_3' + \left[E\varepsilon_1 + (2\nu-1)\sigma_3' \right]/\sqrt{3} \\ &= E\varepsilon_1\left(\delta + \frac{1}{\sqrt{3}} \right) + \left(2\nu\delta + 2\delta + \frac{2\nu-1}{\sqrt{3}} \right)\sigma_3' \end{aligned} \tag{2.24}$$

因此：

$$\sigma_3' = \left[F - E\varepsilon_1\left(\delta + \frac{1}{\sqrt{3}} \right) \right] \bigg/ \left(2\nu\delta + 2\delta + \frac{2\nu-1}{\sqrt{3}} \right) \tag{2.25}$$

假定含水合物沉积物的微元强度 F 服从韦布尔分布，则其概率密度函数 P 为

$$P(F) = \frac{m}{F_0}(F/F_0)^{m-1}\exp[-(F/F_0)^m] \tag{2.26}$$

式中，m、F_0 为韦布尔分布参数。

将概率密度函数在 $[0, F]$ 区间积分，即可得到含水合物沉积物的统计损伤演化方程为

$$D = \int_0^F P(F)\mathrm{d}x = 1 - \exp[-(F/F_0)^m] \tag{2.27}$$

式（2.18）和式（2.25）相等，联立式（2.27）可得

$$\frac{F - E\varepsilon_1(\delta + 3^{-1/2})}{2\nu\delta + 2\delta + [(2\nu-1)/\sqrt{3}]} = \frac{\sigma_3 - k\{1 - \exp[-(F/F_0)^m]\}}{\exp[-(F/F_0)^m]} \tag{2.28}$$

设：

0

$$M = 2\nu\delta + 2\delta + [(2\nu - 1)/\sqrt{3}]$$
$$Q = [E\varepsilon_1(\delta + 3^{-1/2})]/M$$
$$Y = F/F_0$$

则式（2.28）可以简化为

$$\frac{F_0}{M}Y - (\sigma_3 - k)e^{y^m} - Q - k = 0 \tag{2.29}$$

式（2.29）为关于 Y 的超越方程，无法求解其显式解析表达式。作者采用牛顿迭代法求解 Y 的数值解，然后可得含水合物沉积物的损伤微元强度为

$$F = Y \cdot F_0 \tag{2.30}$$

将式（2.30）代入式（2.27）可得到含水合物沉积物的统计损伤演化方程，然后联立式（2.17）、式（2.20）和式（2.27）可将含水合物沉积物损伤本构模型转化为

$$\sigma_1 = \exp[-(F/F_0)^m]E\varepsilon_1 + 2\nu\sigma_3 + \{1 - \exp[-(F/F_0)^m]\}[(\tan^2\alpha - 2\nu)k + 2c\tan\alpha] \tag{2.31}$$

该模型有两个基本参数 F_0、m，以下讨论模型各参数的确定方法。文献中关于韦布尔分布参数 F_0、m 的确定思路主要有两类：①对三轴全应力-应变曲线取 2 次对数将其线性化求解（曹文贵等，1998），该方法比较复杂且有时会因峰前出现负损伤及峰后数据点偏少而失效；②假设应力-应变曲线在峰值处满足一定的关系进行求解（颜荣涛等，2012），其计算过程较为简单，但含水合物沉积物在较高围压和较低水合物饱和度条件下表现出明显的应变硬化特性，峰值点难以确定（曹文贵等，2006）。因此作者首先在假设应力-应变曲线峰值点已知的条件下，建立应变软化类曲线的 F_0、m 计算方法，然后在此基础上探讨更具有普遍意义的、能反映含水合物沉积物软/硬变形规律的参数求解方法。

1. 应变软化条件下模型参数 m、F_0 的确定

设应力-应变曲线峰值点处的应力、应变分别为 ε_f 和 σ_f，则：

$$\begin{cases} \sigma_1\big|_{\varepsilon_1 = \varepsilon_f} = \sigma_f \\ \dfrac{d\sigma_1}{d\varepsilon_1}\bigg|_{\varepsilon_1 = \varepsilon_f} = 0 \end{cases} \tag{2.32}$$

对式（2.31）在 $\varepsilon_1 = \varepsilon_f$ 处求导，并联立式（2.32）可得

$$\begin{cases} \dfrac{d\sigma_1}{d\varepsilon_f} = E\exp[-(F_f/F_0)^m] + \exp[-(F_f/F_0)^m] \\ \qquad \cdot \dfrac{mF_f^{m-1}}{F_0^m}W_2W_3 + \{1 - \exp[-(F_f/F_0)^m]\} \cdot (\tan^2\alpha - 2\nu)W_4 = 0 \\ \sigma_f = \exp[-(F_f/F_0)^m]E_f + 2\mu\sigma_3 + [(\tan^2\alpha - 2\nu)k + 2c\tan\alpha]\{1 - \exp[-(F_f/F_0)^m]\} \end{cases} \tag{2.33}$$

其中，

$$W_2 = E\left(\delta + \frac{1}{\sqrt{3}}\right) + \left(2\nu\delta + 2\delta + \frac{2\nu - 1}{\sqrt{3}}\right)W_1$$

$$W_3 = (\tan^2 \alpha - 2\nu)k_f + 2c\tan\alpha - E\varepsilon_f$$

$$W_4 = -\frac{(1+\nu)\sigma_c^2 \cot\varphi}{3E(1+\tan\alpha)} \cdot \frac{1}{\varepsilon_f^2}$$

$$W_1 = \left[(\sigma_3 - R_f k_f)W_0 - (W_0 k_f + R_f W_4)(1-R_f)\right] / (1-R_f)^2$$

$$W_0 = \left\{-EW_3 - (\sigma_f - 2\nu\sigma_3 - E\varepsilon_f)[(\tan^2\alpha - 2\mu)W_4 - E]\right\} / W_3^2$$

$$R_f = \sigma_f - 2\nu\sigma_3 - E\varepsilon_f / W_3$$

$$k_f = \frac{[(1+\nu)\sigma_c^2 \sin\alpha / 3E\varepsilon_f - c]\cot\varphi - 2c\sin\alpha}{\sin\alpha(1+\tan\alpha)}$$

式（2.33）为仅含 m、F_0 两个参数的方程组，联立可得到 m、F_0 的表达式：

$$\begin{cases} m = \dfrac{EC + (1-C)[(\tan^2\alpha - 2\nu)W_4]}{C\ln C} \cdot \dfrac{F_f}{W_2 W_3} \\ F_0 = F_f / \left[(-\ln C)^{\frac{1}{m}}\right] \end{cases} \tag{2.34}$$

其中，

$$C = \frac{\sigma_f - 2\nu\sigma_3 - (\tan^2\alpha - 2\nu)k_f - 2c\tan\alpha}{E\varepsilon_f - (\tan^2\alpha - 2\nu)k_f - 2c\tan\alpha}$$

峰值点处含水合物沉积物微元强度 F_f 可以表示为

$$F_f = E\varepsilon_f \left(\delta + \frac{1}{\sqrt{3}}\right) + \left(2\nu\delta + 2\delta + \frac{2\nu - 1}{\sqrt{3}}\right)\frac{\sigma_3 - R_f k_f}{1 - R_f'} \tag{2.35}$$

其中，

$$R_f' = \sigma_f - 2\nu\sigma_3' - E\varepsilon_f / W_3$$

上述计算方法是建立在含水合物沉积物应力-应变曲线峰值点已知的前提下，由于应变硬化类应力-应变曲线不具极值性，无法用上述方法计算 m、F_0，因此需要进行改进和修正。具体做法是：将应变硬化类应力-应变曲线的屈服点应力及相应的应变近似视为 σ_f 和 ε_f。曹文贵等（2007）通过模拟证明了该方法对于常规应变硬化型岩土材料的适用性。以下将探讨含水合物沉积物的屈服点求解方法。

2. 含水合物沉积物屈服点参数的确定

根据试验结果，含水合物沉积物内聚力 c 为水合物饱和度 S_h 的函数，内摩擦角 φ 可以视为不依赖于 S_h 的常量，含水合物沉积物的屈服点应力值 σ_f 与有效围压、水合物饱和度的关系可以表示为（孙晓杰等，2012；孙中明等，2013；Miyazaki et al.，2012）

$$\sigma_f(S_h, \sigma_3) = \frac{2\cos\varphi}{1-\sin\varphi}c(S_h) + \sigma_3\frac{1+\sin\varphi}{1-\sin\varphi} \tag{2.36}$$

通过最小二乘法拟合得到含水合物沉积物内聚力 $c(S_h)$ 的表达式为

$$c(S_h) = \frac{1-\sin\varphi}{2\cos\varphi} a S_h^b + c(S_h = 0) \tag{2.37}$$

式中，a、b 为屈服应力模型的基本参数。

表 2.1 为部分学者基于试验结果得到的屈服应力模型基本参数。

表 2.1　屈服应力模型基本参数

试样	a	b	$c(S_h=0)$/MPa	φ/(°)
覆膜砂烧结样（250~420μm）（孙晓杰等，2012）	6.4×10^{-5}	2.586	3.56	22
Toyour 砂，7 号、8 号石英砂（130~205μm）（Miyazaki et al.，2012）	4.64×10^{-5}	1.580	0.30	33.8
天然海滩砂（180~250μm）（孙中明等，2013）	0.1615	0.956	1.61	28.1

含水合物沉积物屈服应变随有效围压、水合物饱和度的增大均呈现一定的线性增大趋势。因此，可以通过最小二乘法拟合得到屈服应变与有效围压、水合物饱和度的关系：

$$\varepsilon_f = a_1 S_h + b_1 \sigma_3 + c_1 \tag{2.38}$$

综上所述，首先应用式（2.36）、式（2.38）确定不同水合物饱和度、有效围压条件下的沉积物屈服值 σ_f、ε_f，然后将其代入式（2.34），即可得到不同有效围压、不同水合物饱和度条件下的韦布尔分布参数，进而建立能反映不同条件下含水合物沉积物软、硬化规律的损伤本构模型。

3. 含水合物沉积物弹性参数的确定

含水合物沉积物弹性参数是损伤本构模型计算的基础。吴二林等（2012）将冻土等效弹性参数计算的细观力学混合律思想引入含水合物沉积物弹性参数计算，建立了有效围压为 1MPa 时含水合物沉积物等效泊松比 ν_1、等效弹性模量 E_1 的计算模型：

$$\begin{cases} \nu_1 = \dfrac{n_s E_s \nu_s (1+\nu_h)(1-2\nu_h) + n_h E_h \nu_h (1+\nu_s)(1-2\nu_s)}{n_s \nu_s (1+\nu_h)(1-2\nu_h) + n_h E_h (1+\nu_s)(1-2\nu_s)} \\ E_1 = \dfrac{[n_s E_s (1-2\nu_h) + n_h E_h (1-2\nu_s)][n_s E_s (1+\nu_h) + n_h E_h (1+\nu_s)]}{n_s E_s (1+\nu_h)(1-2\nu_h) + n_h E_h (1+\nu_s)(1-2\nu_s)} \end{cases} \tag{2.39}$$

式中，n_s 为沉积物骨架的体积分数；n_h 为水合物体积分数；E_s 为沉积物骨架的弹性模量；E_h 为水合物弹性模量；ν_s 为沉积物骨架的泊松比；ν_h 为水合物泊松比。

Miyazaki 等（2011）研究表明，含水合物沉积物弹性模量与有效围压之间呈幂关系变化，且含水合物沉积物弹性模量和水合物饱和度的关系与有效围压无关，因此实际有效围压下的含水合物沉积物弹性模量可以表示为

$$E = E_1 \sigma_3^n \tag{2.40}$$

Miyazaki 等（2012）通过最小二乘法回归得到丰浦砂、7 号石英砂和 8 号石英砂的 n 值分别为

$$n = \begin{cases} 0.608 & (\text{丰浦砂}) \\ 0.466 & (7号石英砂) \\ 0.356 & (8号石英砂) \end{cases}$$

参 考 文 献

曹文贵, 方祖烈, 唐学军. 1998. 岩石损伤软化统计本构模型之研究. 岩石力学与工程学报, (6): 628-633.

曹文贵, 张升, 赵明华. 2006. 基于新型损伤定义的岩石损伤统计本构模型探讨. 岩土力学, (1): 41-46.

曹文贵, 莫瑞, 李翔. 2007. 基于正态分布的岩石软硬化损伤统计本构模型及其参数确定方法探讨. 岩土工程学报, (5): 671-675.

董林, 廖华林, 李彦龙, 等. 2020. 天然气水合物沉积物力学性质测试与评价. 海洋地质前沿, 36(9): 34-43.

蒋明镜, 刘俊, 申志福. 2019. 裹覆型能源土力学特性真三轴试验离散元数值分析. 中国科学:物理学 力学 天文学, 49(3): 153-164.

李承峰, 胡高伟, 张巍, 等. 2016. 有孔虫对南海神狐海域细粒沉积层中天然气水合物形成及赋存特征的影响. 中国科学: 地球科学, 46(9): 1223-1230.

李彦龙, 刘昌岭, 刘乐乐, 等. 2016a. 水合物沉积物三轴试验存在的关键问题分析. 新能源进展, 4(4): 279-285.

李彦龙, 刘昌岭, 刘乐乐, 等. 2016b. 含水合物沉积物损伤统计本构模型及其参数确定方法. 石油学报, 37(10): 1273-1279.

李彦龙, 陈强, 刘昌岭, 等. 2020. 水合物储层工程地质参数评价系统研发与功能验证. 海洋地质与第四纪地质, 40(5): 192-200.

刘林, 姚仰平, 张旭辉, 等. 2020. 含水合物沉积物的弹塑性本构模型. 力学学报, 52(2): 556-566.

孙晓杰, 程远方, 李令东, 等. 2012. 天然气水合物岩样三轴力学试验研究. 石油钻探技术, (4): 52-57.

孙中明, 张剑, 刘昌岭, 等. 2013. 沉积物中甲烷水合物饱和度测定及其力学特性研究. 实验力学, 28(6): 747-754.

韦昌富, 颜荣涛, 田慧会, 等. 2020. 天然气水合物开采的土力学问题:现状与挑战. 天然气工业, 40(8): 116-132.

吴德军. 2022. 南海含水合物沉积物剪切及蠕变特性研究. 大连: 大连理工大学.

吴二林, 魏厚振, 颜荣涛, 等. 2012. 考虑损伤的含天然气水合物沉积物本构模型. 岩石力学与工程学报, 31(S1): 3045-3050.

吴二林, 韦昌富, 魏厚振, 等. 2013. 含天然气水合物沉积物损伤统计本构模型. 岩土力学, 34(1): 60-65.

颜荣涛, 韦昌富, 魏厚振, 等. 2012. 水合物形成对含水合物砂土强度影响. 岩土工程学报, 34(7): 1234-1240.

张小玲, 夏飞, 杜修力, 等. 2019. 考虑含水合物沉积物损伤的多场耦合模型研究. 岩土力学, 40(11): 4229-4239, 4305.

张旭辉, 王淑云, 李清平, 等. 2010. 天然气水合物沉积物力学性质的试验研究. 岩土力学, (10): 3069-3074.

周博, 王宏乾, 王辉, 等. 2020. 可燃冰沉积物宏细观力学特性真三轴试验离散元模拟. 中国石油大学学报(自然科学版), 44(1): 131-140.

祝效华, 孙汉文, 赵金洲, 等. 2019. 天然气水合物沉积物等效变弹性模量损伤本构模型. 石油学报, 40(9): 1085-1094.

Duncan J M, Chang C Y. 1970. Nonlinear analysis of stress and strain in soils. Journal of the Soil Mechanics and Foundations Division, 96(5): 1629-1653.

Jung J W, Santamarina J C, Soga K. 2012. Stress-strain response of hydrate-bearing sands: Numerical study using discrete element method simulations. Journal of Geophysical Research: Solid Earth, 117(12): B04202.

Lei L, Santamarina J C. 2019. Physical properties of fine-grained sediments with segregated hydrate lenses. Marine and Petroleum Geology, 109: 899-911.

Li Y, Liu W, Song Y, et al. 2016. Creep behaviors of methane hydrate coexisting with Ice. Journal of Natural Gas Science and Engineering, 33: 347-354.

Li Y, Hu G, Wu N, et al. 2019. Undrained shear strength evaluation for hydrate-bearing sediment overlying strata in the Shenhu area, northern South China Sea. Acta Oceanologica Sinica, 38(3): 114-123.

Li Y, Cheng Y F, Yan C L, et al. 2022. Effects of creep characteristics of natural gas hydrate-bearing sediments on wellbore stability. Petroleum Science, 19(1): 220-233.

Liu Z, Dai S, Ning F, et al. 2018. Strength estimation for hydrate-bearing sediments from direct shear tests of hydrate-bearing sand and silt. Geophysical Research Letters, 45(2): 715-723.

Miyazaki K, Aoki K, Tenma N, et al. 2011. Application of nonlinear elastic constitutive model to analysis of artificial methane-hydrate-bearing sediment sample. Las Vegas: OnePetro.

Miyazaki K, Tenma N, Aoki K, et al. 2012. A nonlinear elastic model for triaxial compressive properties of artificial methane-hydrate-bearing sediment samples. Energies, 5(10): 4057-4075.

Miyazaki K, Tenma N, Yamaguchi T. 2017. Relationship between creep property and loading-rate dependence of strength of artificial methane-hydrate-bearing toyoura sand under triaxial compression: 10. Energies, 10(10): 1466.

Rahmati H, Nouri A, Chan D, et al. 2021. Relationship between rock macro- and micro-properties and wellbore breakout type. Underground Space, 6(1): 62-75.

Sun X, Wang L, Luo H, et al. 2019. Numerical modeling for the mechanical behavior of marine gas hydrate-bearing sediments during hydrate production by depressurization. Journal of Petroleum Science and Engineering, 177: 971-982.

Yan C, Li Y, Yan X, et al. 2019. Wellbore shrinkage during drilling in methane hydrate reservoirs. Energy Science & Engineering, 7(3): 930-942.

Zhang X, Lin J, Lu X, et al. 2018. A hypoplastic model for gas hydrate-bearing sandy sediments. International Journal for Numerical and Analytical Methods in Geomechanics, 42(7): 931-942.

Zhou M, Soga K, Yamamoto K. 2018. Upscaled anisotropic methane hydrate critical state model for turbidite hydrate-bearing sediments at East Nankai Trough. Journal of Geophysical Research: Solid Earth, 123(8): 6277-6298.

Zhou S S, Wu P, Li M et al. 2021. Effect of hydrate dissociation and axial strain on the permeability of hydrate-bearing sand during the creep process. SPE Journal, 26(5): 2837-2848.

第三章　天然气水合物开采热–流–固–化（THMC）多场耦合数学模型

天然气水合物开采是一个复杂的传热传质过程，主要包括多孔介质中的气水两相渗流、多孔介质中的传热过程、水合物分解的相变过程以及含水合物沉积物的力学变形过程，其中渗流、传热和水合物分解过程可以视为流体流动过程，而沉积物力学变形是固体变形过程。控制储层力学稳定性的是固体变形过程，但固体变形过程又受流体流动过程的影响。因此，天然气水合物开采是一个受多重因素影响的多场耦合问题，要分析天然气水合物开采过程中的力学响应及稳定性，必须考虑上述传热、渗流、相变和固体变形过程及相互耦合关系，建立描述上述复杂过程的数学模型。本章基于连续介质力学理论，以流体流动和固体变形两个过程建立天然气水合物开采的多场耦合数学模型，并给出相应的模型边界条件和辅助方程。

第一节　天然气水合物开采多场耦合数学模型建模方法及模型假设

一、数学模型的构成

描述含水合物沉积物体系中多孔介质中的气水两相渗流、多孔介质中的传热过程、水合物分解的相变过程以及含水合物沉积物的力学变形过程的数学模型由质量守恒方程、能量守恒方程、运动方程、状态方程和相应的参数辅助方程组成。

质量守恒方程是在一定区域（微元体）中物质的质量变化等于从该区域的表面流入的质量与流出的质量之差，即物质不会凭空消失也不会凭空产生。对于水合物开采来说，往往需要通过钻井的方式采出气体和水，如果井位于某个微元体中，则对于该微元体来说，井的采出/注入也会引起微元体质量的变化，这部分质量变化则称为源汇项，建立质量守恒方程时也需要考虑源汇项。能量守恒方程与质量守恒方程的原理类似。

运动方程则主要描述质点在外力作用下的运动状态。含水合物沉积物体系中包含两种类型的物质：流体和固体。流体包括气和水，而固体包含沉积物骨架和固态的水合物。对于流体来说，运动方程主要描述气和水在孔隙压力作用下的运动规律。在多孔介质中，通常采用达西定律描述。对于固体来说，运动方程则描述的是沉积物骨架和水合物组成的固体在外力作用下的平衡状态。

状态方程主要描述含水合物沉积物体系中的气、水、水合物、沉积物骨架的状态随温度、压力变化规律。由于水和气体具有可压缩性，压力升高则水和气体的体积变小，气体的压缩性远高于水的压缩性。沉积物的压缩性往往包含两方面：沉积物颗粒本身的压缩性和沉积物骨架组成的多孔介质的压缩性。一般认为沉积物颗粒不可压缩，仅考虑沉积物骨架组成的多孔介质的压缩性。

辅助方程则是含水合物沉积物体系中的气、水、水合物、沉积物骨架等物质的参数方程。

二、基本假设

海洋天然气水合物储层由沉积物骨架、骨架孔隙内的气体、水、盐分和水合物等物质组成，这些物质也被称为组分，通常用物质的化学式表示。一个组分通常只包含一种物质。不同物质在不同条件下呈现出不同的状态，如气态、固态和液态，将这些不同物质呈现的不同状态称为"相态"，简称"相"。"相"和"组分"不同，一个相中可能包含多种组分，而一个组分可以呈现出多个相态。在含水合物沉积物体系中，为了研究方便，通常假设存在以下几种相态：气相、液相、水合物固相、冰固相、沉积物固相。之所以将固相的水合物和冰分开是由于二者存在的条件相差较大。为了表述方便，将全部相态γ用大写字母表示：$\gamma=H,A,G,I,S$，分别表示水合物固相、液相、气相、冰固相和沉积物固相；将组分κ用小写字母表示：$\kappa=m,w,i,h,s$，分别表示甲烷气、水、盐分/水溶性抑制剂、水合物和沉积物。

在处理水合物相变时，存在两种不同的处理方式：平衡模型和动力学模型。平衡模型假设系统中只有气和水两种组分（不考虑盐分/水溶性抑制剂），这两种组分存在于气相、液相、冰固相和水合物固相四种相态中，系统永远处于平衡状态，即水合物的分解和生成是瞬间完成的，某个状态下只存在有水合物和无水合物两种情况。平衡模型中，水合物固相包含组分气和水，液相包含水组分、溶解在水中的甲烷组分和水溶性抑制剂组分，气相则包含甲烷组分、以蒸汽形式存在的水组分，冰固相只包含水组分。平衡模型中不将水合物视作一个组分，而看作是气和水的一种热力学状态。

水合物相变的动力学模型则将水合物视作一种组分，水合物固相即是由水合物组分形成。液相、气相和冰固相与组分的关系与平衡模型相同，如图 3.1 所示。因此，在动力学模型中，水合物即是一种组分也是一种相态（Moridis et al.，2008）。

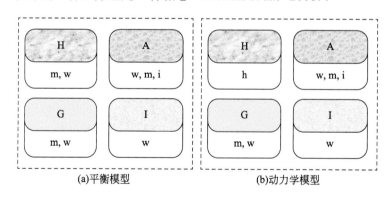

(a)平衡模型	(b)动力学模型

图 3.1　含水合物沉积物体系组分和相态关系图

相态：H-水合物固相；A-液相；G-气相；I-冰固相。组分：m-甲烷；w-水；i-盐/水溶性抑制剂；h-水合物

从微观角度出发，直接模拟水合物在孔隙尺度中的分解和流动对于工程尺度的问题来说计算量过大，无法实现。因此，需要从连续介质力学角度出发，建立相应的模型。连续

介质力学假设研究区域由无数表征单元体（representative elementary volume，REV）组成。REV 尺度远大于沉积物的孔隙尺度，且包含足够多的孔隙和骨架，物理量则定义为 REV 内物理量的平均值。根据连续介质假设，在一个 REV 内同时存在着水合物固相、液相、气相、冰固相和沉积物固相。从数学角度来看，空间上一个点同时存在着上述五种相，如图 3.2 所示。

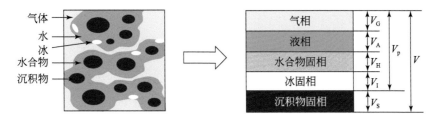

图 3.2　连续介质假设

图 3.2 所示的 REV 体积为 V，其中气相体积为 V_G，液相体积为 V_A，水合物固相体积为 V_H，冰固相体积为 V_I，沉积物固相的体积为 V_S。其中 V_G、V_A、V_H 和 V_I 组成孔隙空间 V_p，即孔隙度的定义为

$$\phi = \frac{V_p}{V} \tag{3.1}$$

上述孔隙度的定义没有考虑固相水合物和固相冰存在时对孔隙度的影响，即式（3.1）定义的是总孔隙度。当考虑不流动的固相对沉积物孔隙度的影响时定义有效孔隙度为

$$\phi = \frac{V_p - V_H - V_I}{V} \tag{3.2}$$

占据孔隙空间的气相、液相、水合物固相和冰固相可以根据占据孔隙空间的比例定义各相的饱和度：

$$S_\beta = \frac{V_\beta}{V_p} \tag{3.3}$$

式中，S_β 为 β 相的饱和度；β 为占据孔隙空间的相，$\beta = G, A, H, I$；V_β 为 β 相的体积。

从上述饱和度的定义有

$$\sum_\beta S_\beta = 1 \tag{3.4}$$

为简化数学模型的建立，还需要作如下假设。

（1）水合物为 I 型的纯甲烷水合物。

（2）多孔介质中气和水可以流动，且气、水在多孔介质中的流动符合达西定律，流动相用符号 $\alpha = A, G$ 表示；水合物和沉积物颗粒则不可流动，即不考虑由于流体携带作用下固相水合物和沉积物颗粒的运动。

（3）局部热力学保持平衡，即沉积物固体与周围流体温度相同。

（4）忽略盐分等抑制剂从液体中的析出而成为固相的过程，即盐分/水溶性抑制剂组分必须存在于液相中，因此，在有盐分/水溶性抑制剂组分存在时，液相必须存在。

（5）水合物为孔隙充填型，附着在沉积物颗粒表面，且水合物和沉积物颗粒组成连续的复合固体材料，共同承受外力作用；复合固体材料的变形为小变形。

（6）水和沉积物多孔介质均为弱可压缩。

（7）忽略气相、液相分子在沉积物固体颗粒表面的吸附作用，即忽略沉积物与孔隙充填物的组分转化。

三、数学模型构建方法

数学模型的建立步骤如下（李淑霞和谷建伟，2009）。

（一）确定所求解的问题

建立数学模型的第一步是明确问题中所涉及的物理过程。从第一章的分析可知，水合物开采地层力学稳定性的物理过程是含水合物沉积物在外界荷载和自身强度变化下的变形和破坏问题，其核心是含水合物沉积物体系的力学响应特征。然而，水合物开采同样也是一个热-流-固-化（THMC）多场耦合的问题，即开采过程中的渗流、传热、水合物分解都对固体变形的力学过程存在影响，而力学变形过程也直接或间接地对 THC 过程存在影响。因此，在研究含水合物沉积物的力学响应时不能仅考虑固体变形过程，还需要将传热、渗流和水合物分解过程耦合考虑。

确定所研究的物理问题后，需要明确表述物理过程的主变量。THMC 四个过程中，渗流过程的主变量通常是压力 p 和各占据孔隙空间的相的饱和度 S；传热过程的主变量则为温度 T；水合物分解相变过程的主变量则是水合物的饱和度 S_H；力学变形过程可以用应力或者位移描述，通常选择含水合物沉积物变形位移 u 作为主变量。上述主变量通常是空间变量和时间变量，数学模型即是建立描述上述主变量时空演化特征的数学方程。除主变量外，数学模型中还存在一些系数，这些系数往往是主变量或者其他系数的函数，这些系数的函数关系式通常称为辅助方程，将在第四节详细介绍。

（二）明确需要考虑的物理过程

在确定具体的物理问题后，第二步则是需要明确这些物理问题中包含哪些物理过程，哪些物理过程在研究过程中需要考虑，哪些物理过程则不需要考虑。在含水合物沉积物的THMC 四个物理问题中，传热问题通常有热对流、热传导和热辐射三种方式。热辐射是具有温度的物体表面辐射电磁波而产生的热量传递过程。热辐射是以电磁波方式传递热量，传递过程不需要介质。热辐射的传递热量通过斯特藩-玻尔兹曼定律计算，辐射传热能力与温度的四次方成正比，含水合物沉积物体系的温度通常较低（10℃），且由于沉积物固体和流体不能完全吸收辐射能量，故辐射能力较弱，通常水合物的传热过程不考虑热辐射。但是热传导和热对流则必须考虑。

对渗流问题来说，需要考虑的是渗流的相，即多孔介质中可能有几种相态同时流动。根据假设，一般认为气相和水相是流动的，而水合物和冰固相则认为不流动，因此，渗流问题中需要考虑气水两相的流动。此外，渗流过程还需要考虑相态和组分的关系，即某一相态中可能包含多种组分，各组分的变化关系也是渗流需要考虑的问题。在考虑组分问题时，往往需要考虑各组分的扩散过程。

对于水合物相变问题，需要考虑的是水合物分解过程的描述，即采用动力学模型还是平衡模型来描述。

对于固体变形问题，需要考虑变形过程中沉积物和水合物组成的固体材料的变形属性，即是弹性变形还是弹塑性变形。

以上物理过程的确定直接决定了数学模型中所要选用的方程。除此之外，还需要考虑各物理场之间的耦合关系，THMC 四个物理场之间的耦合可以分为直接耦合和间接耦合两种。

1. 直接耦合关系

水合物相变化学场和渗流场：水合物相变会生成或消耗气和水，气和水的质量变化直接影响了渗流场的压力；反过来，渗流场的压力也直接决定了水合物相变的反应速率。

水合物相变化学场和传热场：水合物的生成/分解是放热/吸热反应，相变过程直接对传热场的温度产生影响；反过来，传热场的温度变化也直接对水合物相变存在影响，该影响是通过相平衡曲线实现的，即温度改变使得相平衡压力变化，进而影响水合物分解。

渗流场和传热场：渗流场中的流体流动通过对流传热的方式对传热场产生影响。

渗流场和固体变形场：渗流场中的孔隙压力通过有效应力原理直接影响固体变形场的应力。

传热场和固体变形场：沉积物的温度变化会产生热应力，热应力将对固体变形场产生直接影响。

2. 间接耦合关系

水合物相变化学场和固体变形场：水合物在沉积物中起胶结作用，水合物的相变会改变沉积物的力学性质，进而对固体变形场产生影响。水合物对沉积物体系力学性质的影响主要体现在对弹性模量、内聚力的影响。

水合物相变化学场和渗流场：水合物相变改变了沉积物多孔介质的孔隙度和渗透率，从而影响渗流场。水合物对渗透率的影响主要通过渗透率模型来体现。反过来，渗流场的渗透率和孔隙度的变化又改变了沉积物中的反应比表面积，进而对水合物相变化学场产生影响。

渗流场和固体变形场：含水合物沉积物的固体变形会改变多孔介质的孔隙度和渗透率，从而影响渗流场。

渗流场和传热场：传热场的温度变化对渗流场中的流体性质，如黏度、气体偏差因子、密度等性质参数产生影响，从而影响渗流场的压力和饱和度。

（三）建立数学方程

在确定了需要考虑的物理过程后，根据数学模型的构成，建立由质量守恒方程、能量守恒方程、运动方程、状态方程和相应的参数辅助方程组成的数学模型。上述几类方程中，运动方程、状态方程和辅助方程都是孤立地描述物理问题的某一个侧面，只有质量（能量）守恒方程可以描述物理问题的核心特征。因此，通常以守恒方程为核心，将其他方程代入守恒方程来建立数学方程。所建立的数学模型必须满足封闭条件，即未知量的数量等于方程的数量。在建立方程过程中，往往未知量的数量大于方程数量，此时需要根据所考虑的物理过程做进一步的假设或者建立更多的方程来使数学模型封闭。

（四）确定定解条件

上一步建立的数学方程是描述同类问题的通用性方程，一般存在无数个解。对于特定的物理问题，还需要写出定解条件来确定方程的唯一解。定解条件通常包括初始条件和边界条件。对于与时间无关的稳态问题，通常只有边界条件。定解条件的确定需要根据具体问题而定，但多数时候的定解条件无法与实际的物理问题完全一致，此时需要通过一定的假设建立近似的定解条件。定解条件将在本章第五节详细介绍。

从研究对象来看，含水合物沉积物体系可以分为两部分：固体部分和流体部分。流体部分是考虑水合物相变的非等温渗流过程；而固体部分则是含水合物沉积物的力学行为，其中的温度场在固体和流体中同时发生，如图 3.3 所示。鉴于流体和固体这两种研究对象的差异，本章分流体和固体两部分来阐述。第二节介绍流体力学中非等温两相渗流数学模型的建立过程，第三节建立含水合物沉积物固体变形的数学模型，第四节介绍辅助方程，第五节则给出不同问题的定解条件。

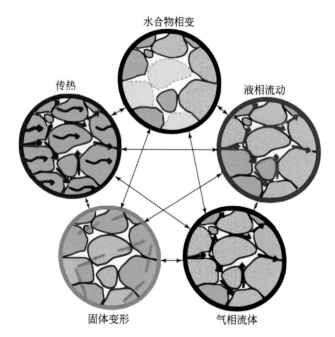

图 3.3　水合物开采过程中的流固耦合行为（De La Fuente et al.，2019）

第二节　非等温两相渗流数学模型建立

一、质量守恒方程

基于连续介质力学理论，在由 REV 组成的介质中取空间控制体，如图 3.4 所示。连续性条件有：控制体内物质的变化等于流入的物质量减去流出的物质量。需要注意的是连续性条件是针对组分而言的，而非相态。

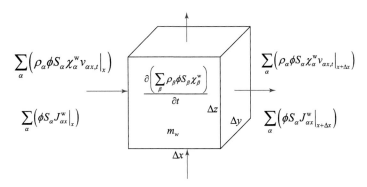

图 3.4　控制体示意图

以水组分为例，给出质量守恒方程的详细推导过程。如图 3.4 所示，在 Δt 时间内从控制体 x 方向左侧流入控制体的水的质量等于左侧面水组分的速度乘以左侧单元截面的面积，左侧截面的面积为 $\Delta y \Delta z$，而水组分可能存在的流动相的形式有两种：液态形式的水和蒸汽状态的水，因此，从左侧流入的水组分的质量为

$$\sum_{\alpha} \left(\rho_\alpha \phi S_\alpha \chi_\alpha^{\mathrm{w}} v_{\alpha x,t} \big|_x \right) \Delta y \Delta z \Delta t \tag{3.5}$$

式中，ρ_α 为流动相 $\alpha=\mathrm{A,G}$ 的密度；S_α 为 α 相的饱和度；χ_α^{w} 为水组分（w）在 α 相中的质量分数，表示从控制体左侧流入控制体的水由蒸汽形式的水和液态形式的水组成；$v_{\alpha x,t}$ 为流动相 α 在 x 方向上相对控制体的渗流速度。需要注意的是该速度是左侧截面上的平均速度，而非流体的真实速度，且该速度是相对于控制体而言的而不是沉积物骨架，即在沉积物固定不动的情况下，该速度即是流体在沉积物中的平均渗流速度，但如果沉积物也存在运动速度（固体变形造成的速度），流体相对于沉积物骨架的渗流速度需要与沉积物骨架的变形速度相加才是流体相对控制体的渗流速度。

在 Δt 时间内从控制体 x 方向右侧流出的水组分的质量可以表示为

$$\sum_{\alpha} \left(\rho_\alpha \phi S_\alpha \chi_\alpha^{\mathrm{w}} v_{\alpha x,t} \big|_{x+\Delta x} \right) \Delta y \Delta z \Delta t \tag{3.6}$$

则在 Δt 时间内从该控制体 x 方向净流出的水组分的质量为

$$\left[\sum_{\alpha} \left(\rho_\alpha \phi S_\alpha \chi_\alpha^{\mathrm{w}} v_{\alpha x,t} \big|_{x+\Delta x} \right) - \sum_{\alpha} \left(\rho_\alpha \phi S_\alpha \chi_\alpha^{\mathrm{w}} v_{\alpha x,t} \big|_x \right) \right] \Delta y \Delta z \Delta t \tag{3.7}$$

同理可计算 Δt 时间内，通过 y 方向和 z 方向净流出控制体的水组分的质量为

$$\left[\sum_{\alpha} \left(\rho_\alpha \phi S_\alpha \chi_\alpha^{\mathrm{w}} v_{\alpha y,t} \big|_{y+\Delta y} \right) - \sum_{\alpha} \left(\rho_\alpha \phi S_\alpha \chi_\alpha^{\mathrm{w}} v_{\alpha y,t} \big|_y \right) \right] \Delta x \Delta z \Delta t \tag{3.8}$$

和

$$\left[\sum_{\alpha} \left(\rho_\alpha \phi S_\alpha \chi_\alpha^{\mathrm{w}} v_{\alpha z,t} \big|_{z+\Delta z} \right) - \sum_{\alpha} \left(\rho_\alpha \phi S_\alpha \chi_\alpha^{\mathrm{w}} v_{\alpha z,t} \big|_z \right) \right] \Delta x \Delta y \Delta t \tag{3.9}$$

控制体内水组分的质量除了因为流动而发生变化外，在多相多组分体系中还存在物质的扩散，因扩散引起的控制体质量变化使用扩散速度乘以控制体边界面的面积获得。与渗流类似，x 方向左侧因扩散进入控制体的水组分的质量为

$$\sum_{\alpha}\left(\phi S_{\alpha} J_{\alpha x}^{w}\big|_{x}\right)\Delta y \Delta z \Delta t \tag{3.10}$$

式中，$J_{\alpha x}^{w}$ 为水组分（w）在相 α 中的扩散质量流量。

同理，x 方向右侧因扩散流出控制体的水组分的质量为

$$\sum_{\alpha}\left(\phi S_{\alpha} J_{\alpha x}^{w}\big|_{x+\Delta x}\right)\Delta y \Delta z \Delta t \tag{3.11}$$

则在 Δt 时间内从控制体 x 方向因扩散净流出的水组分的质量为

$$\left[\sum_{\alpha}\left(\phi S_{\alpha} J_{\alpha x}^{w}\big|_{x+\Delta x}\right)-\sum_{\alpha}\left(\phi S_{\alpha} J_{\alpha x}^{w}\big|_{x}\right)\right]\Delta y \Delta z \Delta t \tag{3.12}$$

同理，y 方向和 z 方向因扩散净流出的水组分的质量为

$$\left[\sum_{\alpha}\left(\phi S_{\alpha} J_{\alpha y}^{w}\big|_{y+\Delta y}\right)-\sum_{\alpha}\left(\phi S_{\alpha} J_{\alpha y}^{w}\big|_{y}\right)\right]\Delta x \Delta z \Delta t \tag{3.13}$$

和

$$\left[\sum_{\alpha}\left(\phi S_{\alpha} J_{\alpha z}^{w}\big|_{z+\Delta z}\right)-\sum_{\alpha}\left(\phi S_{\alpha} J_{\alpha z}^{w}\big|_{z}\right)\right]\Delta x \Delta y \Delta t \tag{3.14}$$

如果多孔介质和水都是可压缩的，则时间 Δt 内控制体内的孔隙体积和密度将发生变化。因此，在 t 时刻，控制体内水组分的质量为水的密度乘以控制体体积，即

$$\sum_{\beta}\left(\rho_{\beta}\phi S_{\beta} \chi_{\beta}^{w}\big|_{t}\right)\Delta x \Delta y \Delta z \tag{3.15}$$

式中，ρ_{β} 为 β 相的密度；S_{β} 为 β 相的饱和度；χ_{β}^{w} 为水组分在 β 相中的质量分数。

同理，$t+\Delta t$ 时刻，控制体内水组分的质量为

$$\sum_{\beta}\left(\rho_{\beta}\phi S_{\beta} \chi_{\beta}^{w}\big|_{t+\Delta t}\right)\Delta x \Delta y \Delta z \tag{3.16}$$

故 Δt 时间内，控制体内水组分的累积增加质量为

$$\left[\sum_{\beta}\left(\rho_{\beta}\phi S_{\beta} \chi_{\beta}^{w}\big|_{t+\Delta t}\right)-\sum_{\beta}\left(\rho_{\beta}\phi S_{\beta} \chi_{\beta}^{w}\big|_{t}\right)\right]\Delta x \Delta y \Delta z \tag{3.17}$$

根据质量守恒原理，在 Δt 时间内，控制体内累积增加质量应等于 Δt 时间内从 x,y,z 三个方向上流入和流出控制体的质量流量之差，而流入和流出部分由两部分组成：渗流流量和扩散流量，即

$$
\begin{aligned}
&\left[\sum_{\beta}\left(\rho_{\beta}\phi S_{\beta} \chi_{\beta}^{w}\big|_{t+\Delta t}\right)-\sum_{\beta}\left(\rho_{\beta}\phi S_{\beta} \chi_{\beta}^{w}\big|_{t}\right)\right]\Delta x \Delta y \Delta z \\
&=-\left[\sum_{\alpha}\left(\rho_{\alpha}\phi S_{\alpha} \chi_{\alpha}^{w} v_{\alpha x,t}\big|_{x+\Delta x}\right)-\sum_{\alpha}\left(\rho_{\alpha}\phi S_{\alpha} \chi_{\alpha}^{w} v_{\alpha x,t}\big|_{x}\right)\right]\Delta y \Delta z \Delta t \\
&\quad-\left[\sum_{\alpha}\left(\rho_{\alpha}\phi S_{\alpha} \chi_{\alpha}^{w} v_{\alpha y,t}\big|_{y+\Delta y}\right)-\sum_{\alpha}\left(\rho_{\alpha}\phi S_{\alpha} \chi_{\alpha}^{w} v_{\alpha y,t}\big|_{y}\right)\right]\Delta x \Delta z \Delta t
\end{aligned}
$$

$$-\left[\sum_{\alpha}\left(\rho_{\alpha}\phi S_{\alpha}\chi_{\alpha}^{\mathrm{w}}v_{\alpha z,t}\big|_{z+\Delta z}\right)-\sum_{\alpha}\left(\rho_{\alpha}\phi S_{\alpha}\chi_{\alpha}^{\mathrm{w}}v_{\alpha z,t}\big|_{z}\right)\right]\Delta x\Delta y\Delta t$$

$$+\left[\sum_{\alpha}\left(\phi S_{\alpha}J_{\alpha x}^{\mathrm{w}}\big|_{x+\Delta x}\right)-\sum_{\alpha}\left(\phi S_{\alpha}J_{\alpha x}^{\mathrm{w}}\big|_{x}\right)\right]\Delta y\Delta z\Delta t$$

$$+\left[\sum_{\alpha}\left(\phi S_{\alpha}J_{\alpha y}^{\mathrm{w}}\big|_{y+\Delta y}\right)-\sum_{\alpha}\left(\phi S_{\alpha}J_{\alpha y}^{\mathrm{w}}\big|_{y}\right)\right]\Delta x\Delta z\Delta t$$ （3.18）

$$+\left[\sum_{\alpha}\left(\phi S_{\alpha}J_{\alpha z}^{\mathrm{w}}\big|_{z+\Delta z}\right)-\sum_{\alpha}\left(\phi S_{\alpha}J_{\alpha z}^{\mathrm{w}}\big|_{z}\right)\right]\Delta x\Delta y\Delta t$$

式（3.18）两端同除以 $\Delta x\Delta y\Delta z\Delta t$ 可得

$$\frac{\left[\sum_{\beta}\left(\rho_{\beta}\phi S_{\beta}\chi_{\beta}^{\mathrm{w}}\big|_{t+\Delta t}\right)-\sum_{\beta}\left(\rho_{\beta}\phi S_{\beta}\chi_{\beta}^{\mathrm{w}}\big|_{t}\right)\right]}{\Delta t}$$

$$=-\frac{\left[\sum_{\alpha}\left(\rho_{\alpha}\phi S_{\alpha}\chi_{\alpha}^{\mathrm{w}}v_{\alpha x,t}\big|_{x+\Delta x}\right)-\sum_{\alpha}\left(\rho_{\alpha}\phi S_{\alpha}\chi_{\alpha}^{\mathrm{w}}v_{\alpha x,t}\big|_{x}\right)\right]}{\Delta x}$$

$$-\frac{\left[\sum_{\alpha}\left(\rho_{\alpha}\phi S_{\alpha}\chi_{\alpha}^{\mathrm{w}}v_{\alpha y,t}\big|_{y+\Delta y}\right)-\sum_{\alpha}\left(\rho_{\alpha}\phi S_{\alpha}\chi_{\alpha}^{\mathrm{w}}v_{\alpha y,t}\big|_{y}\right)\right]}{\Delta y}$$

$$-\frac{\left[\sum_{\alpha}\left(\rho_{\alpha}\phi S_{\alpha}\chi_{\alpha}^{\mathrm{w}}v_{\alpha z,t}\big|_{z+\Delta z}\right)-\sum_{\alpha}\left(\rho_{\alpha}\phi S_{\alpha}\chi_{\alpha}^{\mathrm{w}}v_{\alpha z,t}\big|_{z}\right)\right]}{\Delta z}$$

$$+\frac{\left[\sum_{\alpha}\left(\phi S_{\alpha}J_{\alpha x}^{\mathrm{w}}\big|_{x+\Delta x}\right)-\sum_{\alpha}\left(\phi S_{\alpha}J_{\alpha x}^{\mathrm{w}}\big|_{x}\right)\right]}{\Delta x}$$

$$+\frac{\left[\sum_{\alpha}\left(\phi S_{\alpha}J_{\alpha y}^{\mathrm{w}}\big|_{y+\Delta y}\right)-\sum_{\alpha}\left(\phi S_{\alpha}J_{\alpha y}^{\mathrm{w}}\big|_{y}\right)\right]}{\Delta y}+\frac{\left[\sum_{\alpha}\left(\phi S_{\alpha}J_{\alpha z}^{\mathrm{w}}\big|_{z+\Delta z}\right)-\sum_{\alpha}\left(\phi S_{\alpha}J_{\alpha z}^{\mathrm{w}}\big|_{z}\right)\right]}{\Delta z}$$ （3.19）

当 $\Delta x,\Delta y,\Delta z,\Delta t$ 趋于 0 时，对式（3.19）取极限，可得

$$\frac{\partial\left(\sum_{\beta}\rho_{\beta}\phi S_{\beta}\chi_{\beta}^{\mathrm{w}}\right)}{\partial t}=-\frac{\partial\left(\sum_{\alpha}\rho_{\alpha}\phi S_{\alpha}\chi_{\alpha}^{\mathrm{w}}v_{\alpha x,t}\right)}{\partial x}-\frac{\partial\left(\sum_{\alpha}\rho_{\alpha}\phi S_{\alpha}\chi_{\alpha}^{\mathrm{w}}v_{\alpha y,t}\right)}{\partial y}$$

$$-\frac{\partial\left(\sum_{\alpha}\rho_{\alpha}\phi S_{\alpha}\chi_{\alpha}^{\mathrm{w}}v_{\alpha z,t}\right)}{\partial z}+\frac{\partial\left(\sum_{\alpha}\phi S_{\alpha}J_{\alpha x}^{\mathrm{w}}\right)}{\partial x}+\frac{\partial\left(\sum_{\alpha}\phi S_{\alpha}J_{\alpha y}^{\mathrm{w}}\right)}{\partial y}+\frac{\partial\left(\sum_{\alpha}\phi S_{\alpha}J_{\alpha z}^{\mathrm{w}}\right)}{\partial z}$$

（3.20）

式（3.20）写成微分算子的形式可得水组分的质量守恒方程为

$$\frac{\partial\left(\sum_{\beta}\rho_{\beta}\phi S_{\beta}\chi_{\beta}^{w}\right)}{\partial t}+\sum_{\alpha}\left[\nabla\cdot\left(\rho_{\alpha}\phi S_{\alpha}\chi_{\alpha}^{w}\boldsymbol{v}_{\alpha,t}\right)\right]-\sum_{\alpha}\left[\nabla\cdot\left(\phi S_{\alpha}\boldsymbol{J}_{\alpha}^{w}\right)\right]=0 \qquad (3.21)$$

在水合物开采过程中，还存在着源/汇项，即存在水物质的增加或减少。源汇项的来源有两部分：水合物相变和井的注入或采出。其中水合物相变的源汇项主要发生在存在水合物相变的位置，而井的注入和采出通常发生在井所在的位置。

水合物的分解/生成会产生/消耗水，水的产生/消耗速率为 m_w，则控制体内单位时间水组分的产生/消耗的质量为

$$m_w\mathrm{d}x\mathrm{d}y\mathrm{d}z\Delta t \qquad (3.22)$$

井筒注入/采出的质量流量为 q_w，故井筒注入/采出的水组分的质量为

$$q_w\mathrm{d}x\mathrm{d}y\mathrm{d}z\Delta t \qquad (3.23)$$

此时，式（3.18）右端需要增加上述两项源汇项，最终得到的水组分的质量守恒方程为

$$\frac{\partial\left(\sum_{\beta}\rho_{\beta}\phi S_{\beta}\chi_{\beta}^{w}\right)}{\partial t}+\sum_{\alpha}\left[\nabla\cdot\left(\rho_{\alpha}\phi S_{\alpha}\chi_{\alpha}^{w}\boldsymbol{v}_{\alpha,t}\right)\right]-\sum_{\alpha}\left[\nabla\cdot\left(\phi S_{\alpha}\boldsymbol{J}_{\alpha}^{w}\right)\right]=m_w+q_w \qquad (3.24)$$

气体组分的质量守恒方程的推导过程与水组分相同，最终的气体组分的质量守恒方程只需将式（3.24）中的 w 改为 g 即可：

$$\frac{\partial\left(\sum_{\beta}\rho_{\beta}\phi S_{\beta}\chi_{\beta}^{g}\right)}{\partial t}+\sum_{\alpha}\left[\nabla\cdot\left(\rho_{\alpha}\phi S_{\alpha}\chi_{\alpha}^{g}\boldsymbol{v}_{\alpha,t}\right)\right]-\sum_{\alpha}\left[\nabla\cdot\left(\phi S_{\alpha}\boldsymbol{J}_{\alpha}^{g}\right)\right]=m_g+q_g \qquad (3.25)$$

需要注意的是式（3.24）和式（3.25）中井筒相关的源汇项只在井筒所在的位置存在。

以上推导是针对水和气两种物质的质量守恒，如果采用动力学模型描述水合物，则水合物也处理为一种组分，则需要给出水合物组分的质量守恒方程。下面给出水合物（h）和沉积物（s）的质量守恒方程，基本原理与气和水相同。

由于水合物仅存在水合物固相中，即 $\chi_H^h=1$，$\chi_H^\eta=0(\eta=w,m,i)$，故水合物中不存在类似气和水的渗流和扩散过程。与上述气和水组分的推导过程类似，最终得到的水合物组分的质量守恒方程为

$$\frac{\partial\left(\rho_h\phi S_h\right)}{\partial t}+\nabla\cdot\left(\rho_h\phi S_h\boldsymbol{v}_{h,t}\right)=m_h \qquad (3.26)$$

式中，ρ_h 为水合物的密度；S_h 为水合物的饱和度；m_h 为水合物相变的源汇项；$\boldsymbol{v}_{h,t}$ 为水合物相对控制体的速度。需要特别注意的是，虽然假设水合物为不可流动项，然而在考虑含水合物沉积物固体变形时，附着在沉积物上的水合物可能随着沉积物变形而发生运动，即水合物相对控制体存在一个运动速度。

上述存在于孔隙中的组分守恒方程可以统一写成如下形式：

$$\frac{\partial\left(\sum_{\beta}\rho_{\beta}\phi S_{\beta}\chi_{\beta}^{\kappa}\right)}{\partial t}+\sum_{\alpha}\left[\nabla\cdot\left(\rho_{\alpha}\phi S_{\alpha}\chi_{\alpha}^{\kappa}\boldsymbol{v}_{\alpha,t}\right)\right]-\sum_{\alpha}\left[\nabla\cdot\left(\phi S_{\alpha}\boldsymbol{J}_{\alpha}^{\kappa}\right)\right]=m_\kappa+q_\kappa \qquad (3.27)$$

式中，β 为孔隙充填相；α 为流动相。再次强调，式（3.27）是对组分而言，而不是相态，因此，上述方程的数量是组分的个数。根据描述水合物模型的不同，式（3.27）中的符号和参数可以取不同的值。

动力学模型：β 为孔隙充填相，$\beta=A,H,G,I$；κ 为组分，$\kappa=w,g,h,i$；χ_β^κ 为组分 κ 在相 β 中的质量分数。根据基本假设中定义的相和组分关系，采用动力学模型描述水合物相变行为时，各组分在相的关系如下。

液相中不可能存在水合物组分，即 $\chi_A^h=0$，但液相中可能存在水、气体和盐组分。

气相中不可能存在水合物和盐组分，即 $\chi_G^h=0,\chi_G^i=0$，但气相中可能存在气体和水。

在动力学模型中，水合物固相中仅存在水合物组分，即 $\chi_H^h=1,\chi_H^w=0,\chi_H^g=0,\chi_H^i=0$。

在冰固相中，仅可能存在水组分，即 $\chi_I^h=0,\chi_I^w=1,\chi_I^g=0,\chi_I^i=0$。

平衡模型：水合物仅仅是相态，而不是一个组分，故有 $\beta=A,H,G,I$，$\kappa=w,g,i$。此时各相和组分的关系如下。

液相此时可能存在水、气体和盐三种组分，即 $\chi_A^i,\chi_A^w,\chi_A^g$ 都可能不为零。

气相中不可能存在水合物和盐组分，即 $\chi_G^h=0,\chi_G^i=0$，但气相中可能存在气体和水。

平衡模型中，水合物固相仅包含水和气体两种组分。由于水合物的分子式通常是确定的，即水合物中气和水的质量是固定的，因此气体和水组分的质量分数即气体和水的摩尔质量与水合物的摩尔质量之比，此时：

$$\chi_H^w=\frac{M_w}{M_h},\ \chi_H^g=1-\chi_H^w,\ \chi_H^i=0$$

式中，M_w 和 M_h 分别为水和水合物的摩尔质量。

对于冰固相而言，仅可能存在水组分，即 $\chi_I^h=0,\chi_I^w=1,\chi_I^g=0,\chi_I^i=0$。

与流动一样，扩散仅发生在流动相中，水合物固相和冰固相中不存在组分的扩散，即有 $J_I^\kappa=0,J_H^\kappa=0$。

上述关系式为简化方程提供了方便。

以上即是孔隙充填物的质量守恒方程，而组成孔隙的沉积物的质量守恒方程为

$$\frac{\partial[\rho_s(1-\phi)]}{\partial t}+\nabla\cdot[\rho_s(1-\phi)v_s]=0 \tag{3.28}$$

式中，ρ_s 为沉积物密度；v_s 为沉积物相对控制体的运动速度，该速度即沉积物因力学变形引起的运动速度。

二、动量守恒方程

流体部分的动量守恒方程即描述流体运动状态的方程。从上述守恒方程来看，渗流速度和扩散质量流量均为未知量，需要给出其计算关系式。

（一）渗流方程

根据假设，多孔介质中的气相和水相的速度满足达西定律，有

$$\boldsymbol{v}_{\alpha} = -\frac{kk_{r\alpha}}{\mu_{\alpha}}\left(\nabla p_{\alpha} - \rho_{\alpha}\boldsymbol{g}\right) \tag{3.29}$$

式中，$\boldsymbol{v}_{\alpha}$ 为流动相 α 的渗流速度矢量，即相对于多孔介质骨架的平均速度；k 为多孔介质的绝对渗透率；$k_{r\alpha}$ 为 α 相的相对渗透率；μ_{α} 为 α 相的黏度；p_{α} 为 α 相的压力；$\boldsymbol{g}$ 为重力加速度矢量。

根据前文分析，质量守恒方程中的速度是相对控制体的速度，控制体则是固定不动的，而渗流速度是流体相对于多孔介质骨架的速度，故二者之间存在如下关系：

$$\phi S_{\beta}\boldsymbol{v}_{\beta,t} = \boldsymbol{v}_{\beta} + \phi S_{\beta}\boldsymbol{v}_{s} \tag{3.30}$$

式中，β 为孔隙充填相，即 β=A,H,I,G，由于假设只有液相和气相为流动相，水合物固相和冰固相均为不可流动相，即 $\boldsymbol{v}_{H} = 0, \boldsymbol{v}_{I} = 0$。

（二）扩散方程

扩散运动中的扩散流量使用菲克扩散定律描述，即

$$\boldsymbol{J}_{\alpha}^{\kappa} = -\tau D_{\alpha}^{\kappa}\left(\rho_{\alpha}\nabla \chi_{\alpha}^{\kappa}\right) \tag{3.31}$$

式中，$\boldsymbol{J}_{\alpha}^{\kappa}$ 为组分 κ 在相 α 中的扩散流量；τ 为多孔介质的迂曲度，与孔隙度相关；D_{α}^{κ} 为组分 κ 在相 α 中的扩散系数；χ_{α}^{κ} 为 κ 组分在 α 相中的质量分数。

三、能量守恒方程

能量守恒方程与质量守恒方程的推导过程类似，仅将图 3.4 中的质量换成热量即可。然而，与质量守恒不同的是，热量传递的方式有热对流和热传导。热对流仅发生在流动的流体中，而热传导则可以在固体和流体中同时发生。因此，图 3.4 中的控制体边界上流体的流入和流出主要因热对流和热传导两种方式实现。

热对流的热量传递与流动相相关，在控制体中的净流入可以表示为

$$F_{a} = \sum_{\alpha}\left[\nabla \cdot \left(\phi S_{\alpha}\rho_{\alpha}\boldsymbol{v}_{\alpha,t}h_{\alpha}\right)\right] \tag{3.32}$$

式中，F_{a} 为控制体中由于热对流净流入的热量；h_{α} 为 α 相的焓。式（3.32）的推导过程与质量守恒方程类似，即式（3.7）～式（3.9），只需将流体净流入量乘以焓即得到能量。

热传导的热量传递则可以在所有的相中发生，采用傅里叶定律描述：

$$\boldsymbol{Q}_{\beta} = \lambda_{\beta}\nabla T \tag{3.33}$$

式中，$\boldsymbol{Q}_{\beta}$ 为 β 相的导热速度矢量；λ_{β} 为 β 相的导热系数。从定义来看，式（3.33）与达西定律定义的渗流速度类似。

控制体的能量变化则可以用含水合物沉积物体系的内能表示：

$$u_{\mathrm{HDS}} = (1-\phi)\rho_{s}u_{s} + \sum_{\beta}\phi S_{\beta}\rho_{\beta}u_{\beta} \tag{3.34}$$

式中，u_{HBS} 为沉积物体系的内能；u_{β} 为 β 相的内能，$\beta = $ A, G, H, I, S。

除此之外，能量方程中还存在源汇项，其来源与质量守恒方程相同：来自水合物相变潜热 Q_{h} 和流体注入的显热 $\sum_{\alpha}q_{\alpha}h_{\alpha}$ 两部分。

参照质量守恒方程，可以写出能量守恒方程为

$$\frac{\partial u_{\text{HBS}}}{\partial t} + F_{\text{a}} = \sum_{\substack{\beta=\text{A,G,} \\ \text{H,I,S}}} \left[\nabla \cdot \left(\phi_{\beta} S_{\beta} \boldsymbol{Q}_{\beta} \right) \right] + Q_{\text{h}} + \sum_{\alpha=\text{A,G}} q_{\alpha} h_{\alpha} \qquad (3.35)$$

式中，$\boldsymbol{Q}_{\beta}$ 为 β 相的导热速度矢量，该速度矢量在含水合物沉积物体系的所有相中均存在。将式（3.32）～式（3.34）代入式（3.35）中可得

$$\frac{\partial \left[(1-\phi)\rho_{\text{s}} u_{\text{s}} + \sum_{\beta=\text{A,G,H,I,S}} \phi S_{\beta} \rho_{\beta} u_{\beta} \right]}{\partial t} + \sum_{\alpha} \left[\nabla \cdot \left(\phi S_{\alpha} \rho_{\alpha} \boldsymbol{v}_{\alpha,t} h_{\alpha} \right) \right] \qquad (3.36)$$
$$= \nabla \cdot \left(\lambda_{\text{eff}} \nabla T \right) + Q_{\text{h}} + \sum_{\alpha=\text{A,G}} q_{\alpha} h_{\alpha}$$

式中，$u_{\beta} = \int_{T_{\text{ref}}}^{T} C_{v_{\beta}} \mathrm{d}T$；$h_{\alpha} = \int_{T_{\text{ref}}}^{T} C_{p_{\alpha}} \mathrm{d}T$；$\lambda_{\text{eff}} = (1-\phi)\lambda_{\text{s}} + \sum_{\beta} \phi S_{\beta} \lambda_{\beta}$，其中 $C_{v_{\beta}}$ 为 $\beta = \text{A,G,H,I,S}$ 相的定容比热容；$C_{p_{\alpha}}$ 为 $\alpha = \text{A,G}$ 相的定压比热容。

第三节 地层力学响应数学模型建立

含水合物沉积物固体变形的数学模型可以用岩土力学的基本原理来建立。描述地层力学响应的物理量主要有：应力、应变和位移。数学模型即建立以上三者之间的关系模型。土力学问题的分析主要从三个方面：静力学方面、几何学方面和物理学方面。静力学方面主要是根据静力学平衡列出应力的平衡微分方程；几何学方面则是依据变形和应变之间的协调关系列出几何方程；物理学方面则主要依据材料的应力和应变关系来描述材料的物理属性，即第二章中的本构关系。

一、平衡微分方程

含水合物沉积物固体变形的平衡微分方程为

$$\begin{cases} \dfrac{\partial \sigma_x}{\partial x} + \dfrac{\partial \tau_{yx}}{\partial y} + \dfrac{\partial \tau_{zx}}{\partial z} + f_x = 0 \\[2mm] \dfrac{\partial \tau_{xy}}{\partial x} + \dfrac{\partial \sigma_y}{\partial y} + \dfrac{\partial \tau_{zy}}{\partial z} + f_y = 0 \\[2mm] \dfrac{\partial \tau_{xz}}{\partial x} + \dfrac{\partial \tau_{yz}}{\partial y} + \dfrac{\partial \sigma_z}{\partial z} + f_z = 0 \end{cases} \qquad (3.37)$$

式中，σ_x、σ_y、σ_z 为总正应力；τ_{xy}、τ_{yx}、τ_{zx}、τ_{xz}、τ_{zy}、τ_{yz} 为剪应力；f 为体力，通常是重力。

根据 Terzaghi 有效应力原理，总正应力为有效应力与有效孔隙压力之和，即储层所受的总应力一部分由流体孔隙压力承受，另一部分由沉积物骨架承受：

$$\sigma = \sigma' + B_{\text{i}} p_{\text{eff}} \qquad (3.38)$$

式中，σ' 为有效应力，表示沉积物骨架承受的应力；p_{eff} 为有效孔隙压力；B_i 为 Biot 系数。需要指出的是，沉积物的变形和强度特征不是由总正应力决定的，而是由沉积物骨架承受的有效应力决定的。

有效孔隙压力可由式（3.39）计算：

$$p_{\text{eff}} = S_g p_g + S_w p_w \qquad (3.39)$$

式中，S_g 为全饱和度；p_g 为气压力；S_w 为水饱和度；p_w 为水压力。

在饱和沉积物中，Biot 系数可用式（3.40）计算（薛世峰和宋惠珍，1999；Geertsma，1957）：

$$B_i = 1 - \frac{K}{K_s} \qquad (3.40)$$

式中，K 为沉积物整体的体积模量；K_s 为沉积物骨架的体积模量。

将有效应力原理代入式（3.37）可得

$$
\begin{cases}
\dfrac{\partial \sigma'_x}{\partial x} + \dfrac{\partial \tau_{yx}}{\partial y} + \dfrac{\partial \tau_{zx}}{\partial z} + B_i \dfrac{\partial p_{\text{eff}}}{\partial x} + f_x = 0 \\[3mm]
\dfrac{\partial \tau_{xy}}{\partial x} + \dfrac{\partial \sigma'_y}{\partial y} + \dfrac{\partial \tau_{zy}}{\partial z} + B_i \dfrac{\partial p_{\text{eff}}}{\partial y} + f_y = 0 \\[3mm]
\dfrac{\partial \tau_{xz}}{\partial x} + \dfrac{\partial \tau_{yz}}{\partial y} + \dfrac{\partial \sigma'_z}{\partial z} + B_i \dfrac{\partial p_{\text{eff}}}{\partial z} + f_z = 0
\end{cases}
\qquad (3.41)
$$

式中，σ'_x、σ'_y、σ'_z 为 σ' 有效应力的 x 方向分量、y 方向分量、z 方向分量。

二、几何方程

在小变形假设下，应变和位移的几何方程满足如下的变形协调关系：

$$
\begin{cases}
\varepsilon_x = -\dfrac{\partial u_x}{\partial x}, \quad \gamma_{yz} = -\left(\dfrac{\partial u_y}{\partial z} + \dfrac{\partial u_z}{\partial y}\right) \\[3mm]
\varepsilon_y = -\dfrac{\partial u_y}{\partial y}, \quad \gamma_{zx} = -\left(\dfrac{\partial u_z}{\partial x} + \dfrac{\partial u_x}{\partial z}\right) \\[3mm]
\varepsilon_z = -\dfrac{\partial u_z}{\partial z}, \quad \gamma_{xy} = -\left(\dfrac{\partial u_x}{\partial y} + \dfrac{\partial u_y}{\partial x}\right)
\end{cases}
\qquad (3.42)
$$

式中，u_x, u_y, u_z 为固体变形的位移；$\varepsilon_x, \varepsilon_y, \varepsilon_z$ 为三个方向的正应变；$\gamma_{yz}, \gamma_{zx}, \gamma_{xy}$ 为切应变。

由式（3.42）可知，当变形的位移完全确定时，则应变也完全确定，但应变完全确定时，位移却不能完全确定。这是由于还存在与应变无关的位移，即刚体位移。这一点在边界条件的设置中尤为重要。边界条件设置时，如果仅给出应力边界条件，则方程解不唯一，任意刚体位移下都有可以满足该边界条件，从而导致计算不收敛。

三、本构关系

（一）弹性本构

在采用线弹性假设时，应力和应变为线性关系。此时，本构关系可以用广义胡克定律表示：

$$[\sigma'] = [D]\{\varepsilon\} \tag{3.43}$$

其中，弹性矩阵为

$$[D] = \frac{E_\mathrm{m}(1-\nu)}{(1+\nu)(1-2\nu)} \begin{bmatrix} 1 & \dfrac{\nu}{1-\nu} & \dfrac{\nu}{1-\nu} & 0 & 0 & 0 \\ \dfrac{\nu}{1-\nu} & 1 & \dfrac{\nu}{1-\nu} & 0 & 0 & 0 \\ \dfrac{\nu}{1-\nu} & \dfrac{\nu}{1-\nu} & 1 & 0 & 0 & 0 \\ 0 & 0 & 0 & \dfrac{1-2\nu}{2(1-\nu)} & 0 & 0 \\ 0 & 0 & 0 & 0 & \dfrac{1-2\nu}{2(1-\nu)} & 0 \\ 0 & 0 & 0 & 0 & 0 & \dfrac{1-2\nu}{2(1-\nu)} \end{bmatrix} \tag{3.44}$$

式中，E_m 为沉积物和水合物组成复合固相材料的弹性模量；ν 为泊松比。弹性矩阵为对称矩阵。

式（3.42）代入式（3.43），则式（3.43）可写为

$$\begin{cases} \sigma'_x = 2G\left(\dfrac{\nu}{1-2\nu}\varepsilon_\mathrm{v} + \varepsilon_x\right) \\ \sigma'_y = 2G\left(\dfrac{\nu}{1-2\nu}\varepsilon_\mathrm{v} + \varepsilon_y\right) \\ \sigma'_z = 2G\left(\dfrac{\nu}{1-2\nu}\varepsilon_\mathrm{v} + \varepsilon_z\right) \\ \tau_{yz} = G\lambda_{yz} \\ \tau_{zx} = G\lambda_{zx} \\ \tau_{xy} = G\lambda_{xy} \end{cases} \tag{3.45}$$

式中，G 为剪切模量，$G = \dfrac{E_\mathrm{m}}{2(1+\nu)}$；$\varepsilon_\mathrm{v} = \varepsilon_x + \varepsilon_y + \varepsilon_z$ 为体积应变。

在弹性本构关系中，将式（3.42）代入式（3.45）消去应变可得

$$\begin{cases} \sigma'_x = 2G\left[\dfrac{\nu}{1-2\nu}\left(-\dfrac{\partial u_x}{\partial x}-\dfrac{\partial u_y}{\partial y}-\dfrac{\partial u_z}{\partial z}\right)-\dfrac{\partial u_x}{\partial x}\right] \\[2mm] \sigma'_y = 2G\left[\dfrac{\nu}{1-2\nu}\left(-\dfrac{\partial u_x}{\partial x}-\dfrac{\partial u_y}{\partial y}-\dfrac{\partial u_z}{\partial z}\right)-\dfrac{\partial u_y}{\partial y}\right] \\[2mm] \sigma'_z = 2G\left[\dfrac{\nu}{1-2\nu}\left(-\dfrac{\partial u_x}{\partial x}-\dfrac{\partial u_y}{\partial y}-\dfrac{\partial u_z}{\partial z}\right)-\dfrac{\partial u_z}{\partial z}\right] \\[2mm] \tau_{yz} = -G\left(\dfrac{\partial u_y}{\partial z}+\dfrac{\partial u_z}{\partial y}\right) \\[2mm] \tau_{zx} = -G\left(\dfrac{\partial u_z}{\partial x}+\dfrac{\partial u_x}{\partial z}\right) \\[2mm] \tau_{xy} = G\left(\dfrac{\partial u_x}{\partial y}+\dfrac{\partial u_y}{\partial x}\right) \end{cases} \tag{3.46}$$

将式（3.46）代入平衡微分方程式（3.41），整理可得

$$\begin{cases} A_1\dfrac{\partial^2 u_x}{\partial x^2}+A_3\dfrac{\partial^2 u_x}{\partial y^2}+A_3\dfrac{\partial^2 u_x}{\partial z^2}+(A_2+A_3)\dfrac{\partial^2 u_y}{\partial x\partial y}+(A_2+A_3)\dfrac{\partial^2 u_z}{\partial x\partial z}-\alpha\dfrac{\partial p_{\mathrm{eff}}}{\partial x}=f_x \\[2mm] A_3\dfrac{\partial^2 u_y}{\partial x^2}+A_1\dfrac{\partial^2 u_y}{\partial y^2}+A_3\dfrac{\partial^2 u_x}{\partial z^2}+(A_2+A_3)\dfrac{\partial^2 u_x}{\partial x\partial y}+(A_2+A_3)\dfrac{\partial^2 u_z}{\partial y\partial z}-\alpha\dfrac{\partial p_{\mathrm{eff}}}{\partial y}=f_y \\[2mm] A_3\dfrac{\partial^2 u_z}{\partial x^2}+A_3\dfrac{\partial^2 u_z}{\partial y^2}+A_1\dfrac{\partial^2 u_z}{\partial z^2}+(A_2+A_3)\dfrac{\partial^2 u_x}{\partial x\partial z}+(A_2+A_3)\dfrac{\partial^2 u_y}{\partial y\partial z}-\alpha\dfrac{\partial p_{\mathrm{eff}}}{\partial z}=f_z \end{cases} \tag{3.47}$$

式中，$A_1=2G\dfrac{1-\nu}{1-2\nu}$；$A_2=2G\dfrac{\nu}{1-2\nu}$；$A_3=G$；$f$ 为重力项时，通常只在 z 方向上存在，即 $f_x=0$，$f_y=0$，$f_z=\left[(1-\phi)\rho_s+\sum\limits_{\beta=\mathrm{A,G,H,I}}\phi S_\beta\rho_\beta\right]g$。

式（3.47）为在弹性本构关系下含水合物沉积物力学变形的控制方程，该方程是以位移为变量。根据实际情况补充适当的边界条件即可求得位移场，进而使用几何方程和本构关系求得应变和应力。从式（3.47）可以看出，流体的孔隙压力在固体变形的控制方程中体现，这种通过方程形式的耦合称为直接耦合。

（二）弹塑性本构

对于线弹性体来说，应力和应变关系——对应，但是大量的三轴剪切试验证实，含水合物沉积物的本构关系并不是线弹性的，而是弹塑性的。对于弹塑性变形，应变不仅与应力状态有关，还与加载历史、加载状态、加载路径甚至加载速率有关。在弹塑性本构关系中，往往使用增量形式的方程来表示。弹塑性本构模型假设总应变增量由可恢复的弹性变形和不可恢复的塑性变形两部分组成（李广信，2004），即

$$\mathrm{d}\varepsilon = \mathrm{d}\varepsilon_e + \mathrm{d}\varepsilon_p \tag{3.48}$$

式中，$\mathrm{d}\varepsilon$ 为总应变；$\mathrm{d}\varepsilon_e$ 为弹性应变；$\mathrm{d}\varepsilon_p$ 为塑性应变。

使用弹塑性矩阵表示的物理方程为

$$\mathrm{d}\boldsymbol{\sigma}' = \boldsymbol{D}_{\mathrm{ep}}\mathrm{d}\boldsymbol{\varepsilon} \tag{3.49}$$

其中，弹塑性矩阵计算公式为

$$\boldsymbol{D}_{\mathrm{ep}} = \boldsymbol{D} - \boldsymbol{D}_{\mathrm{p}} \tag{3.50}$$

式中，$\boldsymbol{D}_{\mathrm{p}}$ 为塑性矩阵；$\boldsymbol{D}$ 为弹性矩阵。

塑性矩阵可以采用流动规则与硬化定律确定：

$$\boldsymbol{D}_{\mathrm{p}} = \cfrac{\boldsymbol{D}\cfrac{\partial \boldsymbol{g}}{\partial \boldsymbol{\sigma}}\left(\cfrac{\partial \boldsymbol{f}}{\partial \boldsymbol{\sigma}}\right)^{\mathrm{T}}\boldsymbol{D}}{A + \left(\cfrac{\partial \boldsymbol{f}}{\partial \boldsymbol{\sigma}}\right)^{\mathrm{T}}\boldsymbol{D}\cfrac{\partial \boldsymbol{g}}{\partial \boldsymbol{\sigma}}} \tag{3.51}$$

式中，$\boldsymbol{g}$ 为塑性势函数；$\boldsymbol{f}$ 为屈服函数；A 为塑性硬化模量，是硬化参数的函数；$\boldsymbol{\sigma}$ 为应力。根据德鲁克假说，稳定材料满足相关联流动规则，即塑性势面与屈服面重合：

$$\boldsymbol{f} = \boldsymbol{g} \tag{3.52}$$

此时，得到弹塑性本构模型为

$$\mathrm{d}\boldsymbol{\sigma}' = \left[\boldsymbol{D} - \cfrac{\boldsymbol{D}\cfrac{\partial \boldsymbol{f}}{\partial \boldsymbol{\sigma}}\left(\cfrac{\partial \boldsymbol{f}}{\partial \boldsymbol{\sigma}}\right)^{\mathrm{T}}\boldsymbol{D}}{A + \left(\cfrac{\partial \boldsymbol{f}}{\partial \boldsymbol{\sigma}}\right)^{\mathrm{T}}\boldsymbol{D}\cfrac{\partial \boldsymbol{f}}{\partial \boldsymbol{\sigma}}}\right]\mathrm{d}\boldsymbol{\varepsilon} \tag{3.53}$$

屈服函数决定了含水合物沉积物的变形行为，与本构模型相关的论述详见第二章。

第四节　多场耦合数学模型辅助方程

第二节基于质量守恒、动量守恒和能量守恒建立了多相多组分非等温两相渗流数学模型；第三节则基于平衡微分方程、几何方程和本构关系建立了含水合物沉积物固体变形数学模型。上述数学模型中还存在大量未确定的参数，需要额外的方程使模型封闭。本节首先分析整个数学模型的未知量，根据未知量分析结果给出封闭方程和参数方程来构建封闭的天然气水合物开采 THMC 多场耦合数学模型。

一、模型未知量分析

第二节定义的非等温两相渗流涉及的物理过程多，方程复杂，未知量多，需要进一步分析未知量的个数，从而确定需要补充的封闭方程。以水合物相变的动力学模型为例，分析流体部分的未知量情况（表 3.1），注意表 3.1 中的向量和张量均算作一个未知量，而不考虑多个方向。综合分析，非等温两相渗流部分的未知量一共有 24 个。

表 3.1　非等温两相渗流数学模型的未知量分析

未知量	数量	备注
S_{β}	4	根据饱和度的定义，多孔介质的孔隙中存在 4 种相

续表

未知量	数量	备注
χ_β^κ	5	在动力学模型中，一共存在 4 种组分（m,w,i,h），孔隙中存在 4 种相态 β（A,G,H,I），理论上存在 16 个未知量，但根据假设仅存在 7 个不为 0：χ_A^w，χ_A^g，χ_A^i，χ_G^w，χ_G^g，χ_H^h，χ_I^w，而其中 $\chi_H^h=1$，$\chi_I^w=1$ 为已知量，故最终的未知量为 5 个
p_α	2	孔隙压力只有流动相存在，即只有气相和液相存在
v_α	2	孔隙中存在 2 种流动相，则渗流速度有 2 个
v_s	1	沉积物变形运动速度，仅 1 个
J_α^κ	5	在动力学模型中，一共存在 4 种组分（m,w,i,h）、2 种流动相 α，理论上存在 8 未知量，但根据假设仅有 5 个不为 0：J_A^w，J_A^m，J_A^i，J_G^w，J_G^m，故最终的未知量为 5 个
m_κ	3	动力学模型中一共存在 4 种组分，理论上未知量为 4 个，但盐/抑制剂组分与水合物相变无关，故最终的未知量为 3 个
T	1	温度的变量仅 1 个
Q_h	1	水合物相变相关的潜热未知量仅 1 个

　　基于质量守恒、动量守恒和能量守恒建立的方程数量见表 3.2，注意表中所列的方程数是将向量方程作为一个来考虑，即与表 3.1 对应。综合分析看，所列的方程数量为 14 个，故还需要列 10 个方程来使流体部分的数学模型封闭。

表 3.2　非等温两相渗流方程数量分析

方程类型	数量	备注
质量守恒	5	质量守恒是根据组分定义的，含水物沉积物体系共有 5 种组分（w,m,i,h,s），故质量守恒方程的数量为 5 个
动量守恒	7	动量守恒方程分别针对渗流和扩散列出。渗流速度方程［达西定律，式（3.29）］是针对流动相的，一共有 2 个；扩散则是组分在流动相中的运动方程，由菲克扩散定律列出［式（3.31）］。根据组分数和相态关系，理论上存在 8 个方程，但根据表 3.1 分析，仅 5 个不为零，故扩散运动方程有 5 个，总的动量守恒方程为 7 个
能量守恒	1	能量守恒方程是针对整个含水物沉积物体系的，只有 1 个方程
固体变形	1	在等温渗流模型中，存在固体变形速度 v_s，该变量直接由固体变形方程给出，可以将整个计算该速度的方程看作 1 个

　　下面分析固体部分的未知量。第三节建立的固体变形方程的未知量情况见表 3.3。

表 3.3　固体变形数学模型的未知量分析

未知量	数量	备注
σ	6	应力张量的未知量为 9 个，由于对称性，最终未知量为 6 个
ε	6	应变张量的未知量为 9 个，由于对称性，最终未知量为 6 个
u	3	一共 3 个方向存在位移
p_{eff}	1	等效孔隙压力

从表 3.3 可知，固体变形的未知量一共有 16 个，这些未知量都是相互独立的。方程的数量为：平衡微分方程 3 个、几何方程 6 个、本构关系 6 个，一共 15 个方程，其中等效孔隙压力属于流体部分的变量，由流体方程计算得到。因此，固体变形方程是封闭的，不需要补充额外的方程。

二、封闭方程

流体部分需要补充的方程有饱和度归一化方程、质量分数归一化方程、毛细管压力方程和水合物相变动力学方程、气液两相平衡方程。

（一）饱和度归一化方程

占据孔隙的各相的饱和度之和等于 1，即式（3.4）

$$\sum_\beta S_\beta = 1$$

上述方程的数量为 1 个。

（二）质量分数归一化方程

每一相中各组分的质量分数之和应等于 1，即

$$\sum_\beta \chi_\beta^\kappa = 1 \tag{3.54}$$

式（3.54）是针对填充孔隙的相而言的（ β = A,G,H,I），故理论的方程数为 4 个，但根据表 3.1 中的分析，其中冰相中仅可能存在水组分、水合物固相中仅可能存在水合物组分，上述两相中组分的质量分数是已知的，并未算作未知量，因此，实际的质量分数归一化方程有 2 个。

（三）毛细管压力方程

毛细管压力 p_c 定义了流动相的压力由于毛细管作用而产生的差异，是关联流体压力的关系式：

$$p_G - p_A = p_c \tag{3.55}$$

上述方程数量为 1 个

（四）水合物相变动力学方程

水合物相变动力学主要从微观和宏观两个角度研究。微观动力学主要研究水合物晶体结构中主客体分子的相互作用、结晶和生长过程等方面，而宏观动力学主要研究水合物生成和分解过程中的宏观控制因素。在基于连续介质力学的水合物 THMC 多场耦合模拟中，主要依赖于宏观动力学。水合物相变的动力学模型是考虑水合物的反应过程，即当温度和压力达到水合物分解（生成）条件时，水合物逐渐而非瞬间分解（生成），这一过程用水合物分解（生成）速率表征。描述水合物相变的动力学模型最常用的是 Kim-Bishnoi 模型（Kim et al.，1987）。该模型中水合物分解或生成的气体产生或消耗的速率 m_m 为

$$m_{\mathrm{m}} = k_{\mathrm{reac}} \exp\left(-\frac{\Delta E_{\mathrm{a}}}{RT}\right) M_{\mathrm{m}} A_{\mathrm{rs}} (p_{\mathrm{e}} - p_{\mathrm{G}}) \tag{3.56}$$

式中，p_{e} 为相平衡压力；p_{G} 为气相压力；k_{reac} 为水合物相变反应的本征反应常数；ΔE_{a} 为反应活化能；R 为气体常数；A_{rs} 为水合物相变反应的比表面积；M_{κ}（$\kappa = \mathrm{w,m,h}$）为 κ 组分的分子质量。

相应的水的生成或消耗速率以及水合物的消耗或生成速率 m_{w}、m_{h} 为

$$m_{\mathrm{w}} = m_{\mathrm{m}} N_{\mathrm{h}} \frac{M_{\mathrm{w}}}{M_{\mathrm{m}}} \tag{3.57}$$

$$m_{\mathrm{h}} = -m_{\mathrm{m}} \frac{M_{\mathrm{h}}}{M_{\mathrm{m}}} \tag{3.58}$$

式中，N_{h} 为水合数。

此外，水合物相变还涉及热量。水合物相变潜热由式（3.59）计算（Kamath and Holder，1987）：

$$Q_{\mathrm{h}} = \frac{m_{\mathrm{h}}}{M_{\mathrm{h}}} (d - eT) \tag{3.59}$$

式中，常数 d 和 e 分别为 56599J/mol、16.744J/(mol·K)。

综上，水合物相变动力学相关的方程有 4 个。

（五）气液两相平衡方程

在由水和甲烷组成的气液两相流动系统中，通常认为整个体系处于气液平衡状态。该状态下的气液两相中各组分浓度可以通过亨利定律和拉乌尔定律（Gupta et al.，2015）计算。

溶解在液相中的甲烷质量分数可以由式（3.60）计算：

$$\chi_{\mathrm{A}}^{\mathrm{m}} = H(T) \chi_{\mathrm{G}}^{\mathrm{m}} p_{\mathrm{G}} \tag{3.60}$$

水蒸气的质量分数可以由式（3.61）计算：

$$\chi_{\mathrm{G}}^{\mathrm{w}} = \chi_{\mathrm{A}}^{\mathrm{w}} \frac{p_{\mathrm{w}}^{\mathrm{sat}}(T)}{p_{\mathrm{G}}} \tag{3.61}$$

式中，$H(T)$ 为甲烷溶解于水时的亨利常数；$p_{\mathrm{w}}^{\mathrm{sat}}(T)$ 为水与甲烷体系中的饱和蒸汽压。

因此，气液两相平衡方程数量为 2 个。

综合饱和度归一化方程（1 个）、质量分数归一化方程（2）、毛细管压力方程（1 个）、水合物相变动力学方程（4 个）、气液两相平衡方程（2 个），一共补充了 10 个封闭方程，这 10 个方程与表 3.2 所列的 14 个方程恰好可以使表 3.1 所列的 24 个未知量的数学模型封闭。

三、参数方程

在基于质量守恒、动量守恒和能量守恒建立的方程以及给出的封闭方程中，引入了一些系数，这些系数部分是常数，但大多数与求解的未知量有关，因此，建立的数学模型多为非线性模型，在数值计算时需要对这些非线性进行处理，将在本书的第四章详细介绍。下面分为流体和固体两部分列出相关参数的方程。流体部分主要涉及水动力场、水合物分

解化学场和传热场。

（一）流体的参数方程

1. 水动力相关参数

水动力相关参数主要是与渗流和扩散相关。渗流中最重要的参数是渗透率。渗透率分为绝对渗透率和相对渗透率。绝对渗透率是描述单相流体通过多孔介质能力的参数，只与多孔介质有关，与通过的流体无关；而相对渗透率是储层中存在两种或两种以上的流体（如气和水）同时通过储层多孔介质的能力度量，其中一种流体相的渗透率称为该相的有效渗透率，有效渗透率与绝对渗透率的比值为相对渗透率。由于一种流体的流动会对另一种流体的流动存在影响，因此，相对渗透率不仅与多孔介质有关，还与流动的流体相关。对于含水合物沉积物来说，情况更为复杂。由于水合物是不流动相，水合物的存在占据了孔隙空间，使得渗透率降低，而水合物的分解则会使渗透率增加。水合物对渗透率的影响也体现在绝对渗透率和相对渗透率上。

在文献调研过程中，有关水合物储层渗透率的概念存在混淆。由于水合物对储层渗透率存在影响，故许多学者将存在水合物时的渗透率也称为"有效渗透率"，而将该"有效渗透率"与无水合物时的绝对渗透率的比值则称为"相对渗透率"。然而，这两个概念与多相渗流中在流体相互作用下的有效渗透率和相对渗透率的概念容易产生混淆。为了描述方便，作者对上述概念重新梳理。由于水合物的存在主要影响的是储层多孔介质的孔隙结构，故定义存在水合物时的绝对渗透率称为"有效绝对渗透率"，这里的"有效"体现的是水合物对绝对渗透率的影响。而将有效绝对渗透率与无水合物时绝对渗透率的比值定义为"归一化渗透率"，而多相渗流中的有效渗透率和相对渗透率的定义则保持不变。

1）归一化渗透率

含水合物沉积物的归一化渗透率主要有平行毛细管模型、Kozeny 颗粒模型和临界饱和度模型。水合物对渗透率的影响与水合物在孔隙空间中的分布有关，目前关于归一化渗透率的模型通常就是根据水合物在孔隙中的分布模式来建立的。通常认为水合物的分布模式有颗粒包裹型和孔隙充填型两种形式（图 3.5）（蔡建超等，2020）。

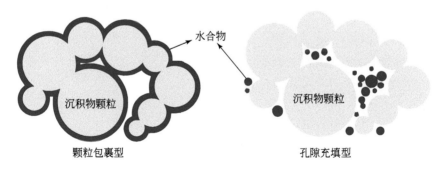

图 3.5　沉积物中水合物分布模式示意图（蔡建超等，2020）

①平行毛细管模型

平行毛细管模型将沉积物孔隙空间看作是直径相等的平行毛细管，当水合物在孔隙空

间的不同位置生成时，对应的模型也不相同。当水合物均匀生长在毛细管壁面时，则归一化渗透率为

$$k_r = (1 - S_H)^2 \tag{3.62}$$

当水合物在毛细管中心呈圆柱状生长时，孔隙中的流动则变为环状流动，此时归一化渗透率为

$$k_r = 1 - S_H^2 + \frac{2(1-S_H)^2}{\lg S_H} \tag{3.63}$$

Masuda 等（1999）将上述模型进行了推广，提出了归一化渗透率与水合物饱和度的指数关系模型：

$$k_r = (1 - S_H)^N \tag{3.64}$$

式中，N 根据不同情况可以取不同的值，考虑水合物在壁面生长时，该指数应适当增大。通过试验拟合得出，N 的取值通常在 3～15。该模型是目前应用比较广泛的含水合物沉积物归一化渗透率模型，但是需要说明的是，该模型中的 N 是经验参数，并没有实际的物理意义。

②Kozeny 颗粒模型

实际含水合物沉积物骨架是由颗粒组成，由于其孔隙空间不规则，流体实际流动路径 L_a 比定义压力梯度的直线距离 L 更长。因此颗粒介质的渗透率预测要比简单管道介质的渗透率预测要困难得多。基于 Kozeny-Carman（K-C）方程 Kleinberg 等（2003）提出了 Kozeny 颗粒模型，该模型中做了如下假设：①沉积物的电迁曲度可以代替水力迂曲度；②形状因子不随水合物饱和度变化；③沉积物孔隙可视为毛细管。推导过程基于 K-C 方程表示为

$$k = \frac{\phi V_p^2}{C \tau A^2} \tag{3.65}$$

式中，ϕ 为孔隙度；C 为形状因子；V_p 为孔隙体积；τ 为迂曲度；A 为孔隙表面积。在上述关系的基础上，最终得到基于 K-C 方程的含水合物沉积物归一化渗透率为（蔡建超等，2020）

$$k_r = (1 - S_H)^{n+2} \left(\frac{A_0}{A(S_H)} \right)^2 \tag{3.66}$$

式中，A_0 和 $A(S_H)$ 分别为不含水合物和含水合物时的沉积物孔隙表面积；n 为参数。

Kleinberg 根据水合物生长的模式不同，基于 K-C 方程建立了归一化渗透率模型。当水合物包裹在沉积物颗粒上时，此时归一化渗透率为

$$k_r = (1 - S_H)^{n+1} \tag{3.67}$$

式中，当 $0 < S_H < 0.8$ 时，指数 n 取值 1.5，当 $0.8 \leq S_H \leq 1$ 时，n 适当增加，但变化范围较大。该模型与 Masuda 等（1999）提出的模型表达式接近，然而在参数取值时则存在较大的差异。

当水合物占据孔隙中心时，此时孔隙表面积随水合物饱和度增大而增大，得到的归一化渗透率为

$$k_r = \frac{(1-S_H)^{n+2}}{(1+\sqrt{S_H})^2} \tag{3.68}$$

式中， $n = 0.7S_H + 0.3$ 。

Dai 和 Seol（2014）利用数值模拟对 K-C 方程进行修正，提出了一种描述水合物沉积物归一化渗透率的新模型：

$$k_r = \frac{(1-S_H)^3}{(1+2S_H)^2} \tag{3.69}$$

该模型没有假设水合物处于不同的生长模式，而是考虑了水合物生长引起的孔隙空间和迂曲度的变化，使用范围较广，且参数确定。

当假设沉积物颗粒的形状和堆积模式不同时，Katagiri 等（2017）基于 K-C 方程建立了圆柱形立方堆积、球形立方堆积和球形随机堆积模式下的渗透率模型。

圆柱形立方堆积时：

$$k_r = \begin{cases} \dfrac{\pi(1-S_H)^{n+2}}{4-(4-\pi)(1-S_H)}, & \text{水合物生长在孔隙壁面} \\[4mm] \dfrac{(1-S_H)^{n+2}}{\left[1+\sqrt{\dfrac{(4-\pi)S_H}{\pi}}\right]^2}, & \text{水合物生长在孔隙中心} \end{cases} \tag{3.70}$$

球形立方堆积时：

$$k_r = \begin{cases} \dfrac{(1-S_H)^{n+2}}{\left[1+(6-\pi)S_H/\pi\right]^{\frac{4}{3}}}, & \text{水合物生长在孔隙壁面} \\[4mm] \dfrac{(1-S_H)^{n+2}}{\left\{1+\left[(6-\pi)S_H/\pi\right]^{\frac{2}{3}}\right\}^2}, & \text{水合物生长在孔隙中心} \end{cases} \tag{3.71}$$

球形随机堆积时：

$$k_r = \begin{cases} \dfrac{(1-S_H)^{n+2}}{(1+eS_H)^{\frac{4}{3}}}, & \text{水合物生长在孔隙壁面} \\[4mm] \dfrac{(1-S_H)^{n+2}}{(1+C_p eS_H)^2}, & \text{水合物生长在孔隙中心} \end{cases} \tag{3.72}$$

式中，e 为孔隙比例，$e = \phi(1-\phi)$ ；C_p 为沉积物颗粒半径与水合物颗粒半径之比。

上述含水合物沉积物归一化渗透率模型都是以沉积物和水合物的微观分布关系为依据，提出相应的宏观参数来描述分布关系，从而建立相应的归一化渗透率模型。上述模型计算得到的归一化渗透率与水合物饱和度的关系如图3.6所示。从图3.6可以看出，随着水合物饱和度增加，含水合物沉积物的归一化渗透率快速下降，当水合物饱和度增大到一定程度时，归一化渗透率保持在较低的值。

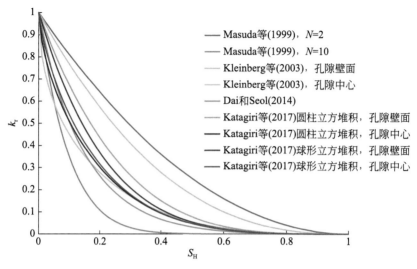

图 3.6 归一化渗透率模型曲线图

③临界饱和度模型

上述关于归一化渗透率与水合物饱和度的关系模型都是考虑水合物在沉积物孔隙中的分布规律而来。Daigle（2016）指出，这些模型不能很好地对试验中的单个样品或考虑水合物生长行为进行拟合分析。最关键的是以上模型均只有在水合物饱和度等于 1 时，归一化渗透率才会降低至 0。然而，在多相渗流中，存在一个不为 0 的临界饱和度，在低于该饱和度下，渗透率为 0。因此，Daigle 指出应借鉴多相渗流中的临界饱和度的概念，建立归一化渗透率的临界饱和度模型。

基于临界饱和度的概念，Hardwick 和 Mathias（2018）提出了一个临界水合物饱和度的归一化渗透率模型。该模型认为水合物的存在会显著降低渗透率，只有当水合物完全分解后渗透率才能恢复。基于上述假设，建立了一个考虑临界水合物饱和度的归一化渗透率模型：

$$k_{\mathrm{r}} = \begin{cases} k_{\mathrm{r0}}, & S_{\mathrm{H}} > S_{\mathrm{Hc}} \\ k_{\mathrm{r0}}\left[1 - \dfrac{S_{\mathrm{H}}}{S_{\mathrm{Hc}}}(1-k_{\mathrm{r}})\right], & S_{\mathrm{H}} \leqslant S_{\mathrm{Hc}} \end{cases} \tag{3.73}$$

式中，S_{Hc} 为临界水合物饱和度；k_{r0} 为高于临界水合物饱和度的归一化渗透率，可以采用 Masuda 或者 Kozeny 颗粒模型来计算。

2）相对渗透率

相对渗透率主要描述的是在多相渗流过程两相的有效渗透率与饱和度的关系。含水合物沉积物的相对渗透率研究主要采取两种方法：基于达西定律的两相渗流试验和基于孔隙网络模拟流动的数值模拟。由于水合物的存在，在相对渗透率测试过程中极易发生水合物分解而造成试验操作困难。因此，目前含水合物沉积物的相对渗透率主要借鉴常规油气中建立的模型，通过引入水合物饱和度来建立相关模型。

①Brooks-Corey 模型

Brooks-Corey 模型（Brooks and Corey，1964）假设两相的相对渗透率与饱和度之间满足简单的指数关系，再引入水合物饱和度后得到如下的相对渗透率模型：

$$k_{rG} = k_{rG0} S_{Ges}^{n_G} \tag{3.74}$$

$$k_{rA} = k_{rA0} S_{Aes}^{n_A} \tag{3.75}$$

式中，

$$S_{Aes} = \frac{S_{Ae} - S_{Are}}{1 - S_{Are} - S_{Gre}}, \quad S_{Ges} = \frac{S_{Ge} - S_{Gre}}{1 - S_{Are} - S_{Gre}}, \quad S_{Ae} = \frac{S_A}{1 - S_H}$$

$$S_{Ge} = \frac{S_G}{1 - S_H}, \quad S_{Are} = \frac{S_{Ar}}{1 - S_H}, \quad S_{Gre} = \frac{S_{Gr}}{1 - S_H}$$

S_{Gr} 为气相相对渗透率端点的饱和度；S_{Ar} 为水相相对渗透率端点的饱和度；k_{rG0} 为气相在沸点处的相对渗透率；k_{rA0} 为水相在沸点处的相对渗透率；n_G、n_A 为参数。

图 3.7 是 $S_{Ar} = 0.1, S_{Gr} = 0.05, k_{rA0} = 0.5, k_{rG0} = 1, n_A = 4, n_G = 2$ 和水合物饱和度分别为 0、0.4、0.8 的相对渗透率曲线。

②van Genuchten 模型

van Genuchten 模型（van Genuchten，1980）主要用于毛细管压力的预测，但由于毛细管压力模型中的参数为孔隙分布指数，故可以利用该指数计算相对渗透率。van Genuchten 模型中的毛细管压力为

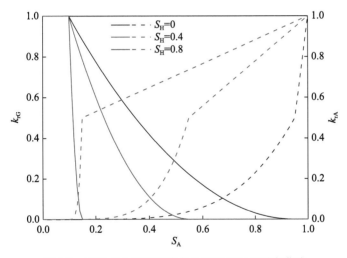

图 3.7　不同水合物饱和度条件下的相对渗透率曲线

$$p_c = p_{c0} \left[\left(\frac{S_A - S_{Ar}}{1 - S_{Ar}} \right)^{-\frac{1}{m}} - 1 \right]^{1-m} \tag{3.76}$$

式中，m 为孔隙分布指数，利用该指数，得到相对渗透率：

$$k_{rA} = \left(\frac{S_A - S_{Ar}}{1 - S_{Ar}} \right)^{0.5} \left\{ 1 - \left[1 - \left(\frac{S_A - S_{Ar}}{1 - S_{Ar}} \right)^{\frac{1}{m}} \right]^{m} \right\}^{2} \tag{3.77}$$

$$k_{rG} = \left[1 - \left(\frac{S_A - S_{Ar}}{1 - S_{Gr} - S_{Ar}}\right)^{0.5}\right]\left[1 - \left(\frac{S_A - S_{Ar}}{1 - S_{Gr} - S_{Ar}}\right)^{\frac{1}{m}}\right]^{2m} \tag{3.78}$$

需要注意的是，van Genuchten 模型的形式与 Brooks-Corey 模型非常类似。但是 Brooks-Corey 模型使用两个单独的拟合参数 n_A 和 n_G 分别用于预测水的相对渗透率和气体的相对渗透率，而在 van Genuchten 模型中，只有一个通用的 m 值用于水和气的相对渗透率方程。基于 van Genuchten 模型这一特点，可以通过试验测试获得毛细管压力曲线中的孔隙分布指数，从而间接地获得相对渗透率曲线。

含水合物沉积物的相对渗透率由两种相互竞争的机制控制：水合物饱和度的降低使天然气的相对渗透率曲线向下移动，但是在水合物分解过程中增加的气体饱和度（$S_G=1-S_A-S_H$）增加了气体相对渗透率。考虑到含水合物和无水合物沉积物的 k_{rG} 曲线之间的狭窄界限，水合物分解导致的气体饱和度增加占主导地位，因此气体 k_{rG} 的相对渗透率将根据气体饱和度而上升，k_{rG} 在水合物分解期间从高 S_H 曲线过渡到低 S_H 曲线。

3）毛细管压力

毛细管压力与相对渗透率通常是同时出现的，毛细管压力主要与多孔介质的孔隙分布和液相饱和度相关。在前文相对渗透率模型中已经介绍了毛细管压力的 van Genuchten 模型。

Gupta 等（2015）提出了一个基于孔隙分布指数的毛细管压力计算模型。该模型考虑了水合物存在和孔隙度变化这两种因素对毛细管压力的影响。在不存在孔隙变形和水合物的情况下，多孔介质气水两相的毛细管压力为

$$p_{c0} = p_{entry} S_{Ae}^{-1/\lambda_{BC}} \tag{3.79}$$

式中，p_{entry} 为入口压力；S_{Ae} 为归一化液相饱和度，$S_{Ae} = \dfrac{S_A - S_{Ar} - S_{Gr}}{1 - S_H - S_{Ar} - S_{Gr}}$；$\lambda_{BC}$ 为孔隙分布相关参数。

当考虑水合物和孔隙变形对毛细管压力影响时，在上述毛细管压力方程中分别乘以两个系数：

$$p_c = p_{c0} \cdot f_{S_H}^{p_c}(S_H) \cdot f_{\phi}^{p_c}(\phi) \tag{3.80}$$

式中，$f_{S_H}^{p_c}(S_H)$ 为水合物对毛细管压力影响的系数，采用式（3.81）计算：

$$f_{S_H}^{p_c} = (1 - S_H)^{-\frac{m\lambda_{BC} - 1}{m\lambda_{BC}}} \tag{3.81}$$

其中，m、λ_{BC} 为参数。$f_{\phi}^{p_c}(\phi)$ 为孔隙变形对毛细管压力影响的系数，使用 Civan 指数关系式计算：

$$f_{\phi}^{p_c} = \frac{\phi_0}{\phi}\left(\frac{1 - \phi}{1 - \phi_0}\right)^a \tag{3.82}$$

式中，ϕ_0 为无孔隙变形的初始孔隙度；ϕ 为孔隙度；α 为参数。

图 3.8 为 $p_{entry}=5000Pa$，$m=3$，$\lambda_{BC}=1.2$ 时，水合物饱和度分别为 0、0.4、0.8 的毛细管压力随水饱和度变化曲线（忽略孔隙变形的影响）。

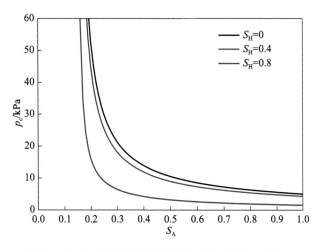

图 3.8　不同水合物饱和度条件下的毛细管压力曲线

2. 水合物相变相关参数

从式（3.56）的水合物相变动力学方程来看，水合物相变相关的参数主要有比表面积、相平衡曲线、反应速率常数、反应活化能。

1）水合物反应比表面积

比表面积定义为孔隙的总表面积与孔隙体积之比，而并不是所有的表面上都存在水合物的相变反应，故水合物反应比表面积需要在多孔介质比表面积上乘一个系数：

$$A_{rs} = \Gamma_r A_s \tag{3.83}$$

式中，A_s 为多孔介质的比表面积；Γ_r 为水合物相变反应比表面积的比例系数，通常采用 Sun 和 Mohanty（2006）提出的公式计算：

$$\Gamma_r = [S_G S_A (S_H + S_I)]^{2/3} \tag{3.84}$$

然而，如果没有冰固相，上述方程在应用到水合物生成时会存在问题。在体系中没有水合物固相和冰固相时，式（3.84）等于 0，因此，在计算水合物生成过程时，可以给 S_H 赋一个较小的值以启动计算。

Gupta 等（2015）给出了另一个计算水合物反应比表面积比例系数的公式：

$$\Gamma_r = \phi S_H \tag{3.85}$$

基于 K-C 方程，Yousif 等（1991）提出了一个计算比表面积的关系式：

$$A_s = \sqrt{\frac{\phi_{eff}^3}{2k}} \tag{3.86}$$

式中，ϕ_{eff} 为有效孔隙度；k 为绝对渗透率。

2）相平衡曲线

甲烷水合物的相平衡可用 Kamath-Holder 经验关系式（Kamath and Holder，1987）表示

$$p_e = A_1 \exp\left(A_2 - \frac{A_3}{T}\right) \tag{3.87}$$

式中，当 $T \geq 273.15$K 时，$A_1=1000$；$A_2=38.98$；$A_3=8533.8$。当 $T<273.15$K 时，$A_1=1000$，$A_2=14.717$，$A_3=1886.79$。

Moridis（2014）提出了一个更复杂的经验关系式，该关系式的适用温度非常广。

$$p_e = \exp(A_0 + A_1 T + A_2 T^2 + A_3 T^3 + A_4 T^4 + A_5 T^5) \tag{3.88}$$

其中：

$$T > 273.15\text{K}, \begin{cases} A_0 = -1.94138504464560 \times 10^5 \\ A_1 = 3.31018213397926 \times 10^3 \\ A_2 = 2.25540264493806 \times 10 \\ A_3 = 7.67559117787059 \times 10^{-2} \\ A_4 = 1.30465829788791 \times 10^{-4} \\ A_5 = 8.86065316687571 \times 10^{-8} \end{cases} \tag{3.89}$$

$$T \leqslant 273.15\text{K}, \begin{cases} A_0 = -4.38921173434628 \times 10 \\ A_1 = 7.76302133739303 \times 10^{-1} \\ A_2 = 7.27291427030502 \times 10^{-3} \\ A_3 = 3.85413985900724 \times 10^{-5} \\ A_4 = 1.03669656828834 \times 10^{-7} \\ A_5 = 1.09882180475307 \times 10^{-10} \end{cases} \tag{3.90}$$

图 3.9 是 Kamath-Holder 关系式和 Moridis 关系式计算得到的相平衡曲线图，可以看出，在 273.15K 附近，两个模型计算的相平衡压力比较接近；而在温度大于 296K 时，Kamath-Holder 关系式与 Moridis 关系式之间存在 3%左右的误差。虽然 Moridis 的相平衡关系式最复杂，但 Moridis 关系式嵌入到 TOUGH+HYDRATE 软件，在软件应用过程中得到了充分的验证，因此，本书关于水合物相平衡的模型统一采用 Moridis 关系式。

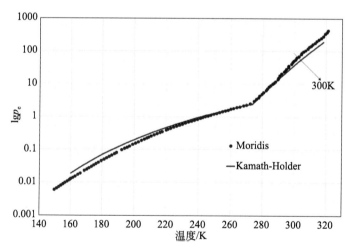

图 3.9　Kamath-Holder 关系式和 Moridis 关系式的甲烷水合物相平衡曲线对比图

水合物相平衡相关的其他参数取值可参考表 3.4。

表 3.4 水合物相变动力学参数取值（Gupta et al.，2015）

参数	数值	单位
本征反应常数 k_{reac}	3.6×10^4	$\text{mol}/(\text{m} \cdot \text{Pa} \cdot \text{s})$
反应活化能与气体常数比值 $\dfrac{\Delta E_a}{R}$	9752.73	K

3）抑制剂对水合物相平衡的影响

在存在盐分的体系中，盐对水合物相平衡的影响使得温度–压力关系中的温度向左移动，温度的移动量可以用式（3.91）计算（Sloan and Koh，2007；Sun，2005）：

$$\frac{\Delta T^{\text{hyd}}}{T_e(T_e - \Delta T^{\text{hyd}})} = 0.6652 \frac{\Delta T^{\text{fus}}}{T_f(T_f - \Delta T^{\text{fus}})} \quad (3.91)$$

式中，T_e 为在没有盐分的情况下某一个相平衡压力 p_e 对应的相平衡温度；T_f 为纯水的冰点，273.15K；ΔT^{hyd} 为由盐分引起的相平衡温度的偏移量；ΔT^{fus} 为低压条件下，由盐分引起的水的冰点温度的降低量。在 NaCl 溶液中，可以通过式（3.92）计算（Sun，2005）：

$$\Delta T^{\text{fus}} = \chi_A^i (164.49 \chi_A^i + 49.462) \quad (3.92)$$

式中，χ_A^i 为组分 i 在 A 相中的质量分数。

3. 传热相关参数

传热相关参数主要是导热系数和比热容两类，现将各相的导热系数和比热容总结如下（表 3.5）。

表 3.5 含水合物沉积物体系热力学参数

参数	数值	单位
气相导热系数 λ_G	$-0.886 \times 10^{-2} + 0.242 \times 10^{-3} T$ $-0.699 \times 10^{-6} T^2 + 0.122 \times 10^{-8} T^3$	$\text{W}/(\text{m} \cdot \text{K})$
液相导热系数 λ_A	$0.3834 \ln(T) - 1.581$	$\text{W}/(\text{m} \cdot \text{K})$
水合物导热系数 λ_H	2.1	$\text{W}/(\text{m} \cdot \text{K})$
冰固相导热系数 λ_I	$-0.0176 + 2.0526T$ （Bonales et al.，2017）	$\text{W}/(\text{m} \cdot \text{K})$
沉积物导热系数 λ_S	0.9	$\text{W}/(\text{m} \cdot \text{K})$
液相定压比热容 C_{P_A}	4186	$\text{J}/(\text{kg} \cdot \text{K})$
水合物比热容 C_{v_H}	2700	$\text{J}/(\text{kg} \cdot \text{K})$
冰固相比热容 C_{v_I}	2100	$\text{J}/(\text{kg} \cdot \text{K})$
沉积物比热容 C_{v_S}	800	$\text{J}/(\text{kg} \cdot \text{K})$

4. 组分物性参数

1）气体物性参数

①气体密度

气体密度由状态方程计算：

$$\rho_{\mathrm{G}} = \frac{p_{\mathrm{G}}}{ZRT} \tag{3.93}$$

式中，ρ_{G} 为气相压力；R 为气体常数；T 为温度；Z 为气体偏差因子。

②气体黏度

气体黏度 μ 由 Dempsey 方法（杨继盛，1992）计算：

$$\begin{aligned}
\mu_1 &= 1.709 \times 10^{-5} - 2.062 \times 10^{-6} \gamma_{\mathrm{G}} (1.8T + 32) \\
&\quad + 8.188 \times 10^{-3} - 6.15 \times 10^{-3} \lg \gamma_{\mathrm{G}}
\end{aligned} \tag{3.94}$$

$$\begin{aligned}
\ln\left(\frac{\mu}{\mu_1} T_{\mathrm{pr}} \right) &= a_0 + a_1 p_{\mathrm{pr}} + a_2 p_{\mathrm{pr}}^{\,2} + a_3 p_{\mathrm{pr}}^{\,3} \\
&\quad + (a_4 + a_5 p_{\mathrm{pr}} + a_6 p_{\mathrm{pr}}^{\,2} + a_7 p_{\mathrm{pr}}^{\,3}) T_{\mathrm{pr}} \\
&\quad + (a_8 + a_9 p_{\mathrm{pr}} + a_{10} p_{\mathrm{pr}}^{\,2} + a_{11} p_{\mathrm{pr}}^{\,3}) T_{\mathrm{pr}}^{\,2} \\
&\quad + (a_{12} + a_{13} p_{\mathrm{pr}} + a_{14} p_{\mathrm{pr}}^{\,2} + a_{15} p_{\mathrm{pr}}^{\,3}) T_{\mathrm{pr}}^{\,3}
\end{aligned} \tag{3.95}$$

式中，T_{pr} 为相对温度；p_{pr} 为相对压力；$a_0 = -2.46211820$；$a_1 = 2.97054714$；$a_2 = -2.86264054$ $\times 10^{-1}$；$a_3 = 8.05420522 \times 10^{-3}$；$a_4 = 2.80860949$；$a_5 = -3.49803305$；$a_6 = 3.60373020 \times 10^{-1}$；$a_7 = -1.04432413 \times 10^{-2}$；$a_8 = -7.93385684 \times 10^{-1}$；$a_9 = 1.39643303$；$a_{10} = -1.49144925 \times 10^{-1}$；$a_{11} = 4.41015512 \times 10^{-3}$；$a_{12} = 8.39387178 \times 10^{-2}$；$a_{13} = -1.86408848 \times 10^{-1}$；$a_{14} = 2.03367881 \times 10^{-2}$；$a_{15} = -6.09579263 \times 10^{-4}$

③气体偏差因子 Z

Z 的计算方法有许多，根据测试结果，Dranchuk 和 Abu-kassm 于 1975 年提出的方法（简称 DAk 方法）精度较高。DAk（杨继盛，1992）方法的计算公式为

$$\begin{aligned}
Z &= 1 + (A_1 + A_2 / T_{\mathrm{pr}} + A_3 / T_{\mathrm{pr}}^{\,3} + A_4 / T_{\mathrm{pr}}^{\,4} + A_5 / T_{\mathrm{pr}}^{\,5}) \rho_{\mathrm{pr}} \\
&\quad + (A_6 + A_7 / T_{\mathrm{pr}} + A_8 / T_{\mathrm{pr}}^{\,2}) \rho_{\mathrm{pr}}^{\,2} - A_9 (A_7 / T_{\mathrm{pr}} + A_8 / T_{\mathrm{pr}}^{\,2}) \rho_{\mathrm{pr}}^{\,5} \\
&\quad + A_{10} (1 + A_{11} \rho_{\mathrm{pr}}^{\,2}) (\rho_{\mathrm{pr}}^{\,2} / T_{\mathrm{pr}}^{\,3}) \mathrm{e}^{-A_{11} \rho_{\mathrm{pr}}^{\,2}}
\end{aligned} \tag{3.96}$$

其中：

$$\rho_{\mathrm{pr}} = 0.27 p_{\mathrm{pr}} / (Z T_{\mathrm{pr}})$$

$$A_1 = 0.3265, A_2 = -1.0700, A_3 = -0.5339, A_4 = 0.01569, A_5 = -0.05165$$

$$A_6 = 0.5475, A_7 = -0.7361, A_8 = 0.18440, A_9 = 0.10560, A_{10} = 0.613400$$

式中，$T_{\mathrm{pr}} = \dfrac{T}{T_{\mathrm{pc}}}$；$p_{\mathrm{pr}} = \dfrac{p}{p_{\mathrm{pc}}}$；$T_{\mathrm{pc}}$、$p_{\mathrm{pc}}$ 分别为天然气的拟临界温度和拟临界压力，

$$T_{\mathrm{pc}} = \sum y_i T_{ci}, \qquad p_{\mathrm{pc}} = \sum y_i p_{ci} \tag{3.97}$$

式中，T_{ci} 为组分 i 的临界温度，K；p_{ci} 为组分 i 的临界压力，MPa；y_i 为组分 i 的摩尔分数。

2）水的物性参数

水的黏度由 Brill 和 Beggs（1978）提出的经验关系式计算：

$$\mu_{\mathrm{w}} = \mathrm{e}^{1.003 - 1.479 \times 10^{-2} (1.8T - 460) + 1.982 \times 10^{-5} (1.8T - 460)} \tag{3.98}$$

（二）固体的力学参数方程

固体的力学参数方程在第二章第一节做了详细介绍。在固体变形的数学模型中，需要计算含水合物沉积物的弹性模量、内聚力、内摩擦角等，这些参数往往是根据实验室的试验确定的，但由于水合物对力学参数存在影响，因此需要利用力学参数与水合物之间的关系来实时更新力学参数。

（三）流固耦合参数方程

除流体和固体本身的参数外，流体和固体参数之间还存在相互影响，即耦合效应。水合物相变化学场、渗流场和传热场组成的流体场与固体变形参数之间的相互影响可以看作流固耦合效应。水合物与固体变形的耦合已经在第二章做了详细介绍，这里重点给出固体变形对渗流场参数的影响。固体变形将引起含水合物沉积物孔隙结构的变化，进而影响孔隙度和渗透率。李培超等（2003）提出了一个多孔介质力学变形对渗透率和孔隙度影响的动态参数模型：

$$k = \frac{k_0}{1+\varepsilon_v}\left[1 + \frac{\varepsilon_v}{\phi_0} - \frac{(\Delta p c_s)(1-\phi_0)}{\phi_0}\right]^3 \tag{3.99}$$

$$\phi = \frac{\phi_0 + \varepsilon_v + (1-\phi_0)\Delta p c_s}{1+\varepsilon_v} \tag{3.100}$$

式中，ε_v 为多孔介质的体积应变；k_0 为多孔介质在原始应力状态下的渗透率，使用绝对渗透率模型更新；ϕ_0 为多孔介质在原始应力状态下的孔隙度；Δp 为多孔介质中孔隙压力的变化；c_s 为沉积物多孔介质的压缩系数。

由式（3.99）和式（3.100）可知，在两种情况下存在 $\phi = \phi_0$，即孔隙度不发生变化：

（1）$-\frac{\Delta p}{K_s} = \varepsilon_v$，$K_s$ 为骨架体积模量。此时骨架的变形和沉积物体积变形相同，即两者同步发生变化，这种情况符合物理实际。

（2）$\phi_0 = 1$。此时认为没有骨架的存在，多孔介质为纯流体，此时孔隙度始终保持 1，这种情况也符合物理实际。

目前，使用最广泛的是 Kim 等提出的模型（Kim and Moridis，2013；Kim et al.，2012）：

$$\delta\varPhi = \frac{B_i - \phi}{K_s}\sum_{J=F}S_J\delta p_J + B_i\delta\varepsilon_v \tag{3.101}$$

式中，$\varPhi$ 为 Lagrange 孔隙度，定义为变形后的孔隙体积与初始状态的总体积之比；B_i 为 Biot 系数；S_J 为 J 相饱和度；δp_J 为 J 相压力变化；$\delta\varepsilon_v$ 为体积应变变化；F 为相应的相。其中孔隙压力项可使用有效压力代替，即 $\delta p = \sum_{J=F}S_J\delta p_J$。因此，式（3.101）可以写为

$$\varPhi - \varPhi_0 = \frac{B_i - \phi}{K_s}(p - p_0) + B_i(\varepsilon_v - \varepsilon_{v0}) \tag{3.102}$$

式中，下标 0 表示初始状态。根据 Lagrange 孔隙度的定义，在初始状态下 $\varPhi_0 = \phi_0$，且初始状态不存在体积变形，$\varepsilon_{v0} = 0$。故有

$$\Phi - \phi_0 = \frac{B_i - \phi}{K_s}\Delta p + B_i \varepsilon_v \qquad (3.103)$$

根据定义有

$$\begin{aligned}\Phi &= \frac{V_{p0} + \Delta V_p}{V_{b0}} = \phi_0 + \frac{\Delta V_p}{V_{b0}} = \phi_0 + \frac{\Delta V_b - \Delta V_s}{V_{b0}}\\ &= \phi_0 + \varepsilon_v - \frac{\Delta V_s}{V_{b0}} = \phi_0 + \varepsilon_v - \frac{\Delta V_s / V_{s0}}{V_{b0}/V_{s0}}\\ &= \phi_0 + \varepsilon_v - (1-\phi_0)\frac{\Delta V_s}{V_{s0}}\end{aligned} \qquad (3.104)$$

式中，V_{p0} 为初始孔隙体积；ΔV_p 为孔隙体积的变化；V_{b0} 为初始总体积；ΔV_b 为多孔介质的外观体积变化；V_{s0} 为骨架的初始体积；ΔV_s 为骨架体积的变形。

式（3.104）代入式（3.103）有

$$\varepsilon_v - (1-\phi_0)\frac{\Delta V_s}{V_{s0}} = \frac{B_i - \phi}{K_s}\Delta p + B_i \varepsilon_v \qquad (3.105)$$

式中，$\frac{\Delta V_s}{V_{s0}} = -\frac{\Delta p}{K_s}$，故有

$$\phi = \phi_0 + (B_i - 1)\left[1 + \varepsilon_v \frac{K_s}{\Delta p}\right] \qquad (3.106)$$

由式（3.106）可知，$-\frac{\Delta p}{K_s} = \varepsilon_v$ 时存在 $\phi = \phi_0$，这与式（3.100）的情况一致。此外，当 $B_i = 1$ 时，也存在 $\phi = \phi_0$。根据 Biot 系数定义：

$$B_i = 1 - \frac{K_b}{K_s} \qquad (3.107)$$

式中，K_b 为多孔介质的体积模量。当 $B_i = 1$，意味着 $K_b/K_s \to 0$，即沉积物骨架为刚体，不发生变形。然而，骨架为刚体不表示沉积物整体不存在体积变形，因此，仅当 $B_i = 1$ 时无法确保 $\phi = \phi_0$。

因此，引入式（3.100）作为流固耦合的孔隙度计算模型比目前广泛使用的公式（3.101）更符合物理实际。

第五节　多场耦合数学模型的定解条件

一、流体方程的定解条件

第二节建立的非等温两相渗流数学模型是一个非稳态问题，故需要给出模型的初始条件和边界条件。

（一）初始条件

初始条件是给出所求的体系初始状态。对于流体系统来说，即给定各主变量的初始值：

温度、压力、各相饱和度、各组分质量分数：

$$T\big|_{t=0} = T_i \tag{3.108}$$

$$p_\alpha\big|_{t=0} = p_{\alpha i} \tag{3.109}$$

$$S_\beta\big|_{t=0} = S_{\beta i} \tag{3.110}$$

$$\chi_\beta^\kappa\big|_{t=0} = \chi_{\beta i}^\kappa \tag{3.111}$$

　　初始条件对水合物 THMC 多场耦合模拟十分重要。给定的初始条件需要尽可能地反映储层在没有扰动情况下初始的地质状态。在漫长的地质历史时期，含水合物沉积物体系已经形成了一个稳定状态。该稳定状态包括：没有水合物的生成和分解、气相和液相中的组分保持动态平衡，即没有质量分数的变化，各相之间不发生转化，其中最为重要的是水合物的状态稳定，而水合物的状态主要取决于温度和压力，因此，压力和温度的初始化至关重要。

　　通常认为压力在垂向上满足静水压力分布，根据模型顶面的压力值，利用静水压力梯度计算得到垂向上的压力分布。同样的道理，温度的分布也假设按照地温梯度分布，即随着深度增加呈线性增加。根据温度和压力分布以及水合物相平衡曲线，可以确定水合物层的底界。为确定水合物分布的底界以及温度-压力的关系，作者基于 Python 语言开发了一个计算工具[①]，界面如图 3.10 所示，使用步骤如下。

　　第一步：先根据调查资料在右侧输入地温梯度、模型深度、模型顶部温度和压力、沉积物中海水密度以及盐度，单击"计算"，可得到设定模型深度内的孔隙压力分布和相平衡曲线。注意图 3.10 中横坐标为压力，纵坐标为深度。孔隙压力随深度的曲线是根据输入的海水密度计算的，相平衡压力则考虑了盐度的影响。图 3.10 所示的孔隙压力和相平衡的交点即水合物层的底界。模型中设计的水合物层的底部不能低于该界面。

　　第二步：根据水合物层底界的位置，在右侧输入需要建立的模型顶部位置、模型底部位置、水合物层顶部位置和水合物层底部位置。软件自动计算得到该位置处的温度和压力，该温度和压力即模型顶部和底部对应的初始值（图 3.11）。

　　图 3.11 中的黑线为模型顶部（150mbsf）和底部（300mbsf）位置，对应的压力和温度为：顶部（14.41MPa，10.94℃），底部（15.96MPa，17.99℃）。红色线为水合物层的顶部（200mbsf）和底部（250mbsf）位置，对应的压力和温度为：顶部（14.93MPa，13.29℃），底部（15.45MPa，15.64℃）。该模型的初始条件设置时，压力在垂向上随着深度在 14.41~15.96MPa 线性分布，温度在垂向上随深度在 10.94~17.99℃线性分布；水合物初始饱和度不等于零的区域，位于 200~250mbsf（mbsf 为海底以下深度，单位是 m）。

　　该工具还具备判断给定的温度、压力条件下水合物是否稳定，如图 3.12 所示。图 3.12 中添加了 3 个温度和压力点：p_1（10MPa，10℃）、p_2（12MPa，12℃）和 p_3（8MPa，15℃），输入温度和压力点后，该软件自动计算给定条件的深度，并将点显示在图上。从图 3.12 中点与水合物相平衡曲线的位置关系可知，p_1 和 p_2 两个点均在相平衡曲线右侧，处于稳定状态，而 p_3 则在相平衡曲线左侧，该状态下水合物将分解。此外，软件的右下侧显示了鼠标

[①] 下载地址：https://gitee.com/wanyzh/methane-hydrate-phase-equilibrium/attach_files/691196/download/hydrate_equilibrium.exe

光标所在位置处的温度、压力和深度，因此，可以通过移动鼠标来快速连续判断温度和压力点与相平衡曲线的关系，从而确定水合物的状态。

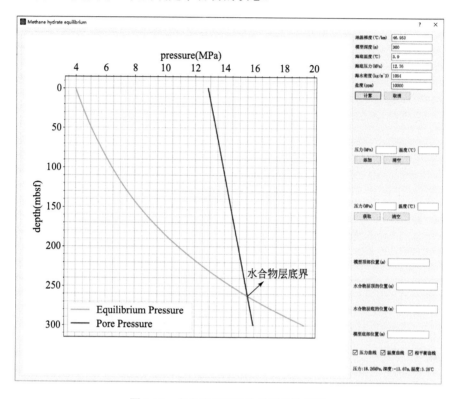

图 3.10　水合物层初始化分析软件界面

depth-深度；Equilibrium Pressure-相对平衡压力；Pore Pressure-孔隙压力；pressure-压力

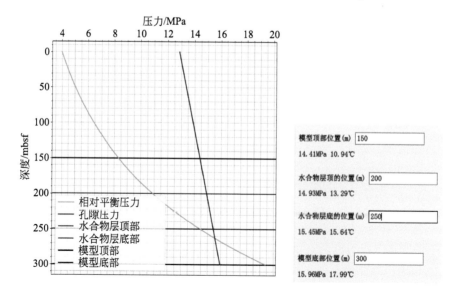

图 3.11　根据水合物层位置建立水合物分层模型

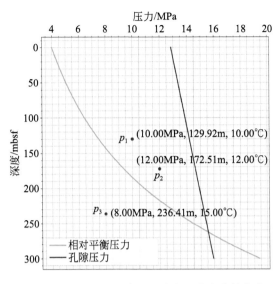

图 3.12　判断给定温度和压力点下水合物的状态

该工具还可以输入温度获取对应的相平衡压力，输入压力获取对应的相平衡温度，如图 3.13 所示。给定温度为 10℃时自动计算得到对应的相平衡压力为 7.49MPa，输入压力为 10MPa 时计算得到相平衡温度为 12.57℃，并且软件会将点显示在相平衡曲线上。同样也可以在相平衡曲线上移动鼠标光标，通过实时显示的功能获取相平衡曲线上的温度和压力，但与直接输入温度或压力计算相比，移动鼠标获取的值不够精确。

该工具不仅可以用于水合物模型的初始化，也可以用于试验时试验条件的设定和试验过程中水合物状态的判断。

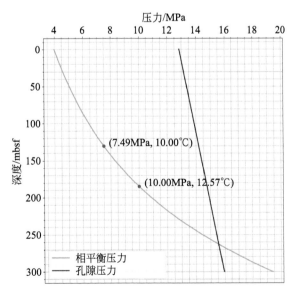

图 3.13　给定温度获取相平衡压力和给定压力获取相平衡温度

（二）边界条件

1. 渗流场边界条件

渗流场的边界条件主要有两种：定压力和定流量。

1）定压力边界条件

定压力边界条件是边界上的压力为固定值，即

$$p = p_B(x,y,z,t) \tag{3.112}$$

式中，$p_B(x,y,z,t)$ 为边界上的压力，该值是边界空间位置和时间的函数，即定压边界条件是指该边界上的压力是已知的，但不代表该已知的压力不发生变化。对水合物开采来说，开采井的井底通常设置为定压，且该压力随着开采进行随时调整。除井底通常设置为定压外，水合物储层的外边界也可设置为定压，即外边界的压力保持不变。在水合物开采过程中，如果井底压力对边界的影响较小，通常可以将外边界设置为定压。

2）定流量边界条件

定流量边界条件是边界上的流量为固定值，即

$$q_\alpha = q_{\alpha B}(x,y,z,t) \tag{3.113}$$

式中，$q_{\alpha B}(x,y,z,t)$ 为 α 相在边界上的流量，该值是边界空间位置和时间的函数，同样道理，定流量边界条件是指该边界上的流量已知，但不表示该已知的流量不发生变化。水合物开采的井筒边界条件也可以设置流量，即给定气相和/或液相的流量。但井筒尺寸与储层相比很小，因此，在大尺度模型中，通常将井筒视作一个点，该点上的流量视作源汇项，将该源汇项放入方程中，而不是以边界条件的形式来处理。

由于水合物开采往往是气水两相流动，此时给定的流量可以是气相或者液相的流量或者总流量。当给定的是两相的总流量时，各相的流量也需要根据井的饱和度对应的流度将总流量进行分配，分配方式如下：

$$q_\alpha = \frac{k_{r\alpha}(S_A)/\mu_\alpha(p_\alpha,T)}{\sum_{\alpha=A,G} k_{r\alpha}/\mu_\alpha} q_t \tag{3.114}$$

式中，$k_{r\alpha}(S_A)/\mu_\alpha(p_\alpha,T)$ 为 α 相的相对渗透率与黏度之比，该值乘以绝对渗透率则为该相的流度，其中的相对渗透率通常为液相饱和度的函数，黏度则为压力和温度的函数；q_t 为给定的气液两相的总流量。

当给定的流量是其中某一相的流量时则需要分两种情况：如果是注入情况，则不需要给定另一相的流量；如果是开采情况，则在给定其中一相的流量时，另一相的流量也需要根据井筒处的饱和度来计算：

$$q_2 = \frac{k_{r2}(S_A)/\mu_2(p_\alpha,T)}{k_{r1}(S_A)/\mu_1(p_\alpha,T)} q_1 \tag{3.115}$$

式中，q_1 为给定的其中一相的流量；q_2 为计算的另一相的流量。

储层外边界也可以设置为定流量边界条件，但通常将外边界设置为封闭条件，即边界处的流量为零：

$$q_\alpha = 0 \tag{3.116}$$

需要注意的是，渗流场的主变量为压力，因此边界条件给定时也需要用压力变量。根据达西定律，以上各式中左端的流量均可写为压力的形式：

$$q_\alpha = \rho_\alpha \frac{k k_{r\alpha}}{\mu_\alpha} \frac{\partial p_\alpha}{\partial n} A \tag{3.117}$$

式中，$\frac{\partial p_\alpha}{\partial n}$ 为边界法线上的压力梯度；A 为边界面积。

由式（3.117）可知，定义的定流量边界条件实际上指定的是压力梯度的值。

以上的定压力边界条件和定流量边界条件并不是一成不变的，尤其是井筒处的边界条件，可能在不同的开采阶段需要使用不同的边界条件。如开采早期可以通过控制流量的方式来确保井底压力，此时可以使用定流量边界条件，但开采后期，井筒产出无法维持设定的压力，则可以转为定压力生产，采用定压力条件描述。在设置边界条件时，需要根据实际情况选用最接近储层状态的条件。

2. 传热场的边界条件

传热场的边界条件与渗流场类似，可以分为定温度边界条件、定热流量边界条件和对流换热边界条件，这三类边界条件通常称为第一类边界条件（Dirichlet 边界）、第二类边界条件（Neumann 边界）和第三类边界条件（Robin 边界）。

1）Dirichlet 边界

第一类边界条件是将边界上的温度设置为定值：

$$T = T_B(x, y, z, t) \tag{3.118}$$

式中，$T_B(x, y, z, t)$ 为边界处的温度。水合物开采时，可以将距离井筒较远位置的外边界设置为定温度边界，即温度保持不变。

2）Neumann 边界

第二类边界条件则是设定边界处的热流量，即

$$\lambda \frac{\partial T}{\partial n} = Q_B(x, y, z, t) \tag{3.119}$$

式中，λ 为边界上的导热系数；$Q_B(x, y, z, t)$ 为边界上的热流密度；$\frac{\partial T}{\partial n}$ 为边界上的温度梯度。

对于井筒边界来说，流体采出/注入势必携带热量的变化。此时的热流密度则与开采的流体流量相关，可以通过式（3.120）计算：

$$Q_B = \sum_\alpha h_\alpha q_\alpha \tag{3.120}$$

式中，h_α 为 α 相流体的热焓；q_α 为 α 相流体的流量。

3）Robin 边界

第三类边界条件是对流换热边界条件，即进入边界的热流量与边界的温度有关：

$$\lambda \frac{\partial T}{\partial n} = h_B(T_B - T_0) \tag{3.121}$$

式中，h_B 为边界的对流换热系数；T_0 为环境温度。

需要特别强调的是，当模拟反应釜中的水浴条件时，不能仅将模型边界设置为水浴的

恒定温度。因为实际样品与水浴之间还存在一个反应釜的一定厚度的壁面，该壁面通常为不锈钢材质，其对水浴温度存在一定的阻隔作用。因此，从理论上来说，水浴的温度边界条件应是第三类边界条件：对流换热边界条件。

在处理反应釜的情况下，有以下两种方法。

第一种方法是建模时不考虑反应釜的壁面，并使用第三类边界条件，此时 T_0 为水浴温度，对流换热系数 h_B 则与反应釜材料的导热系数、厚度有关。对于如图 3.14 所示的圆柱形反应釜，可用式（3.122）计算（Hardwick and Mathias，2018）：

$$h_{\mathrm{B}} = \frac{\lambda_{\mathrm{wall}}}{R \ln\left(\dfrac{R+r}{R}\right)} \tag{3.122}$$

式中，λ_{wall} 为反应釜壁材料的导热系数；R 为反应釜内样品的半径；r 为反应釜的壁面厚度。

第二种方法是将反应釜的壁面也视作模型的一部分，这部分也划分网格，但设置成不同的材料区域，通过设置该区域的导热系数来达到与第三类边界条件相同的效果。由于 TOUGH+HYDRATE 没有第三类边界条件，故针对对流换热边界都是采用这种方法处理。这种方法与第一种方法是等价的。

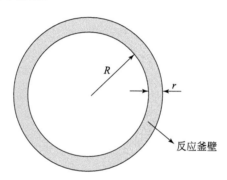

图 3.14　圆柱形反应釜截面及壁面示意图

二、固体方程的定解条件

（一）初始条件

固体方程通常为稳定方程，即与时间无关。然而在流固耦合计算中，流场的计算是非稳态的，而流体和固体场之间存在耦合，固体场间接地与时间相关。因此，一般也需要给出一个初始的应力状态。储层的初始应力条件应当通过测试获得，在没有测试资料的情况下，初始地应力分布可由饱和土体的饱和重度（沉积物土体饱和密度乘上重力加速度）和深度推测得到：

$$\sigma\big|_{t=0} = \sum_{\gamma} \rho_{\gamma} g Z \tag{3.123}$$

（二）边界条件

固体方程的定解条件分为四种：位移边界条件、应力边界条件、集中力边界条件和自由边界条件。

1. 位移边界条件

位移边界条件是指定边界上的位移：

$$\boldsymbol{u} = \boldsymbol{u}_B(x, y, z) \qquad (3.124)$$

式中，$\boldsymbol{u}_B(x, y, z)$ 为边界上的位移，该位移为向量，表示三个方向的位移，其中位移为 0 是最常用的情况。在实际使用时，可以只指定三个方向位移中的一个或两个。水合物开采过程中周围边界可以设置为固定位移，且位移为 0；井筒处存在套管和固井水泥，也可以设置为固定位移边界条件。

2. 应力边界条件

$$\boldsymbol{\sigma} = \boldsymbol{\sigma}_B(x, y, z, t) \qquad (3.125)$$

式中，$\boldsymbol{\sigma}_B(x, y, z, t)$ 为边界上的应力，该值可以是时间的函数；需要注意的是在流固耦合计算过程中，需要明确给定边界上的应力是总应力还是有效应力。如果给定的是总应力，则在计算时需要转化为有效应力，即扣除有效孔隙压力承担的部分，因为固体变形是受有效应力而不是总应力控制的。

然而，在设置应力边界条件时，需要特别注意，如图 3.15 所示的边界条件，如果全部的边界条件都设置为应力，虽然模型可以保持力学平衡，但是根据式（3.43）几何方程的分析，在力学平衡状态下，应变可以确定，但是应变确定时位移却无法确定，因为还存在一个刚体位移。

图 3.15 的力学平衡状态在空间的任意位移位置都成立。因此，必须至少固定一个点的位移。

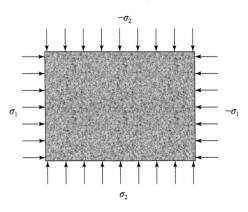

图 3.15　应力边界条件设置实例

3. 集中力边界条件

集中力边界条件是在某些点上存在一个集中的作用力，如放置在海底面上的设备可以看作是集中力的作用。

4. 自由边界条件

自由边界即是不做任何处理的边界，此时边界可以自由变形。

一个典型的水合物开采过程中的边界设置如图 3.16 所示。对于流体部分，井所在的位置为封闭和绝热条件，射孔段则为定压边界，其他部分的流体边界均为固定温度和固定压力，其中右侧的压力和温度根据静水压力和地温梯度确定。固体部分的边界则是井筒、底部、外边界均为固定垂直于边界方向的位移，顶面则为自由面。

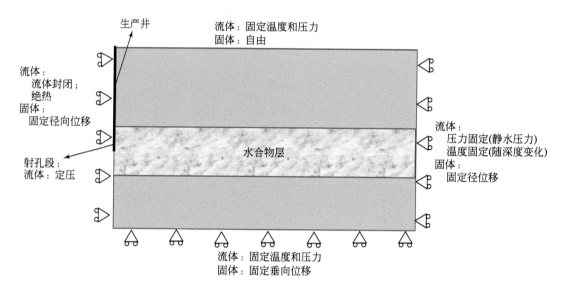

图 3.16　水合物开采模型典型边界条件

参 考 文 献

蔡建超, 夏宇轩, 徐赛, 等. 2020. 含水合物沉积物多相渗流特性研究进展. 力学学报, 52(1): 208-223.

李广信. 2004. 高等土力学. 北京: 清华大学出版社.

李培超, 孔祥言, 卢德唐. 2003. 饱和多孔介质流固耦合渗流的数学模型. 水动力学研究与进展, 18(4): 419-426.

李淑霞, 谷建伟. 2009. 油藏数值模拟基础. 东营: 中国石油大学出版社.

薛世峰, 宋惠珍. 1999. 非混溶饱和两相渗流与孔隙介质耦合作用的理论研究——数学模型. 地震地质, (3): 243-252.

杨继盛. 1992. 采气工艺基础. 北京: 石油工业出版社.

Bonales L J, Rodriguez A C, Sanz P D. 2017. Thermal conductivity of ice prepared under different conditions. International Journal of Food Properties, 20(sup1): 610-619.

Brill J P, Beggs D H. 1978. Two-phase Flow in Popes. Tulsa, OK (United States): The University of Tulsa.

Brooks R H, Corey A T. 1964. Hydraulic properties of porous media. Hydrology Paper, 7: 26-28.

Dai S, Seol Y. 2014. Water permeability in hydrate-bearing sediments: A pore-scale study. Geophysical Research Letters, 41(12): 4176-4184.

Daigle H. 2016. Relative permeability to water or gas in the presence of hydrates in porous media from critical path analysis. Journal of Petroleum Science and Engineering, 146: 526-535.

De La Fuente M, Vaunat J, Marín-Moreno H. 2019. Thermo-hydro-mechanical coupled modeling of methane hydrate-bearing sediments: Formulation and application. Energies, 12(11): 2178.

Geertsma J. 1957. The effect of fluid pressure decline on volumetric changes of porous rocks. Transactions of the AIME, 210(1): 331-340.

Gupta S, Helmig R, Wohlmuth B. 2015. Non-isothermal, multi-phase, multi-component flows through deformable methane hydrate reservoirs. Computational Geosciences, 19(5): 1063-1088.

Hardwick J S, Mathias S A. 2018. Masuda's sandstone core hydrate dissociation experiment revisited. Chemical Engineering Science, 175: 98-109.

Kamath V A, Holder G D. 1987. Dissociation heat transfer characteristics of methane hydrates. AIChE Journal, 33(2): 347-350.

Katagiri J, Konno Y, Yoneda J, et al. 2017. Pore-scale modeling of flow in particle packs containing grain-coating and pore-filling hydrates: Verification of a Kozeny-Carman-based permeability reduction model. Journal of Natural Gas Science and Engineering, 45: 537-551.

Kim H C, Bishnoi P R, Heidemann R A, et al. 1987. Kinetics of methane hydrate decomposition. Chemical Engineering Science, 42(7): 1645-1653.

Kim J, Moridis G J. 2013. Development of the T+M coupled flow-geomechanical simulator to describe fracture propagation and coupled flow-thermal-geomechanical processes in tight/shale gas systems. Computers & Geosciences, 60: 184-198.

Kim J, Moridis G J, Yang D, et al. 2012. Numerical studies on two-way coupled fluid flow and geomechanics in hydrate deposits. SPE Journal, 17(2): 485-501.

Kleinberg R L, Flaum C, Griffin D D, et al. 2003. Deep sea NMR: Methane hydrate growth habit in porous media and its relationship to hydraulic permeability, deposit accumulation, and submarine slope stability. Journal of Geophysical Research: Solid Earth, 108(B10): 2508.

Makogon Y F. 1997. Hydrates of Hydrocarbons. Tulsa, OK (United States): PennWell Publishing Co.

Masuda Y, Fujinaga Y, Naganawa S, et al. 1999. Modeling and experimental studies on dissociation of methane gas hydrate in berea sandstone Cores//3rd International Conference on Gas Hydrates. Salt Lake City, Utah.

Moridis G J. 2014. Tough+hydrate v1.2 user's manual: A code for the simulation of system behavior in hydratebearing geologic media. Berkeley: Lawrence Berkeley National Laboratory.

Moridis G J, Kowalsky M B, Pruess K. 2008. Tough+hydrate v1.0 user's manual: a code for the simulation of system behavior in hydratebearing geologic media. Berkeley: Lawrence Berkeley National Laboratory.

Sloan E D, Koh C. 2007. Clathrate Hydrates of Natural Gases. 3rd ed. New York: CRC Press.

Sun X. 2005. Modeling of hydrate formation and dissociation in porous media. Houston, Texas: University of Houston.

Sun X, Mohanty K K. 2006. Kinetic simulation of methane hydrate formation and dissociation in porous media. Chemical Engineering Science, 61(11): 3476-3495.

van Genuchten M T. 1980. A closed-form equation for predicting the hydraulic conductivity of unsaturated soils. Soil Science Society of America Journal, 44(5): 892-898.

Yousif M H, Abass H H, Selim M S, et al. 1991. Experimental and theoretical investigation of methane-gas-hydrate dissociation in porous media. SPE Reservoir Engineering, 6(1): 69-76.

第四章 天然气水合物开采流固耦合数学模型的求解方法及模拟器开发

  天然气水合物开采过程的多场耦合数学模型是一组非线性和非稳态的偏微分方程，无法求得解析解，只能用数值方法进行求解，最常用的数值方法有有限差分方法（finite difference method，FDM）、有限元方法（finite element method，FEM）和有限体积方法（finite volume method，FVM）。有限差分方法是计算力学中一种十分成熟的方法，原理简单，算法成熟，编程简单，但无法处理复杂边界；有限体积方法是计算流体力学的主流方法，具有较好的守恒性，著名的 TOUGH+HYDRATE 模拟器即采用有限体积方法；有限元方法在处理固体力学问题上具有天然的优势，且有限元方法可以方便灵活地使用各种非结构网格，对于边界和复杂井筒处理具有明显的优势。从研究对象的角度来看，THMC 四个物理场中的渗流场、水合物相变化学场主要是研究多孔介质中的流体行为，而固体变形场则是研究沉积物固相的力学行为，传热场则在流体和固体中同时发生。因此，THMC 过程的本质是一个流固耦合问题。流体和固体不同的本构关系使得两者表现出完全不同的物理行为，数值计算时所需要考虑的关键问题不同。对于流体的模拟来说，局部的守恒性非常关键，因此，有限体积方法最合适；对于有限元来说，其本构关系是核心，有限元方法是伴随着固体力学的发展而提出的，故沉积物固体的力学行为则最合适用有限元方法分析。本章将从天然气水合物开采流固耦合数学模型的流体部分和固体部分两个方面出发，分别介绍求解算法和相关技术，给出自主研发的数值模拟器 QIMGHyd-THMC 的算法设计及使用说明。

第一节 天然气水合物开采流固耦合的控制方程

  第三章推导的天然气水合物开采多场耦合数学模型为一般通用模型，为方便数值计算，需要对数学模型进行简化和变形，确定主变量，将方程写为主变量的形式，得到各主变量的控制方程。为了简化推导，本节忽略甲烷在液相中的溶解，且采用动力学模型描述水合物的相变。此时，只有组分，而没有相态。天然气水合物开采的 THMC 四个物理场中，渗流场通常采取孔隙压力 p 和水饱和度 S_w 作为主变量；水合物分解则采用水合物饱和度 S_h 作为主变量；传热场的主变量为温度 T；固体变形的主变量为沉积物固体变形位移 $\boldsymbol{u}$。本节主要推导以上述主变量的控制方程。

一、渗流场的控制方程

  根据质量守恒方程，对于气体来说：

$$\frac{\partial\left(\rho_{\mathrm{g}}\phi S_{\mathrm{g}}\right)}{\partial t}+\nabla\cdot\left(\rho_{\mathrm{g}}\phi S_{\mathrm{g}}\boldsymbol{v}_{\mathrm{g,t}}\right)=m_{\mathrm{g}} \tag{4.1}$$

水:

$$\frac{\partial\left(\rho_{\mathrm{w}}\phi S_{\mathrm{w}}\right)}{\partial t}+\nabla\cdot\left(\rho_{\mathrm{w}}\phi S_{\mathrm{w}}\boldsymbol{v}_{\mathrm{w,t}}\right)=m_{\mathrm{w}} \tag{4.2}$$

水合物:

$$\frac{\partial\left(\rho_{\mathrm{h}}\phi S_{\mathrm{h}}\right)}{\partial t}+\nabla\cdot\left(\rho_{\mathrm{h}}\phi S_{\mathrm{h}}\boldsymbol{v}_{\mathrm{h,t}}\right)=-m_{\mathrm{h}} \tag{4.3}$$

沉积物固体:

$$\frac{\partial[\rho_{\mathrm{s}}(1-\phi)]}{\partial t}+\nabla\cdot[\rho_{\mathrm{s}}(1-\phi)\boldsymbol{v}_{\mathrm{s}}]=0 \tag{4.4}$$

式中,$\rho_{\alpha}(\alpha=\mathrm{g,w,h,s})$ 分别为气、水、水合物和沉积物的密度;$S_{\alpha}(\alpha=\mathrm{g,w,h})$ 分别为气、水和水合物的饱和度;ϕ 为孔隙度;$\boldsymbol{v}_{\alpha,t}(\alpha=\mathrm{g,w,h})$ 分别为气、水和水合物的总速度矢量,其与渗流速度的关系见式(3.30);$\boldsymbol{v}_{\mathrm{s}}$ 为沉积物的变形速度;$m_{\alpha}(\alpha=\mathrm{g,w,h})$ 分别为由水合物相变引起的气、水和水合物的质量流量;t 为时间。

将式(3.29)和式(3.30)代入式(4.1)、式(4.2)和式(4.3),有

气:

$$\frac{\partial\left(\rho_{\mathrm{g}}\phi S_{\mathrm{g}}\right)}{\partial t}-\nabla\left[\frac{\rho_{\mathrm{g}}k_{\mathrm{rg}}k}{\mu_{\mathrm{g}}}\left(\nabla p_{\mathrm{g}}-\rho_{\mathrm{g}}g\right)\right]+\nabla\cdot\left(\rho_{\mathrm{g}}\phi S_{\mathrm{g}}\boldsymbol{v}_{\mathrm{s}}\right)=m_{\mathrm{g}} \tag{4.5}$$

水:

$$\frac{\partial\left(\rho_{\mathrm{w}}\phi S_{\mathrm{w}}\right)}{\partial t}-\nabla\left[\frac{\rho_{\mathrm{w}}k_{\mathrm{rw}}k}{\mu_{\mathrm{w}}}\left(\nabla p_{\mathrm{w}}-\rho_{\mathrm{w}}g\right)\right]+\nabla\cdot\left(\rho_{\mathrm{w}}\phi S_{\mathrm{w}}\boldsymbol{v}_{\mathrm{s}}\right)=m_{\mathrm{w}} \tag{4.6}$$

水合物:

$$\frac{\partial\left(\rho_{\mathrm{h}}\phi S_{\mathrm{h}}\right)}{\partial t}+\nabla\cdot\left(\rho_{\mathrm{h}}\phi S_{\mathrm{h}}\boldsymbol{v}_{\mathrm{s}}\right)=-m_{\mathrm{h}} \tag{4.7}$$

式(4.4)可以写为

$$(1-\phi)\frac{\partial\rho_{\mathrm{s}}}{\partial t}-\rho_{\mathrm{s}}\frac{\partial\phi}{\partial t}+\rho_{\mathrm{s}}(1-\phi)\nabla\cdot\boldsymbol{v}_{\mathrm{s}}=0 \tag{4.8}$$

式中,$\nabla\cdot\boldsymbol{v}_{\mathrm{s}}$ 可以写为

$$\begin{aligned}\nabla\cdot\boldsymbol{v}_{\mathrm{s}}&=\nabla\cdot\left(\frac{\partial\boldsymbol{u}}{\partial t}\right)=\frac{\partial}{\partial t}(\nabla\cdot\boldsymbol{u})=\frac{\partial}{\partial t}\left(\frac{\partial u_{x}}{\partial x}+\frac{\partial u_{y}}{\partial y}+\frac{\partial u_{z}}{\partial z}\right)\\&=\frac{\partial}{\partial t}\left(\varepsilon_{xx}+\varepsilon_{yy}+\varepsilon_{zz}\right)=\frac{\partial\varepsilon_{\mathrm{v}}}{\partial t}\end{aligned} \tag{4.9}$$

因此,式(4.8)可以写为

$$(1-\phi)\frac{\partial\rho_{\mathrm{s}}}{\partial t}-\rho_{\mathrm{s}}\frac{\partial\phi}{\partial t}+\rho_{\mathrm{s}}(1-\phi)\frac{\partial\varepsilon_{\mathrm{v}}}{\partial t}=0 \tag{4.10}$$

在式(4.5)中,$\nabla\cdot\left(\rho_{\mathrm{g}}\phi S_{\mathrm{g}}\boldsymbol{v}_{\mathrm{s}}\right)$ 可写为

$$\nabla \cdot \left(\rho_g \phi S_g \boldsymbol{v}_s \right) = \nabla \cdot \left(\phi \rho_g S_g \right) \boldsymbol{v}_s + \left(\phi \rho_g S_g \right) \nabla \cdot \boldsymbol{v}_s \tag{4.11}$$

由于小变形假设，其中的 $\nabla \cdot \left(\phi \rho_g S_g \right) \boldsymbol{v}_s$ 可以忽略。

式（4.5）中 $\dfrac{\partial \left(\rho_g \phi S_g \right)}{\partial t}$ 可写为

$$\frac{\partial \rho_g \phi S_g}{\partial t} = \rho_g \phi \frac{\partial S_g}{\partial t} + \rho_g S_g \frac{\partial \phi}{\partial t} + \phi S_g \frac{\partial \rho_g}{\partial t} \tag{4.12}$$

因此，气体压力方程为

$$\rho_g \phi \frac{\partial S_g}{\partial t} + \rho_g S_g \frac{\partial \phi}{\partial t} + \phi S_g \frac{\partial \rho_g}{\partial t} + \left(\phi \rho_g S_g \right) \nabla \cdot \boldsymbol{v}_s \\ - \nabla \cdot \left[\frac{\rho_g k_{rg} k}{\mu_g} \left(\nabla p_g - \rho_g g \right) \right] = m_g \tag{4.13}$$

式（4.13）中等号左侧最后一项可以写为

$$-\nabla \cdot \left[\rho_g \frac{k_{rg} k}{\mu_g} \left(\nabla p_g - \rho_g g \right) \right] = -\frac{\partial}{\partial x} \left(\rho_g \frac{k_{rg} k}{\mu_g} \frac{\partial p_g}{\partial x} \right) - \frac{\partial}{\partial y} \left(\rho_g \frac{k_{rg} k}{\mu_g} \frac{\partial p_g}{\partial y} \right) \\ - \frac{\partial}{\partial z} \left[\rho_g \frac{k_{rg} k}{\mu_g} \left(\frac{\partial p_g}{\partial z} - \rho_g g \right) \right] \tag{4.14}$$

因为 $\dfrac{\partial \rho_g}{\partial x} = \dfrac{\partial \rho_g}{\partial p_g} \dfrac{\partial p_g}{\partial x}$，式（4.14）等号右侧的第一项为

$$\frac{\partial}{\partial x} \left(\rho_g \frac{k_{rg} k}{\mu_g} \frac{\partial p_g}{\partial x} \right) = \frac{\partial \rho_g}{\partial x} \frac{k_{rg} k}{\mu_g} \frac{\partial p_g}{\partial x} + \rho_g \frac{\partial}{\partial x} \left(\frac{k_{rg} k}{\mu_g} \frac{\partial p_g}{\partial x} \right) \\ = \frac{\partial \rho_g}{\partial p_g} \frac{\partial p_g}{\partial x} \frac{k_{rg} k}{\mu_g} \frac{\partial p_g}{\partial x} + \rho_g \frac{\partial}{\partial x} \left(\frac{k_{rg} k}{\mu_g} \frac{\partial p_g}{\partial x} \right) \tag{4.15}$$

同样的道理可得

$$\frac{\partial}{\partial y} \left(\rho_g \frac{k_{rg} k}{\mu_g} \frac{\partial p_g}{\partial y} \right) = \rho_g \frac{\partial}{\partial y} \left(\frac{k_{rg} k}{\mu_g} \frac{\partial p_g}{\partial y} \right) + \frac{\rho_g}{p_g} \frac{k_{rg} k}{\mu_g} \left(\frac{\partial p_g}{\partial y} \right)^2 \tag{4.16}$$

和

$$\frac{\partial}{\partial z} \left(\rho_g \frac{k_{rg} k}{\mu_g} \left(\frac{\partial p_g}{\partial z} - \rho_g g \right) \right) \\ = \frac{\partial \rho_g}{\partial z} \frac{k_{rg} k}{\mu_g} \left(\frac{\partial p_g}{\partial z} - \rho_g g \right) + \rho_g \frac{\partial}{\partial z} \left[\frac{k_{rg} k}{\mu_g} \left(\frac{\partial p_g}{\partial z} - \rho_g g \right) \right] \\ = \frac{\partial \rho_g}{\partial z} \frac{k_{rg} k}{\mu_g} \frac{\partial p_g}{\partial z} - \frac{\partial \rho_g}{\partial z} \frac{k_{rg} k}{\mu_g} \rho_g g + \rho_g \frac{\partial}{\partial z} \left(\frac{k_{rg} k}{\mu_g} \frac{\partial p_g}{\partial z} \right) - \rho_g g \frac{k_{rg} k}{\mu_g} \frac{\partial \rho_g}{\partial z} \\ = \frac{\partial \rho_g}{\partial p_g} \frac{\partial p_g}{\partial z} \frac{k_{rg} k}{\mu_g} \frac{\partial p_g}{\partial z} + \rho_g \frac{\partial}{\partial z} \left(\frac{k_{rg} k}{\mu_g} \frac{\partial p_g}{\partial z} \right) - 2\rho_g g \frac{k_{rg} k}{\mu_g} \frac{\partial \rho_g}{\partial z} \tag{4.17}$$

因此，气体的质量守恒方程为

$$\rho_{\mathrm{g}}\phi\frac{\partial S_{\mathrm{g}}}{\partial t}+\rho_{\mathrm{g}}S_{\mathrm{g}}\frac{\partial \phi}{\partial t}+\phi S_{\mathrm{g}}\frac{\partial \rho_{\mathrm{g}}}{\partial t}+\left(\phi\rho_{\mathrm{g}}S_{\mathrm{g}}\right)\nabla\cdot\boldsymbol{v}_{\mathrm{s}}$$

$$-\rho_{\mathrm{g}}\frac{\partial}{\partial x}\left(\frac{k_{\mathrm{rg}}k}{\mu_{\mathrm{g}}}\frac{\partial p_{\mathrm{g}}}{\partial x}\right)-\rho_{\mathrm{g}}\frac{\partial}{\partial y}\left(\frac{k_{\mathrm{rg}}k}{\mu_{\mathrm{g}}}\frac{\partial p_{\mathrm{g}}}{\partial y}\right)-\rho_{\mathrm{g}}\frac{\partial}{\partial z}\left(\frac{k_{\mathrm{rg}}k}{\mu_{\mathrm{g}}}\frac{\partial p_{\mathrm{g}}}{\partial z}\right)$$

$$-\frac{\partial \rho_{\mathrm{g}}}{\partial p_{\mathrm{g}}}\frac{k_{\mathrm{rg}}k}{\mu_{\mathrm{g}}}\left(\frac{\partial p_{\mathrm{g}}}{\partial x}\right)^2-\frac{\partial \rho_{\mathrm{g}}}{\partial p_{\mathrm{g}}}\frac{k_{\mathrm{rg}}k}{\mu_{\mathrm{g}}}\left(\frac{\partial p_{\mathrm{g}}}{\partial y}\right)^2-\frac{\partial \rho_{\mathrm{g}}}{\partial p_{\mathrm{g}}}\frac{k_{\mathrm{rg}}k}{\mu_{\mathrm{g}}}\left(\frac{\partial p_{\mathrm{g}}}{\partial z}\right)^2 \qquad (4.18)$$

$$+2\rho_{\mathrm{g}}g\frac{\partial \rho_{\mathrm{g}}}{\partial p_{\mathrm{g}}}\frac{k_{\mathrm{rg}}k}{\mu_{\mathrm{g}}}\frac{\partial p_{\mathrm{g}}}{\partial z}=m_{\mathrm{g}}$$

式（4.18）中的 $\dfrac{\partial \rho_{\mathrm{g}}}{\partial p_{\mathrm{g}}}$ 可以写为

$$\frac{\partial \rho_{\mathrm{g}}}{\partial p_{\mathrm{g}}}=\rho_{\mathrm{g}}c_{\mathrm{g}} \qquad (4.19)$$

式中，c_{g} 为气体的压缩系数。

采用相同的模式，水的方程可以写为

$$\rho_{\mathrm{w}}\phi\frac{\partial S_{\mathrm{w}}}{\partial t}+\rho_{\mathrm{w}}S_{\mathrm{w}}\frac{\partial \phi}{\partial t}+\phi S_{\mathrm{w}}\frac{\partial \rho_{\mathrm{w}}}{\partial t}+\left(\phi\rho_{\mathrm{w}}S_{\mathrm{w}}\right)\nabla\cdot\boldsymbol{v}_{\mathrm{s}}$$

$$-\rho_{\mathrm{w}}\frac{\partial}{\partial x}\left(\frac{k_{\mathrm{rw}}k}{\mu_{\mathrm{w}}}\frac{\partial p_{\mathrm{w}}}{\partial x}\right)-\rho_{\mathrm{w}}\frac{\partial}{\partial y}\left(\frac{k_{\mathrm{rw}}k}{\mu_{\mathrm{w}}}\frac{\partial p_{\mathrm{w}}}{\partial y}\right)-\rho_{\mathrm{w}}\frac{\partial}{\partial z}\left(\frac{k_{\mathrm{rw}}k}{\mu_{\mathrm{w}}}\frac{\partial p_{\mathrm{w}}}{\partial z}\right)$$

$$-\rho_{\mathrm{w}}c_{\mathrm{w}}\frac{k_{\mathrm{rw}}k}{\mu_{\mathrm{w}}}\left(\frac{\partial p_{\mathrm{w}}}{\partial x}\right)^2-\rho_{\mathrm{w}}c_{\mathrm{w}}\frac{k_{\mathrm{rw}}k}{\mu_{\mathrm{w}}}\left(\frac{\partial p_{\mathrm{w}}}{\partial y}\right)^2-\rho_{\mathrm{w}}c_{\mathrm{w}}\frac{k_{\mathrm{rw}}k}{\mu_{\mathrm{w}}}\left(\frac{\partial p_{\mathrm{w}}}{\partial z}\right)^2 \qquad (4.20)$$

$$+2\rho_{\mathrm{w}}\rho_{\mathrm{w}}gc_{\mathrm{w}}\frac{k_{\mathrm{rw}}k}{\mu_{\mathrm{w}}}\frac{\partial p_{\mathrm{w}}}{\partial z}=m_{\mathrm{w}}$$

式中，c_{w} 为水的压缩系数。

水合物的质量守恒方程为

$$\rho_{\mathrm{h}}\phi\frac{\partial S_{\mathrm{h}}}{\partial t}+\rho_{\mathrm{h}}S_{\mathrm{h}}\frac{\partial \phi}{\partial t}+\phi S_{\mathrm{h}}\frac{\partial \rho_{\mathrm{h}}}{\partial t}+\left(\phi\rho_{\mathrm{h}}S_{\mathrm{h}}\right)\nabla\cdot\boldsymbol{v}_{\mathrm{s}}=m_{\mathrm{h}} \qquad (4.21)$$

将式（4.18）、式（4.20）、式（4.21）和式（4.10）分别除以气体密度、水密度、水合物密度和沉积物密度，并将方程相加可得

$$\phi\frac{\partial S_{\mathrm{g}}}{\partial t}+S_{\mathrm{g}}\frac{\partial \phi}{\partial t}+\phi S_{\mathrm{g}}\frac{1}{\rho_{\mathrm{g}}}\frac{\partial \rho_{\mathrm{g}}}{\partial t}+\left(\phi S_{\mathrm{g}}\right)\nabla\cdot\boldsymbol{v}_{\mathrm{s}}+\phi\frac{\partial S_{\mathrm{w}}}{\partial t}+S_{\mathrm{w}}\frac{\partial \phi}{\partial t}+\phi S_{\mathrm{w}}\frac{1}{\rho_{\mathrm{w}}}\frac{\partial \rho_{\mathrm{w}}}{\partial t}+\left(\phi S_{\mathrm{w}}\right)\nabla\cdot\boldsymbol{v}_{\mathrm{s}}$$

$$+\phi\frac{\partial S_{\mathrm{h}}}{\partial t}+S_{\mathrm{h}}\frac{\partial \phi}{\partial t}+\phi S_{\mathrm{h}}\frac{1}{\rho_{\mathrm{h}}}\frac{\partial \rho_{\mathrm{h}}}{\partial t}+\left(\phi S_{\mathrm{h}}\right)\nabla\cdot\boldsymbol{v}_{\mathrm{s}}+(1-\phi)\frac{1}{\rho_{\mathrm{s}}}\frac{\partial \rho_{\mathrm{s}}}{\partial t}-\frac{\partial \phi}{\partial t}+(1-\phi)\frac{\partial \varepsilon_{\mathrm{v}}}{\partial t}$$

$$=\frac{\partial \phi}{\partial t}+\left(\phi S_{\mathrm{g}}c_{\mathrm{g}}\frac{\partial p_{\mathrm{g}}}{\partial t}+\phi S_{\mathrm{w}}c_{\mathrm{w}}\frac{\partial p_{\mathrm{w}}}{\partial t}+\phi S_{\mathrm{h}}c_{\mathrm{h}}\frac{\partial p_{\mathrm{g}}}{\partial t}\right)+\phi\frac{\partial \varepsilon_{\mathrm{v}}}{\partial t}$$

$$+(1-\phi)c_{\mathrm{s}}\frac{\partial p_{\mathrm{g}}}{\partial t}-\frac{\partial \phi}{\partial t}+(1-\phi)\frac{\partial \varepsilon_{\mathrm{v}}}{\partial t}$$

$$= \frac{\partial \varepsilon_{\mathrm{v}}}{\partial t} + \left(\phi S_{\mathrm{g}} c_{\mathrm{g}} \frac{\partial p_{\mathrm{g}}}{\partial t} + \phi S_{\mathrm{w}} c_{\mathrm{w}} \frac{\partial p_{\mathrm{w}}}{\partial t} + \phi S_{\mathrm{h}} c_{\mathrm{h}} \frac{\partial p_{\mathrm{g}}}{\partial t} + (1 - \phi) c_{\mathrm{s}} \frac{\partial p_{\mathrm{g}}}{\partial t} \right) \qquad (4.22)$$

在推导式（4.22）时，使用了式（3.4）和式（4.9）。并且 $\frac{\partial \rho_{\mathrm{s}}}{\partial t} = c_{\mathrm{s}} \rho_{\mathrm{s}} \frac{\partial p_{\mathrm{g}}}{\partial t}$。

式中，c_{h} 为水合物的压缩系数；c_{s} 为沉积物的压缩系数。

最终，得到渗流场主变量 p_{g} 的控制方程为

$$\begin{aligned}
&\frac{\partial \varepsilon_{\mathrm{v}}}{\partial t} + \left[\phi S_{\mathrm{g}} c_{\mathrm{g}} \frac{\partial p_{\mathrm{g}}}{\partial t} + \phi S_{\mathrm{w}} c_{\mathrm{w}} \frac{\partial p_{\mathrm{w}}}{\partial t} + \phi S_{\mathrm{h}} c_{\mathrm{h}} \frac{\partial p_{\mathrm{g}}}{\partial t} + (1 - \phi) c_{\mathrm{s}} \frac{\partial p_{\mathrm{g}}}{\partial t} \right] \\
&- \frac{\partial}{\partial x} \left[\left(\frac{k_{\mathrm{rg}} k}{\mu_{\mathrm{g}}} + \frac{k_{\mathrm{rw}} k}{\mu_{\mathrm{w}}} \right) \frac{\partial p_{\mathrm{g}}}{\partial x} \right] - \frac{\partial}{\partial y} \left[\left(\frac{k_{\mathrm{rg}} k}{\mu_{\mathrm{g}}} + \frac{k_{\mathrm{rw}} k}{\mu_{\mathrm{w}}} \right) \frac{\partial p_{\mathrm{g}}}{\partial y} \right] - \frac{\partial}{\partial z} \left[\left(\frac{k_{\mathrm{rg}} k}{\mu_{\mathrm{g}}} + \frac{k_{\mathrm{rw}} k}{\mu_{\mathrm{w}}} \right) \frac{\partial p_{\mathrm{g}}}{\partial z} \right] \\
&- c_{\mathrm{g}} \frac{k_{\mathrm{rg}} k}{\mu_{\mathrm{g}}} \left(\frac{\partial p_{\mathrm{g}}}{\partial x} \right)^{2} - c_{\mathrm{g}} \frac{k_{\mathrm{rg}} k}{\mu_{\mathrm{g}}} \left(\frac{\partial p_{\mathrm{g}}}{\partial y} \right)^{2} - c_{\mathrm{g}} \frac{k_{\mathrm{rg}} k}{\mu_{\mathrm{g}}} \left(\frac{\partial p_{\mathrm{g}}}{\partial z} \right)^{2} \\
&- c_{\mathrm{w}} \frac{k_{\mathrm{rw}} k}{\mu_{\mathrm{w}}} \left(\frac{\partial p_{\mathrm{w}}}{\partial x} \right)^{2} - c_{\mathrm{w}} \frac{k_{\mathrm{rw}} k}{\mu_{\mathrm{w}}} \left(\frac{\partial p_{\mathrm{w}}}{\partial y} \right)^{2} - c_{\mathrm{w}} \frac{k_{\mathrm{rw}} k}{\mu_{\mathrm{w}}} \left(\frac{\partial p_{\mathrm{w}}}{\partial z} \right)^{2} \\
&+ \left(2 \rho_{\mathrm{g}} g c_{\mathrm{g}} \frac{k_{\mathrm{rg}} k}{\mu_{\mathrm{g}}} \frac{\partial p_{\mathrm{g}}}{\partial z} + 2 \rho_{\mathrm{w}} g c_{\mathrm{w}} \frac{k_{\mathrm{rw}} k}{\mu_{\mathrm{w}}} \frac{\partial p_{\mathrm{w}}}{\partial z} \right) \\
&= \frac{m_{\mathrm{g}}}{\rho_{\mathrm{g}}} + \frac{m_{\mathrm{w}}}{\rho_{\mathrm{w}}} - \frac{m_{\mathrm{h}}}{\rho_{\mathrm{h}}} - \frac{\partial}{\partial x} \left(\frac{k_{\mathrm{rw}} k}{\mu_{\mathrm{w}}} \frac{\partial p_{\mathrm{c}}}{\partial x} \right) - \frac{\partial}{\partial y} \left(\frac{k_{\mathrm{rw}} k}{\mu_{\mathrm{w}}} \frac{\partial p_{\mathrm{c}}}{\partial y} \right) - \frac{\partial}{\partial z} \left(\frac{k_{\mathrm{rw}} k}{\mu_{\mathrm{w}}} \frac{\partial p_{\mathrm{c}}}{\partial z} \right)
\end{aligned} \qquad (4.23)$$

对于弱可压缩流体（油和水），压缩系数 c_{w} 很小，因此 $\rho_{\mathrm{w}} c_{\mathrm{w}} \frac{k_{\mathrm{rw}} k}{\mu_{\mathrm{w}}} (\nabla p_{\mathrm{w}})^{2} \ll \rho_{\mathrm{w}} \nabla \left(\frac{k_{\mathrm{rw}} k}{\mu_{\mathrm{w}}} \nabla p_{\mathrm{w}} \right)$。

需要注意的是，式（4.23）成立的条件是压缩系数 c_{g} 远小于 1，而不是 $(\nabla p)^{2}$ 比 $\nabla^{2} p$ 小，实际上两者的值大小差不多（孔祥言，2010）。对于气体而言，其压缩性较大，故压力平方项不能忽略。上述压力方程是将气体、水和水合物的质量守恒方程相加得到的，这样处理的目的是考虑到计算区域中可能存在单相区，如对于水合物来说上覆层和下伏层中通常只含有水而没有气和水合物存在。对于这些区域，式（4.18）的 $S_{\mathrm{g}} = 0, k_{\mathrm{rg}} = 0$，即在只含水的区域，水的质量守恒方程是失效的。同理，对于纯气区域，水的质量守恒方程也是失效的。因此，如果使用式（4.18）或者式（4.20）作为整个区域的压力控制方程，则会出现不同区域内方程失效的问题。故将所有相的质量守恒方程相加，得到的压力方程式（4.23）在整个区域内有效。从式（4.23）可以看出，对于纯水区域，此时 $S_{\mathrm{g}} = 0, k_{\mathrm{rg}} = 0$，但 $S_{\mathrm{w}} \neq 0, k_{\mathrm{rw}} \neq 0$，则方程仍然有效；同理，对于纯气区域，方程也是有效的。需要说明的是，水合物是否存在对上述方程的有效性不存在影响，在推导压力的控制方程时，将水合物饱和度的质量守恒方程也相加的原因是可以利用 $S_{\mathrm{g}} + S_{\mathrm{w}} + S_{\mathrm{h}} = 1$ 这一条件简化方程。

式（4.20）整理为 S_{w} 的形式，可得

$$\phi\frac{\partial S_{\mathrm{w}}}{\partial t}+\phi\left[c_{\phi}\frac{\partial p_{\mathrm{w}}}{\partial t}+c_{\mathrm{w}}\frac{\partial p_{\mathrm{w}}}{\partial t}+\frac{\partial\varepsilon_{\mathrm{v}}}{\partial t}\right]S_{\mathrm{w}}$$

$$-\left[\frac{\partial}{\partial x}\left(\frac{k_{\mathrm{rw}}k}{\mu_{\mathrm{w}}}\frac{\partial p_{\mathrm{w}}}{\partial x}\right)+\frac{\partial}{\partial y}\left(\frac{k_{\mathrm{rw}}k}{\mu_{\mathrm{w}}}\frac{\partial p_{\mathrm{w}}}{\partial y}\right)+\frac{\partial}{\partial z}\left(\frac{k_{\mathrm{rw}}k}{\mu_{\mathrm{w}}}\frac{\partial p_{\mathrm{w}}}{\partial z}\right)\right]$$

$$-c_{\mathrm{w}}\left[\frac{k_{\mathrm{rw}}k}{\mu_{\mathrm{w}}}\left(\frac{\partial p_{\mathrm{w}}}{\partial x}\right)^{2}+\frac{k_{\mathrm{rw}}k}{\mu_{\mathrm{w}}}\left(\frac{\partial p_{\mathrm{w}}}{\partial y}\right)^{2}+\frac{k_{\mathrm{rw}}k}{\mu_{\mathrm{w}}}\left(\frac{\partial p_{\mathrm{w}}}{\partial z}\right)^{2}\right]$$

$$+2\rho_{\mathrm{w}}gc_{\mathrm{w}}\frac{k_{\mathrm{rw}}k}{\mu_{\mathrm{w}}}\frac{\partial p_{\mathrm{w}}}{\partial z}=\frac{m_{\mathrm{w}}}{\rho_{\mathrm{w}}} \qquad (4.24)$$

二、水合物分解的控制方程

式（4.21）整理为 S_{h} 的形式，可得

$$\phi\frac{\partial S_{\mathrm{h}}}{\partial t}+\phi\left(c_{\phi}\frac{\partial p_{\mathrm{g}}}{\partial t}+\frac{\partial\varepsilon_{\mathrm{v}}}{\partial t}\right)S_{\mathrm{h}}=\frac{m_{\mathrm{h}}}{\rho_{\mathrm{h}}} \qquad (4.25)$$

三、传热场的控制方程

主变量温度 T 的控制方程为

$$\frac{\partial\left(\rho_{\mathrm{w}}\phi S_{\mathrm{w}}C_{\mathrm{w}}T+\rho_{\mathrm{g}}\phi S_{\mathrm{g}}C_{\mathrm{g}}T+\rho_{\mathrm{h}}\phi S_{\mathrm{h}}C_{\mathrm{h}}T+\rho_{\mathrm{s}}(1-\phi)C_{\mathrm{s}}T\right)}{\partial t}$$

$$+\nabla\cdot\left[\rho_{\mathrm{w}}\left(\phi S_{\mathrm{w}}\boldsymbol{v}_{\mathrm{s}}+\boldsymbol{v}_{\mathrm{w,t}}\right)C_{\mathrm{w}}T+\rho_{\mathrm{g}}\left(\phi S_{\mathrm{g}}\boldsymbol{v}_{\mathrm{s}}+\boldsymbol{v}_{\mathrm{g,t}}\right)C_{\mathrm{g}}T\right]=\nabla\cdot(\lambda_{\mathrm{eff}}\nabla T)+Q_{\mathrm{h}} \qquad (4.26)$$

式中，$\boldsymbol{v}_{\mathrm{w,t}}$ 为水相渗流速度；$\boldsymbol{v}_{\mathrm{g,t}}$ 为气相渗流速度；T 为温度；C_{w} 为水的比热容；C_{g} 为气体的比热容；C_{h} 为水合物的比热容；C_{s} 为沉积物的比热容；Q_{h} 为水合物相变潜热，$Q_{\mathrm{h}}=\frac{m_{\mathrm{h}}}{M_{\mathrm{h}}}(d-eT)$，$m_{\mathrm{h}}$ 为水合物相变质量，M_{h} 为水合物的分子质量，d 和 e 为系数。

式（4.23）、式（4.24）、式（4.25）和式（4.26）组成了水合物开采数学模型流体部分的控制方程。

从式（4.23）、式（4.24）和式（4.25）可以看出，除流场本身的变量外，还包含了固体场的变量——体积应变项。这种固体场的变量出现在流场控制方程中的耦合形式称为直接耦合。

四、固体变形的控制方程

固体变形的控制方程主要描述荷载作用下含水合物沉积物的力学变形过程。对于线弹性本构关系，式（3.47）为以位移为主变量的固体变形的控制方程。

$$
\begin{cases}
A_1\dfrac{\partial^2 u_x}{\partial x^2} + A_3\dfrac{\partial^2 u_x}{\partial y^2} + A_3\dfrac{\partial^2 u_x}{\partial z^2} + \left(A_2+A_3\right)\dfrac{\partial^2 u_y}{\partial x\partial y} + \left(A_2+A_3\right)\dfrac{\partial^2 u_z}{\partial x\partial z} - \alpha\dfrac{\partial p_{\mathrm{eff}}}{\partial x} = f_x \\[3mm]
A_3\dfrac{\partial^2 u_y}{\partial x^2} + A_1\dfrac{\partial^2 u_y}{\partial y^2} + A_3\dfrac{\partial^2 u_x}{\partial z^2} + \left(A_2+A_3\right)\dfrac{\partial^2 u_x}{\partial x\partial y} + \left(A_2+A_3\right)\dfrac{\partial^2 u_z}{\partial y\partial z} - \alpha\dfrac{\partial p_{\mathrm{eff}}}{\partial y} = f_y \\[3mm]
A_3\dfrac{\partial^2 u_z}{\partial x^2} + A_3\dfrac{\partial^2 u_z}{\partial y^2} + A_1\dfrac{\partial^2 u_z}{\partial z^2} + \left(A_2+A_3\right)\dfrac{\partial^2 u_x}{\partial x\partial z} + \left(A_2+A_3\right)\dfrac{\partial^2 u_y}{\partial y\partial z} - \alpha\dfrac{\partial p_{\mathrm{eff}}}{\partial z} = f_z
\end{cases}
$$

第二节　天然气水合物开采流固耦合数学模型计算方法

一、流固耦合数值模拟概述

　　根据前文分析，天然气水合物开采的 THMC 耦合过程可以分为流体部分和固体部分。流体部分主要描述多孔介质中的多相渗流、相变以及传热，属于流体力学的研究范畴；固体部分主要研究含水合物沉积物体系在荷载作用下的变形，属于固体力学的研究范畴。流体力学描述的是流体流动的大变形问题，数值模拟时需要关注局部的守恒性，即确保模拟时流体在流动过程中不会无缘无故地消失或者凭空产生。而在固体力学领域，通常研究的是小变形问题，即含水合物沉积物固体在荷载作用下的变形，该变形相对于流体流动来说属于小变形。固体力学中主要关注的是固体材料的力学行为，即本构关系。由于含水合物沉积物的 THMC 耦合过程涉及流体系统和固体系统两个完全不同的研究对象，而且这两个对象的物理本质和关注的重点不同。不同的研究对象需要采用适当的数值算法。对于流体系统来说，由于守恒性的要求，有限体积法或者有限差分法往往是理想的选择。对固体系统来说，有限元方法则是非常自然的选择。

　　使用有限体积方法（FVM）或者有限差分方法（FDM）对流体方程进行求解，使用有限元方法（FEM）对固体方程进行求解，是目前天然气水合物流固耦合数值模拟中最常用的方法。例如，著名的 TOUGH+HYDRATE（以下简称 TH）模拟器主要是针对流体部分的模拟，其使用的算法是 FVM（Moridis，2014），在耦合固体力学方程时，则需要借助其他的固体力学模拟器。目前与 TH 进行流固耦合分析最常用的固体力学模拟器是 FLAC³ᴰ（Rutqvist and Moridis，2008），该模拟器使用的是 FDM。此外，吉林大学也开发了 FEM 的固体力学模拟器 HydrateBiot（Lei et al.，2015；White et al.，2020），该模拟器实现了与 TH 的双向耦合。由于 TH 没有专门针对固体系统模拟的接口，因此，在使用 TH 与其他固体力学模拟器进行耦合时，往往只能通过硬盘文件的方式传递数据，导致计算效率非常低（Queiruga et al.，2019）。而且这种使用两个完全不同的模拟器进行水合物开采流固耦合的模拟也无法灵活地处理流固耦合特征，如不能在 TH 流体系统的控制方程中考虑固体系统应变的影响，即式（4.23）中的体积应变项。

　　除了上述使用 TH 耦合其他固体力学模块进行流固耦合模拟外，不少学者也采用同样的思路开发了针对水合物开采流固耦合模拟的模拟器，如 GEOS（Ju et al.，2020；Settgast et al.，2017）、MIX3HRS-GM（Garapati，2013）和 SuGaR-TCHM（Gupta et al.，2015）等，这些模拟器也使用不同的数值方法来求解流体系统和固体系统。

在同一套网格系统上使用 FVM/FDM 求解流体系统和使用 FEM 求解固体系统的思路处理流固耦合问题时存在以下不足。

（1）在流固耦合过程中，流体系统的变量和固体系统的变量相互耦合，两个系统之间的主变量相互依赖。例如，如流体系统控制方程式（4.23）、式（4.24）和式（4.25）中存在固体系统变量体积应变；流体系统孔隙度受固体系统变形的影响；流体系统的孔隙压力则通过有效应力原理出现在固体系统的控制方程中。因此，在使用固体系统的变量更新流体系统变量或者使用流体系统变量更新固体系统变量时，两者需要位于同一空间点上。然而，FVM/FDM 通常是单元中心型的数值格式，计算变量位于单元的中心；而 FEM 一般是节点中心型的格式，计算变量位于单元的节点上，如图 4.1 所示，流体系统和固体系统之间的耦合计算需要进行插值（Lei et al.，2015），这样的插值一定程度上会带来精度和效率的损失。

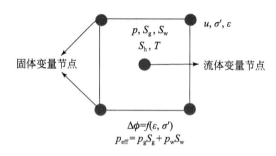

图 4.1　流固耦合网格变量示意图

（2）另一个更严重的问题是，FVM/FDM 用于流体系统和 FEM 用于固体系统的耦合思路通常是在一套完全相同的网格上实现的。对于水合物流动模拟来说，井筒附近的网格通常需要局部加密以满足精度要求，而在远离井筒的区域则可以使用较大尺度的网格，因此，TH 模拟器使用如图 4.2 所示的具有大的长细比的网格可以在保证计算效率的同时获得较为满意的流体系统的计算结果（Queiruga et al.，2019）。然而，由于 FVM 和 FEM 数值格式特征不同，上述适用于流体系统模拟的网格对于固体系统的 FEM 来说容易带来不收敛等问题。

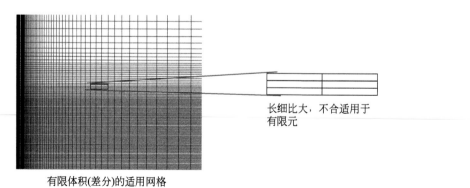

图 4.2　TH 模拟时的最佳网格示意图

针对上述的第二个问题，Queiruga 等（2019）使用了一套新的思路进行流固耦合模拟：流体系统和固体系统采用两套不同的网格系统。流体系统采用最合适的网格进行模拟，同样固体系统的网格也根据需要进行划分。通常，固体系统的网格尺度可以更大一些，如图 4.3 所示。流体系统和固体系统之间则采用插值方式实现耦合。基于上述思路，Moridis 等开发了新的水合物开采流固耦合数值模拟器 TOUGH+Millstone（以下简称 TM）（Moridis et al.，2019；Queiruga et al.，2019；Reagan et al.，2019）。虽然 TM 模拟器仍然需要使用插值，但是该模拟器是天然气水合物流固耦合数值模拟的"里程碑"。

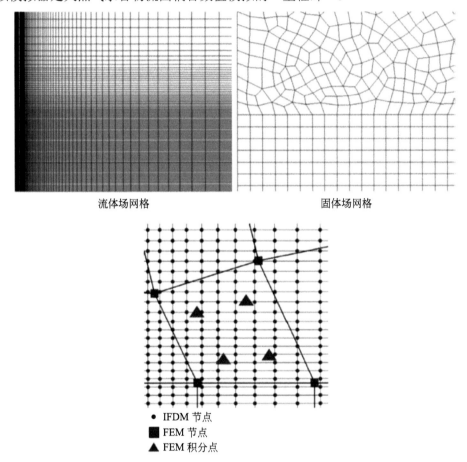

流体场网格　　　　　　　　　固体场网格

● IFDM 节点
■ FEM 节点
▲ FEM 积分点

图 4.3　流体系统、固体系统网格和插值示意图

IFDM 为积分有限差分法

除上述使用 FVM 求解流体系统、FEM 求解固体系统，这样采用不同的数值方法处理不同系统的思路外，不少学者也开发了完全基于 FEM 的天然气水合物流固耦合数值模拟器。如大连理工大学基于著名的多场耦合数值模拟软件 Comsol 开发的天然气水合物模拟器 THM model–COMSOL FEM Code（Sun et al.，2018）、英国南安普顿大学开发的 CODE BRIGHT+Hydrate-CASM（De La Fuente et al.，2019）和韩国地球科学与矿产资源研究所（Korea Institute of Geoscience and Mineral Resources，KIGAM）开发的 Geo-COUS（Shin，

2014)。由于使用了同一套 FEM 来计算流体和固体系统，因此，不存在上文提到的需要插值的问题，流体系统和固体系统可以使用同一套最优的网格计算。有限元的通用性强，程序实现相对容易，而且可以方便地使用非结构网格实现多分支井和不规则边界等复杂模型的计算。然而，Lagrange 类型的 FEM 在多孔介质的气水两相渗流模拟中无法保证局部的质量守恒（张娜等，2013；Chen et al.，2006），从而引起局部的润湿相饱和度的震荡甚至非物理意义的解（Lemonnier，1979；Li and Wei，2018）。

　　第二届国际水合物代码对比研究的文章（White et al.，2020）对目前天然气水合物流固耦合数值模拟器的最新研究进展做了非常好的总结，读者可参考上述文献了解各模拟器的特点。

二、流场方程的计算方法

　　从关于天然气水合物开采流固耦合数值模拟器的概述中可以看出，流体系统模拟中的局部守恒至关重要。在油藏数值模拟中，一类称为"控制体有限元方法"（control volume finite element method，CVFEM）或者"基于单元的有限体积方法"（element-based finite volume method，EbFVM）的引入就是为了解决守恒性的问题（Chen et al.，2006；Gomes et al.，2017；Lemonnier，1979）。该类方法的思路是在原有的 FEM 网格（三角形、四面体）基础上构建一套对偶网格，称为"控制体"，在新构建的控制体上采用 FVM 对气水两相渗流的控制方程进行离散，而计算渗流速度时则在原网格上使用 FEM 的形函数来近似。因此，从本质上来讲，CVFEM 的实质是 FVM，所以称为 EbFVM 更合适，但由于历史原因，大量的文献均称为 CVFEM，故作者也沿用该名称。由于使用了 FVM，并且引入了 FEM 的形函数，所以局部守恒可以较容易满足，同时 FEM 的灵活性和处理复杂几何模型的优势也得到了利用。本节主要介绍 CVFEM 在天然气水合物流体系统求解中的应用，详细给出数值计算格式和如何确保守恒性。

（一）CVFEM 格式

　　为简化叙述，使用三角形单元来说明 CVFEM 的基本思路。如图 4.4 的三角形网格所示，将三角形的边中点和中心点连接起来形成新的对偶网格，即图 4.4 中红色线所表示的

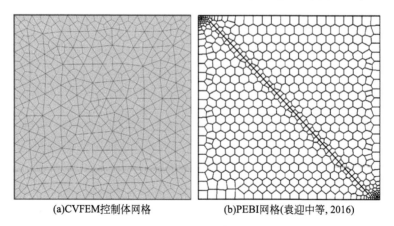

(a)CVFEM控制体网格　　　　　　　　(b)PEBI网格(袁迎中等，2016)

图 4.4　三角形网格的对偶控制体网格与 PEBI 网格

多边形。需要注意的是，使用该方法构建的控制体网格与油藏数值模拟中常用的 PEBI 网格非常类似，但是两者存在不同。PEBI 网格局部是正交的，相邻单元的中心点的连线与单元的交界面垂直，如图 4.4（b）所示。而 CVFEM 的控制体网格则没有上述要求，因此也更灵活。

在新构建的控制体网格上对流体系统进行求解，为简化叙述，将控制方程式（4.23）重新写为如下形式：

$$
\frac{\partial \varepsilon_{\mathrm{v}}}{\partial t} + (\phi c_{\mathrm{t}}) \frac{\partial p_{\mathrm{g}}}{\partial t} - \nabla \cdot [k(\lambda_{\mathrm{w}} + \lambda_{\mathrm{g}})\nabla p_{\mathrm{g}}]
$$
$$
+ \left(2\rho_{\mathrm{g}} g c_{\mathrm{g}} k \lambda_{\mathrm{g}} \frac{\partial p_{\mathrm{g}}}{\partial z} + 2\rho_{\mathrm{w}} g c_{\mathrm{w}} \lambda_{\mathrm{w}} \frac{\partial p_{\mathrm{g}}}{\partial z} \right) - k(c_{\mathrm{g}}\lambda_{\mathrm{g}} + c_{\mathrm{w}}\lambda_{\mathrm{w}})(\nabla p_{\mathrm{g}})^{2} \quad (4.27)
$$
$$
= \frac{m_{\mathrm{g}}}{\rho_{\mathrm{g}}} + \frac{m_{\mathrm{w}}}{\rho_{\mathrm{w}}} - \frac{m_{\mathrm{h}}}{\rho_{\mathrm{h}}} - \nabla \cdot (k\lambda_{\mathrm{w}}\nabla p_{\mathrm{c}}) + 2\rho_{\mathrm{w}} g c_{\mathrm{w}} k \lambda_{\mathrm{w}} \frac{\partial p_{\mathrm{c}}}{\partial z}
$$

式中，c_{t} 为综合压缩系数；$\lambda_{\alpha}(\alpha=\mathrm{g,w})$ 为流度。

$$
c_{\mathrm{t}} = S_{\mathrm{g}} c_{\mathrm{g}} + S_{\mathrm{w}} c_{\mathrm{w}} + (1-\phi)/\phi c_{\mathrm{s}} \quad (4.28)
$$

$$
\lambda_{\mathrm{g}} = \frac{k_{\mathrm{rg}}}{\mu_{\mathrm{g}}}, \quad \lambda_{\mathrm{w}} = \frac{k_{\mathrm{rw}}}{\mu_{\mathrm{w}}} \quad (4.29)
$$

将式（4.27）在如图 4.5 所示的控制体 CV 上积分，则有

$$
\int_{\mathrm{CV}} \left[\frac{\partial \varepsilon_{\mathrm{v}}}{\partial t} + (\phi c_{\mathrm{t}}) \frac{\partial p_{\mathrm{g}}}{\partial t} \right] \mathrm{d}\boldsymbol{x} - \int_{\mathrm{CV}} \nabla \cdot \left(k(\lambda_{\mathrm{w}} + \lambda_{\mathrm{g}})\nabla p_{\mathrm{g}} \right) \mathrm{d}\boldsymbol{x}
$$
$$
+ \int_{\mathrm{CV}} \left(2\rho_{\mathrm{g}} g c_{\mathrm{g}} k \lambda_{\mathrm{g}} \frac{\partial p_{\mathrm{g}}}{\partial z} + 2\rho_{\mathrm{w}} g c_{\mathrm{w}} \lambda_{\mathrm{w}} \frac{\partial p_{\mathrm{g}}}{\partial z} \right) \mathrm{d}\boldsymbol{x} - \int_{\mathrm{CV}} k(c_{\mathrm{g}}\lambda_{\mathrm{g}} + c_{\mathrm{w}}\lambda_{\mathrm{w}})(\nabla p_{\mathrm{g}})^{2} \mathrm{d}\boldsymbol{x} \quad (4.30)
$$
$$
= \int_{\mathrm{CV}} \left[\frac{m_{\mathrm{g}}}{\rho_{\mathrm{g}}} + \frac{m_{\mathrm{w}}}{\rho_{\mathrm{w}}} - \frac{m_{\mathrm{h}}}{\rho_{\mathrm{h}}} - \nabla \cdot (k\lambda_{\mathrm{w}}\nabla p_{\mathrm{c}}) + \phi \frac{\partial p_{\mathrm{c}}}{\partial t} \right] \mathrm{d}\boldsymbol{x}
$$

式中，CV 表示图 4.5 中红色线构成的控制体，该控制体以中心的原三角形网格的节点编号 i 表示。

式（4.30）中最关键的一项是第二项。根据散度定理，第二项可以写为

$$
- \int_{\mathrm{CV}} \nabla \cdot \left(k(\lambda_{\mathrm{w}} + \lambda_{\mathrm{g}})\nabla p_{\mathrm{g}} \right) \mathrm{d}\boldsymbol{x} = - \int_{\partial \mathrm{CV}} k(\lambda_{\mathrm{w}} + \lambda_{\mathrm{g}})\nabla p_{\mathrm{g}} \cdot \boldsymbol{v} \mathrm{d}l \quad (4.31)
$$

式中，$\partial \mathrm{CV}$ 为控制体的边界，该边界是图 4.5 中的红色虚线，由三角形的重心与边中点的连线组成。$\boldsymbol{v}$ 为 $\partial \mathrm{CV}$ 的外法线向量。根据达西定理，式（4.31）中 $k(\lambda_{\mathrm{w}} + \lambda_{\mathrm{g}})\nabla p_{\mathrm{g}}$ 为控制体边界上的渗流速度（气和水的总速度）。因此，式（4.31）的积分表示的是控制体边界上的总流量。上述利用散度定理将面上的积分转换为线段上的积分正是 FVM 的核心思想。

式（4.31）积分表示边界上的总流量可以分解为每一段边界上的流量之和：

$$
- \int_{\partial \mathrm{CV}} k(\lambda_{\mathrm{w}} + \lambda_{\mathrm{g}})\nabla p_{\mathrm{g}} \cdot \boldsymbol{v} \mathrm{d}l = - \sum_{n} \int_{e_{n}} k(\lambda_{\mathrm{w}} + \lambda_{\mathrm{g}})\nabla p_{\mathrm{g}} \cdot \boldsymbol{v}_{n} \mathrm{d}l \quad (4.32)
$$

式中，n 为控制体边的编号；$\boldsymbol{v}_{n}$ 为控制体 i 在 n 上的外法线向量。如图 4.5 所示，三角形 ijk 中有两条控制体 i 的线段，即 e_{ij} 和 e_{ik}，$\boldsymbol{v}_{ik}$ 为线段 e_{ik} 的外法线，则线段 e_{ik} 上的流量可以写为

$$
f_{i,e_{ik}} = \int_{e_{ik}} k(\lambda_{\mathrm{w}} + \lambda_{\mathrm{g}})\nabla p_{\mathrm{g}} \cdot \boldsymbol{v}_{ik} \mathrm{d}l \quad (4.33)
$$

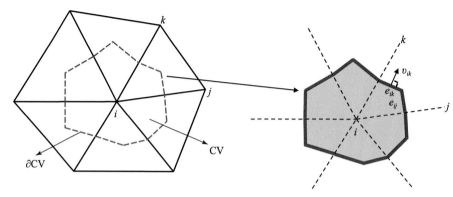

图 4.5　控制体的构建方法

如图 4.6 所示，控制体 i 一共由 6 个三角形单元构成，每个三角形又贡献了控制体的两条边，因此，控制体 i 的边界 ∂CV 由 12 条线段组成，即式（4.32）中右端的求和一共有 12 项。

进一步，式（4.32）右端的流量求和项可以按照组成控制体的三角形分组，将一个三角形中组成控制体的线段的流量可以组合在一起。如图 4.6 所示，组成控制体 i 的其中一个三角形 ijk 中有两条线段，其上的流量为 $f_{i,e_{ik}} + f_{i,e_{ij}}$。将控制体边界上的流量进一步分解为以三角形为单位进行分析，即式（4.31）的控制体积分全部分解为三角形单元的积分，而式（4.33）表示三角形单元的积分所需要的几何信息已经在三角形中全部给出。因此，虽然在推导过程中构建了如图 4.4 所示的控制体网格，然而在实际计算和编程中并不需要这一步的处理，直接利用三角形的网格信息即可实现所有的计算。

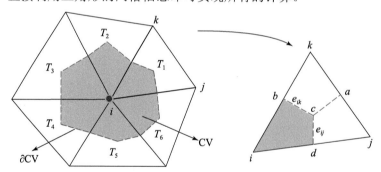

图 4.6　控制体分解为三角形单元

T 为组成控制体 i 的三角形单元；i、j、k 为三角形的三个节点；c 为三角形的中心；a、b、d 为三条边的中点。

将控制体上的积分分解为组成控制体三角形单元内部线段上的积分（流量）后，下一步的重点是计算这些线段上的积分。如图 4.6 所示，线段 e_{ik} 上的流量由式（4.33）表示，其核心是计算压力梯度项 ∇p_{g}。压力梯度项的计算通过引入 FEM 的形函数 N 来实现。对于三角形线性单元来说，其 FEM 插值形函数为

$$N_i = \frac{1}{2A}(a_i + b_i x + c_i y) \tag{4.34}$$

式中，A 为三角形 ijk 的面积； a_i, b_i, c_i 由式（4.35）计算：

$$\begin{cases} a_i = x_j y_k - x_k y_j \\ b_i = y_j - y_k \\ c_i = -\left(x_j - x_k\right) \end{cases} \tag{4.35}$$

式中， x_j, x_k, y_k, y_j 为节点 j, k 的坐标。

在三角形单元中则有

$$p\left(\boldsymbol{x}, t\right) = N_i\left(\boldsymbol{x}\right) p_i\left(t\right) + N_j\left(\boldsymbol{x}\right) p_j\left(t\right) + N_k\left(\boldsymbol{x}\right) p_k\left(t\right) \tag{4.36}$$

式中， p_i, p_j, p_k 为三角形节点 i, j, k 的压力，只与时间有关；形函数 N 只与三角形的节点坐标有关，与时间无关。因此，压力梯度可以写为

$$\begin{aligned} \frac{\partial p_{\mathrm{g}}}{\partial x} &= \frac{\partial N_i}{\partial x} p_i + \frac{\partial N_j}{\partial x} p_j + \frac{\partial N_k}{\partial x} p_k = \frac{1}{2A}\left(b_i p_i + b_j p_j + b_k p_k\right) \\ \frac{\partial p_{\mathrm{g}}}{\partial y} &= \frac{\partial N_i}{\partial y} p_i + \frac{\partial N_j}{\partial y} p_j + \frac{\partial N_k}{\partial y} p_k = \frac{1}{2A}\left(c_i p_i + c_j p_j + c_k p_k\right) \end{aligned} \tag{4.37}$$

由式（4.37）可以看出，三角形线性单元上的压力梯度是常数。因此，式（4.33）的积分可以写为

$$f_{i, e_{ik}} = k\left(\lambda_{\mathrm{w}} + \lambda_{\mathrm{g}}\right) \nabla p_{\mathrm{g}} \cdot \boldsymbol{v}_{ik} \left|\overrightarrow{cb}\right| \tag{4.38}$$

式（4.38）的含义是单元上的速度点乘线段 e_{ik} 的外法线向量得到控制体 i 的边界外法线方向的速度分量，该速度分量乘以线段 e_{ik} 的长度 $\left|\overrightarrow{cb}\right|$ 即得到通过线段 e_{ik} 的流量。

线段 e_{ik} 和 e_{ij} 上的法线向量可以利用该线段的坐标来计算：

$$\boldsymbol{v}_{ik} = \frac{\left(y_b - y_c, x_c - x_b\right)}{\left|\overrightarrow{cb}\right|} \tag{4.39}$$

$$\boldsymbol{v}_{ij} = \frac{\left(y_c - y_d, x_d - x_c\right)}{\left|\overrightarrow{dc}\right|} \tag{4.40}$$

式中， $\left|\overrightarrow{cb}\right|$ 和 $\left|\overrightarrow{dc}\right|$ 分别为线段 e_{ik} 和 e_{ij} 的长度。需要注意的是，向量 $\overrightarrow{cb}$ 的法线向量有两个，式（4.38）中需要的是控制体 i 的边界 e_{ik} 的外法线向量，即向量法线由点 i 指向 k 的方向。

经过上述分析，控制体 i 在三角形中的两条边上的流量为

$$\begin{aligned} f_i &= f_{i, e_{ik}} + f_{i, e_{ij}} \\ &= k\left(\lambda_{\mathrm{w}} + \lambda_{\mathrm{g}}\right) \nabla p_{\mathrm{g}} \cdot \frac{\left(y_b - y_c, x_c - x_b\right)}{\left|\overrightarrow{cb}\right|} \left|\overrightarrow{cb}\right| \\ &\quad + k\left(\lambda_{\mathrm{w}} + \lambda_{\mathrm{g}}\right) \nabla p_{\mathrm{g}} \cdot \frac{\left(y_c - y_d, x_d - x_c\right)}{\left|\overrightarrow{dc}\right|} \left|\overrightarrow{dc}\right| \\ &= k\left(\lambda_{\mathrm{w}} + \lambda_{\mathrm{g}}\right) \nabla p_{\mathrm{g}} \cdot \left(y_b - y_c + y_c - y_d, x_c - x_b + x_d - x_c\right) \\ &= k\left(\lambda_{\mathrm{w}} + \lambda_{\mathrm{g}}\right) \nabla p_{\mathrm{g}} \cdot \left(y_b - y_d, -x_b + x_d\right) \end{aligned} \tag{4.41}$$

由于 b 和 d 为三角形边中点，故有

$$\begin{cases} y_b = \dfrac{y_i + y_k}{2}, & y_d = \dfrac{y_i + y_j}{2} \\[3mm] x_b = \dfrac{x_i + x_k}{2}, & x_d = \dfrac{x_i + x_j}{2} \end{cases} \tag{4.42}$$

故式（4.41）可写为

$$\begin{aligned} f_i &= k\left(\lambda_{\mathrm{w}} + \lambda_{\mathrm{g}}\right)\nabla p_{\mathrm{g}} \cdot \left(\frac{y_i + y_k - y_i - y_j}{2}, \frac{-x_i - x_k + x_i + x_j}{2}\right) \\ &= k\left(\lambda_{\mathrm{w}} + \lambda_{\mathrm{g}}\right)\nabla p_{\mathrm{g}} \cdot \left(\frac{y_k - y_j}{2}, \frac{-x_k + x_j}{2}\right) \end{aligned} \tag{4.43}$$

由式（4.35）的定义可知：

$$\frac{y_k - y_j}{2} = -\frac{b_i}{2} = -A\frac{\partial N_i}{\partial y}, \quad \frac{-x_k + x_j}{2} = -\frac{c_i}{2} = -A\frac{\partial N_i}{\partial x}$$

最终可得

$$f_i = \sum_{l=i} A k\left(\lambda_{\mathrm{w}} + \lambda_{\mathrm{g}}\right)\nabla N_l \cdot \nabla N_i p_{\mathrm{g}l} \tag{4.44}$$

式（4.44）表明，在线性插值条件下，CVFEM 与标准 FEM 具有相同的刚度矩阵（Chen et al.，2006）。

推导的式（4.44）对于局部守恒性的理解和后文的迎风处理不是很方便，下面从另一种思路说明控制体边界上的流量计算，该思路也可以应用于三维问题的处理。

图 4.5 所示的三角形单元中控制体边界 e_{ik} 上的流量大小还可以利用单元上的速度叉乘 $\vec{bc}$ 向量的模来确定，而其方向则由单元的速度矢量点乘节点与中心的矢量 $\vec{ic}$ 确定。如果乘积为正，则表明流量从控制体中心的节点 i 流出 e_{ik} 界面，即 e_{ik} 上的流量为负；反之，流量则流入控制体的节点 i，为正（杨军征，2011）：

$$\begin{aligned} \left| f_{i,e_{ik}} \right| &= \left| k\left(\lambda_{\mathrm{w}} + \lambda_{\mathrm{g}}\right)\nabla p_{\mathrm{g}} \times \vec{bc} \right| \\ &= \left| k\left(\lambda_{\mathrm{w}} + \lambda_{\mathrm{g}}\right)\sum_l \frac{\partial N_l}{\partial x} p_{\mathrm{g}l}\left(y_c - y_b\right) - k\left(\lambda_{\mathrm{w}} + \lambda_{\mathrm{g}}\right)\sum_l \frac{\partial N_l}{\partial y} p_{\mathrm{g}l}\left(x_c - x_b\right) \right| \end{aligned} \tag{4.45}$$

根据单元上的速度与 $\vec{ic}$ 矢量的点乘确定流量的方向，则有

$$f_{i,e_{ik}} = -\frac{\left(x_c - x_i, y_c - y_i\right) \cdot \left[k\left(\lambda_{\mathrm{w}} + \lambda_{\mathrm{g}}\right)\sum_l \dfrac{\partial N_l}{\partial x} p_{\mathrm{g}l}, k\left(\lambda_{\mathrm{w}} + \lambda_{\mathrm{g}}\right)\sum_l \dfrac{\partial N_l}{\partial y} p_{\mathrm{g}l}\right]}{\left|\left(x_c - x_i, y_c - y_i\right) \cdot \left[k\left(\lambda_{\mathrm{w}} + \lambda_{\mathrm{g}}\right)\sum_l \dfrac{\partial N_l}{\partial x} p_{\mathrm{g}l}, k\left(\lambda_{\mathrm{w}} + \lambda_{\mathrm{g}}\right)\sum_l \dfrac{\partial N_l}{\partial y} p_{\mathrm{g}l}\right]\right|} \left| f_{i,e_{ik}} \right| \tag{4.46}$$

采用上述两种方法即可计算控制体 i 的所有边界上的流量。在实际计算过程中，按照逐个单元的顺序进行计算，如图 4.5 所示的三角形单元，需要分别计算节点 i（即控制体 i）通过边界 bc 和 cd 的流量，该流量属于 i 节点；同理，计算节点 j（控制体 j）通过边界 cd 和 ca 的流量，该流量属于 j 节点；对于 k 节点（控制体 k），计算通过边界 cb 和 ca 的流量。因此，在三角形单元中循环，计算单元三个节点处通过控制体边界的流量，该流量是控制

体流量的一部分。在计算所有单元中控制体边界上的流量后，根据节点编号（即控制体编号）进行叠加，如图 4.6 所示，将控制体 i 周围的六个三角形单元在节点 i 处的流量进行叠加，组装为节点 i 的方程。上述叠加和组装过程与 FEM 完全相同，因此，从程序设计和数据结构上可以完全采用 FEM 的设计思路。

从图 4.6 可以看出，控制体 CV 与组成控制体的三角形单元 T 存在如下关系：

$$CV = \sum_m \frac{T_m}{3} \tag{4.47}$$

由于构建控制体时将三角形的中心与边中点连接，因此，每一个三角形对控制体的贡献是三分之一。将式（4.30）在控制体上的积分也分解为组成控制体的三角形单元的积分，并采用 FEM 形函数在三角形单元上进行插值，即

$$p_{\mathrm{g}} = \sum_l N_l p_{gl}, \qquad \varepsilon_{\mathrm{v}} = \sum_l N_l \varepsilon_{vl}$$

最终可得压力的方程为

$$
\begin{aligned}
&\int_{\mathrm{T}/3} \left[\frac{\partial \varepsilon_{vi}}{\partial t} + \sum_l N_l (\phi c_{\mathrm{t}}) \frac{\partial p_{gl}}{\partial t} \right] \mathrm{d}\boldsymbol{x} - f_i \\
&+ \int_{\mathrm{T}/3} \left(\sum_l 2\rho_{\mathrm{g}} g c_{\mathrm{g}} k \lambda_{\mathrm{g}} p_{gl} \frac{\partial N_l}{\partial z} + \sum_l 2\rho_{\mathrm{w}} g c_{\mathrm{w}} \lambda_{\mathrm{w}} p_{gl} \frac{\partial N_l}{\partial z} \right) \mathrm{d}\boldsymbol{x} \\
&- \int_{\mathrm{T}/3} k \left(c_{\mathrm{g}} \lambda_{\mathrm{g}} + c_{\mathrm{w}} \lambda_{\mathrm{w}} \right) \left(\sum_l \nabla N_l p_{gl} \right)^2 \mathrm{d}\boldsymbol{x} \\
&= \int_{\mathrm{T}/3} \left[\frac{m_{\mathrm{g}}}{\rho_{\mathrm{g}}} + \frac{m_{\mathrm{w}}}{\rho_{\mathrm{w}}} - \frac{m_{\mathrm{h}}}{\rho_{\mathrm{h}}} - \nabla \cdot \left(k \lambda_{\mathrm{w}} \nabla p_{\mathrm{c}} \right) + \phi \frac{\partial p_{\mathrm{c}}}{\partial t} \right] \mathrm{d}\boldsymbol{x}
\end{aligned}
\tag{4.48}
$$

式中，p_{c} 为毛细管压力。

式（4.48）是控制体 i 的方程在三角形单元 T 中的部分，其中 f_i 可以用式（4.44）或者式（4.46）计算，式（4.46）计算时可以方便地使用迎风格式。将组成控制体 i 的所有三角形单元 T 的方程叠加在一起，组成最终的控制体 i 的线性方程。所有控制体 i（所有节点）的方程即形成了压力的线性方程组。

式（4.48）所示的压力方程有以下几个特点。

（1）积分区域不是整个三角形，而是三角形组成控制体 i 的部分，该部分的面积为三角形面积的三分之一。

（2）式（4.48）与 FEM 相比的最大不同是没有试函数（test function）的引入，因为该方程从根本上不是采用 FEM 的离散思路，而是 FVM 的思想，仅使用了 FEM 中的形函数对变量进行插值。

基于同样的思路，可以得到水饱和度方程的离散格式为

$$
\begin{aligned}
&\int_{\mathrm{T}/3} \phi \frac{\partial S_{wi}}{\partial t} \mathrm{d}\boldsymbol{x} + \int_{\mathrm{T}/3} \phi \left(\frac{\partial p_{gi}}{\partial t} + \frac{\partial \varepsilon_{vi}}{\partial t} \right) S_{wi} \mathrm{d}\boldsymbol{x} \frac{\lambda_{\mathrm{w}}}{\lambda_{\mathrm{w}} + \lambda_{\mathrm{g}}} f_i \\
&- \int_{\mathrm{T}/3} c_{\mathrm{w}} k \lambda_{\mathrm{w}} \left[\sum_l N_l \left(p_{gl} - p_{cl} \right) \right]^2 \mathrm{d}\boldsymbol{x} + \int_{\mathrm{T}/3} 2\rho_{\mathrm{w}} g c_{\mathrm{w}} \frac{k_{\mathrm{rw}} k}{\mu_{\mathrm{w}}} \sum_l p_{gl} \frac{\partial N_l}{\partial z} \mathrm{d}\boldsymbol{x}
\end{aligned}
$$

$$= \int_{T/3} \left[\frac{m_w}{\rho_w} - \nabla \cdot \left(k\lambda_w \nabla p_c \right) + \phi \frac{\partial p_c}{\partial t} + 2\rho_w g c_w \frac{k_{rw} k}{\mu_w} \frac{\partial p_c}{\partial z} \right] dx \quad (4.49)$$

式（4.49）中边界上的流量项 $\frac{\lambda_w}{\lambda_w + \lambda_g} f_i$ 使用了水流度占总流度的比例来计算。式（4.49）

可以看出，如果压力已知，则流量项 f_i、水合物相变引起的水的源汇项 $\frac{m_w}{\rho_w}$ 也是已知的，

当体积应变也已知时，水饱和度的计算可以直接利用式（4.49）显式求解，不需要求解线性方程组。

同样地，水合物饱和度的计算格式如下：

$$\int_{T/3} \phi \frac{\partial S_{hi}}{\partial t} dx + \int_{T/3} \sum_l N_l \frac{\partial p_{gl}}{\partial t} S_{hi} \phi c_s dx + \int_{T/3} \left(\phi S_{hi} \right) \frac{\partial \varepsilon_{vi}}{\partial t} dx = \int_{T/3} \frac{m_h}{\rho_h} dx \quad (4.50)$$

同理，当压力和体积应变已知时，水合物饱和度可以显式求解而无须求解线性方程组。

温度方程则采用 Galerkin FEM 的方法在原三角形单元上计算（万义钊等，2018）。将式（4.26）乘以变量 T 的变分 δT：

$$\int \left[\frac{\partial (C_T T)}{\partial t} + \nabla \cdot \left(\rho_w \phi S_w \boldsymbol{v}_{w,t} C_w T + \rho_g \phi S_g \boldsymbol{v}_{g,t} C_g T \right) - \nabla \cdot \lambda_{eff} \nabla T \right] \delta T dx = \int Q_h \delta T dx \quad (4.51)$$

$$C_T = p_w C_w \phi + p_g C_g \phi + p_h C_h \phi + p_s (1-\phi) c_s$$

对式（4.51）进行分部积分，并利用插值形函数 $T = \sum_i N_i T_i, \delta T = \sum_i N_i \delta T_i$，可得温度的 FEM 离散格式为

$$\int \sum_j \sum_i N_i C_T \frac{\partial T_i}{\partial t} N_j dx$$

$$+ \int \sum_j \nabla \left(\rho_w \phi S_w \boldsymbol{v}_{w,t} C_w \sum_i N_i T_i + \rho_g \phi S_g \boldsymbol{v}_{g,t} C_g \sum_i N_i T_i \right) N_j dx \quad (4.52)$$

$$+ \int \sum_j \sum_i \lambda_{eff} \nabla N_i T_i \nabla N_j dx = \int \sum_j Q_h N_j dx + \int \sum_j \lambda_{eff} \frac{\partial T}{\partial n} N_j ds$$

式（4.52）的最后一项为通过边界的热流量，为自然边界条件。

（二）局部守恒性

从图 4.6 可以看出，一个三角形属于三个控制体（i,j,k），即三角形被分为了三部分，每一部分都属于一个控制体，三个控制体的交界面即三角形的中心与边中点的连线。在上一节的推导中，重点分析了这些交界面上的流量如何计算，对于 i 控制体，其通过界面 bc 的流量为 $f_{i,e_{ik}}$，而对于控制体 k，其通过界面 bc 的流量为 $f_{k,e_{ki}}$，只有两个流量满足如下关系才能保证流动的局部守恒：

$$f_{i,e_{ik}} + f_{k,e_{ki}} = 0 \quad (4.53)$$

式（4.53）表示控制体 i 通过界面 bc 流入（流出）的流量与控制体 k 通过界面 bc 流出

（流入）的流量相等。从式（4.46）的定义来看，由于向量$\vec{ic}$与向量$\vec{kc}$的方向相反，因此$f_{i,e_{ik}}$和$f_{k,e_{ki}}$的符号必定相反，只要确保$\left|f_{i,e_{ik}}\right|=\left|f_{k,e_{ki}}\right|$，则可以满足式（4.53），即满足局部守恒。

从式（4.45）的定义可以看出，其中的节点压力、c点和b点的坐标对于$f_{i,e_{ik}}$和$f_{k,e_{ki}}$时都是相同的，只要保证计算$\left|f_{i,e_{ik}}\right|$和$\left|f_{k,e_{ki}}\right|$的绝对渗透率$k$和流度$\left(\lambda_{\mathrm{w}}+\lambda_{\mathrm{g}}\right)$相同即可满足式（4.53）。

对于绝对渗透率可以采用交界面两端节点渗透率的调和平均来计算，例如计算图 4.6 中bc界面上的流量时，可以使用i和k节点渗透率的调和平均来计算：

$$k=\frac{2k_ik_k}{k_i+k_k} \tag{4.54}$$

采用调和平均的目的是确保某个节点的渗透率为 0 时仍然可以得到正确的结果（Chen et al.，2006）。

对于流度，则必须采用迎风格式才可以确保 CVFEM 格式的稳定，即在计算控制体 i 通过界面bc流出（流入）的流量时，取在i节点和k节点中位于流动上游方向的节点流度：

$$\lambda^{\mathrm{up}}=\begin{cases}\lambda_i,&f_{i,e_{ik}}<0\\\lambda_k,&f_{i,e_{ik}}>0\end{cases} \tag{4.55}$$

（三）与 TH 算法的对比

TH 模拟器中流体系统的算法也是 FVM，其对守恒方程的离散格式如下：

$$\frac{\mathrm{d}M_n^\kappa}{\mathrm{d}t}=\frac{1}{V_n}\sum_m A_{nm}\boldsymbol{F}_{nm}^\kappa+q_n^\kappa \tag{4.56}$$

式中，M为质量累积项；$\boldsymbol{F}$为流量矢量；A为单元界面；q为源汇项；V为单元体积。式（4.56）与式（4.30）的格式非常类似，核心也是流量项（右端第一项）的处理。与本节介绍的 CVFEM 方法不同，TH 中对于流量项的处理采用了基于达西定律的两点近似方法（two point flux approximation，TPFA），如图 4.7 所示，其计算公式如下：

$$\boldsymbol{F}_{\beta,nm}=-k_{nm}\left[\frac{k_{r\beta}\rho_\beta}{\mu_\beta}\right]_{nm}\left[\frac{P_{\beta,n}-P_{\beta,m}}{D_{nm}}\right] \tag{4.57}$$

式中，k_{nm}为单元n和m的平均渗透率，可以采用算术平均、调和平均或者迎风方式确定；$D_{nm}=D_n+D_m$为两个单元之间的距离；$k_{r\beta}$为β相的渗透率；ρ_β为β相的密度；μ_β为β相的黏度；$P_{\beta,n}$为n点上β相压力；$P_{\beta,m}$为m点上β相压力。

从式（4.57）可以看出，流量计算中的梯度使用两个单元压力差与距离的比值来确定，但是只有当两个单元中心的连线与单元交界面垂直的情况下才能使用上述方法来计算压力梯度。因此，TH 要求网格必须是正交的。正交网格在复杂结构井或者复杂边界建模时存在一定的难度。

本节使用的 CVFEM 在计算速度梯度时引入了 FEM 的插值形函数，使用了单元所有节点的压力计算流量式[式（4.45）]，是一种多点流量近似方法（multi-point flux approximation，MPFA），也不需要网格正交，可以较为灵活地处理各种复杂的结构建模。

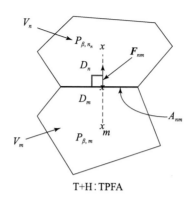

图 4.7　TH 模拟器中的流量处理

（四）三维情况

以上推导是在二维三角形单元上实现的，本节以四面体单元为例，推导三维情况下的 CVFEM 格式。在四面体中，控制体 CV 通过某一个节点周围的四面体单元的中心点、三个面的中心点和三条边中点构成，如图 4.8 所示。四面体的四个节点分别为 p_1、p_2、p_3、p_4，中心点为 c，各面的中心点用组成该面的三个节点编号表示，如 f_{134}、f_{234}、f_{124} 表示；ij 边的中点则用组成该边的 i 和 j 的节点编号表示，如 e_{41}、e_{42}、e_{43}。

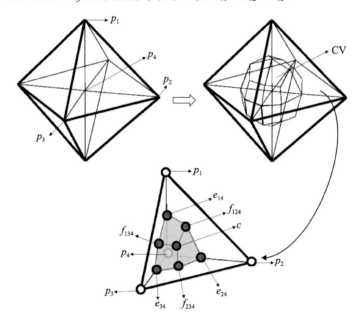

图 4.8　四面体单元上控制体（CV）的构建方法（Abushaikha，2013）

同样地，基于散度定理，控制方程可写为式（4.30）的形式，此时的积分区域为如图 4.8 所示的控制体。同样将该积分分解为所有组成控制体的四面体单元的积分之和。对于如图 4.8 所示的四面体 $p_1p_2p_3p_4$，其对控制体边界的贡献为三个面：e_{34}-f_{234}-c-f_{134}，e_{24}-f_{124}-c-f_{234}，

f_{124}-c-$f_{134}e_{14}$。定义 flux$_{ij}$ 为 ij 之间通过由 i 和 j 形成的控制体边界的流量。如图4.8所示，flux$_{43}$ 为节点 p_4 和 p_3 之间通过界面 e_{34}-f_{234}-c-f_{134} 的流量，而四边形面 e_{34}-f_{234}-c-f_{134} 又可以进一步看作由两个三角形组成：e_{34}-f_{234}-c 和 e_{34}-c-f_{134}。因此，flux$_{ij}$ 可以通过由 i 和 j 形成的两个三角形面上的流量之和求得，而三角形面上的流量可以通过单元上的速度矢量点乘三角形的面积矢量获得，而对面积矢量则做出如下规定：按右手螺旋法则，大拇指由 i 指向 j，在 ij 之间的界面上三条分别以中点为起点的矢量按照手指的绕向逆时针安排，面积矢量为相应两个矢量逆时针叉乘获得（注意除以 2）。以图 4.9 所示的节点 p_4 为例，其与 p_3 节点之间有三个矢量，均以边中点 e_{34} 为起点，即 $\overrightarrow{e_{34}c}$、$\overrightarrow{e_{34}f_{134}}$ 和 $\overrightarrow{e_{34}f_{234}}$。按照右手螺旋法则，大拇指从 p_4 指向 p_3，则 p_4 和 p_3 之间的三角形 e_{34}-f_{234}-c 的面积矢量为 $\overrightarrow{e_{34}f_{234}} \times \overrightarrow{e_{34}c}\,/\,2$，三角形 e_{34}-c-f_{134} 的面积矢量为 $\overrightarrow{e_{34}c} \times \overrightarrow{e_{34}f_{134}}\,/\,2$（杨军征，2011）。因此，节点 p_4 和 p_3 之间通过控制体界面上的流量为

$$\text{flux}_{43} = k\left(\lambda_{\text{w}} + \lambda_{\text{g}}\right)\nabla p \cdot \left(\frac{\overrightarrow{e_{34}c} \times \overrightarrow{e_{34}f_{134}}}{2} + \frac{\overrightarrow{e_{34}f_{234}} \times \overrightarrow{e_{34}c}}{2}\right) \tag{4.58}$$

采用向量运算的好处是：①不需要关心方向问题，只需要统一采用右手螺旋法则，计算结果即包含了方向信息；②向量叉乘还包含了面积信息，无需单独计算控制体边界的面积。

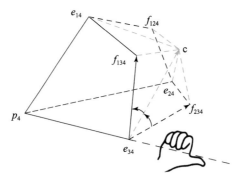

图 4.9 四面体单元控制体及控制体边界示意图

由图4.9可知，对于 p_4 节点所代表的控制体，一个四面体单元中有三个边界流量，即 flux$_{43}$、flux$_{42}$、flux$_{41}$；p_4 节点所代表的控制体周围所有四面体单元中控制体边界上的流量之和构成了该控制体的边界流量项。

三维情况下其他方程的离散与二维类似，只需将其中的插值形函数替换为四面体单元即可。

三、固体场方程的计算方法

（一）弹性问题

在弹性本构条件下，由于所有的变形均可恢复，可直接在控制方程上采用 FEM 进行离

散。式（3.47）的控制方程中包含了三个方向的位移，以 x 方向为例，给出其求解过程。对式（3.47）的第一个方程乘以 δu_x，并在空间上积分可得

$$\iint\left[A_1\frac{\partial^2 u_x}{\partial x^2}+A_3\frac{\partial^2 u_x}{\partial y^2}+A_3\frac{\partial^2 u_x}{\partial z^2}+(A_2+A_3)\frac{\partial^2 u_y}{\partial x\partial y}+(A_2+A_3)\frac{\partial^2 u_z}{\partial x\partial z}-\alpha\frac{\partial p}{\partial x}\right]\delta u_x\mathrm{d}V=0 \quad（4.59）$$

采用分部积分法，对其中的二阶导数降阶可得

$$\iint\left[\begin{array}{l}\left(A_1\dfrac{\partial u_x}{\partial x}+A_2\dfrac{\partial u_y}{\partial y}+A_2\dfrac{\partial u_z}{\partial z}-p\right)\dfrac{\partial\delta u_x}{\partial x}+\left(A_3\dfrac{\partial u_x}{\partial y}+A_3\dfrac{\partial u_y}{\partial x}\right)\dfrac{\partial\delta u_x}{\partial y}\\[2mm]+\left(A_3\dfrac{\partial u_x}{\partial z}+A_3\dfrac{\partial u_z}{\partial x}\right)\dfrac{\partial\delta u_x}{\partial z}\end{array}\right]\mathrm{d}V=\int F_x\delta u_x\mathrm{d}s \quad（4.60）$$

其中，

$$F_x=\left(-A_1\frac{\partial u_x}{\partial x}-A_2\frac{\partial u_y}{\partial y}-A_2\frac{\partial u_z}{\partial z}\right)l_x+A_3\left(-\frac{\partial u_y}{\partial x}-\frac{\partial u_x}{\partial y}\right)l_y+A_3\left(-\frac{\partial u_z}{\partial x}-\frac{\partial u_x}{\partial z}\right)l_z \quad（4.61）$$

$l_x=\cos(n,x),l_y=\cos(n,y),l_z=\cos(n,z)$ 为方向余弦；n 为边界法线方向。

将固体变形的平衡微分方程式（3.41）和几何方程式（3.42）代入式（4.61）可得

$$F_x=\sigma_x l_x+\tau_{xy}l_y+\tau_{xz}l_z$$

表明 F_x 为作用在边界上 x 方向的面力。

将位移用插值形函数表示

$$u_x=\sum_i N_i u_{xi} \quad（4.62）$$

$$\delta u_x=\sum_i N_i\delta u_{xi} \quad（4.63）$$

将式（4.62）和式（4.63）代入式（4.60）中可得 x 方向位移的有限元单元刚度方程：

$$[k_{11}]\{u_x\}+[k_{12}]\{u_y\}+[k_{13}]\{u_z\}+[k_{14}]\{p\}=\{f_1\} \quad（4.64）$$

其中，

$$[k_{11}]=\int\left(A_1\frac{\partial N_i}{\partial x}\frac{\partial N_j}{\partial x}+A_3\frac{\partial N_i}{\partial y}\frac{\partial N_j}{\partial y}+A_3\frac{\partial N_i}{\partial z}\frac{\partial N_j}{\partial z}\right)\mathrm{d}V \quad（4.65）$$

$$[k_{12}]=\int\left(A_2\frac{\partial N_i}{\partial y}\frac{\partial N_j}{\partial x}+A_3\frac{\partial N_i}{\partial x}\frac{\partial N_j}{\partial y}\right)\mathrm{d}V \quad（4.66）$$

$$[k_{13}]=\int\left(A_2\frac{\partial N_i}{\partial z}\frac{\partial N_j}{\partial x}+A_3\frac{\partial N_i}{\partial x}\frac{\partial N_j}{\partial z}\right)\mathrm{d}V \quad（4.67）$$

$$[k_{14}]=-\int\left(N_i\frac{\partial N_j}{\partial x}\right)\mathrm{d}V \quad（4.68）$$

$$\{f_1\}=-\int\left(F_x N_j\right)\mathrm{d}s \quad（4.69）$$

同理可得 y 方向位移的有限元单元刚度方程为

$$[k_{21}]\{u_x\}+[k_{22}]\{u_y\}+[k_{23}]\{u_z\}+[k_{24}]\{p\}=\{f_2\} \quad（4.70）$$

其中，

$$[k_{21}] = \int \left(A_2 \frac{\partial N_i}{\partial x} \frac{\partial N_j}{\partial y} + A_3 \frac{\partial N_i}{\partial y} \frac{\partial N_j}{\partial x} \right) \mathrm{d}V \qquad (4.71)$$

$$[k_{22}] = \int \left(A_3 \frac{\partial N_i}{\partial x} \frac{\partial N_j}{\partial x} + A_1 \frac{\partial N_i}{\partial y} \frac{\partial N_j}{\partial y} + A_3 \frac{\partial N_i}{\partial z} \frac{\partial N_j}{\partial z} \right) \mathrm{d}V \qquad (4.72)$$

$$[k_{23}] = \int \left(A_2 \frac{\partial N_i}{\partial z} \frac{\partial N_j}{\partial y} + A_3 \frac{\partial N_i}{\partial y} \frac{\partial N_j}{\partial z} \right) \mathrm{d}V \qquad (4.73)$$

$$[k_{24}] = -\int \left(N_i \frac{\partial N_j}{\partial y} \right) \mathrm{d}V \qquad (4.74)$$

$$\{f_2\} = -\int \left(F_y N_j \right) \mathrm{d}s \qquad (4.75)$$

F_y 为作用在边界上 y 方向的面力。

z 方向位移的有限元单元刚度方程为

$$[k_{31}]\{u_x\} + [k_{32}]\{u_y\} + [k_{33}]\{u_z\} + [k_{34}]\{p\} = \{f_3\} \qquad (4.76)$$

其中,

$$[k_{31}] = \int \left(A_2 \frac{\partial N_i}{\partial x} \frac{\partial N_j}{\partial z} + A_3 \frac{\partial N_i}{\partial z} \frac{\partial N_j}{\partial x} \right) \mathrm{d}V \qquad (4.77)$$

$$[k_{32}] = \int \left(A_2 \frac{\partial N_i}{\partial y} \frac{\partial N_j}{\partial z} + A_3 \frac{\partial N_i}{\partial z} \frac{\partial N_j}{\partial y} \right) \mathrm{d}V \qquad (4.78)$$

$$[k_{33}] = \int \left(A_3 \frac{\partial N_i}{\partial x} \frac{\partial N_j}{\partial x} + A_3 \frac{\partial N_i}{\partial y} \frac{\partial N_j}{\partial y} + A_1 \frac{\partial N_i}{\partial z} \frac{\partial N_j}{\partial z} \right) \mathrm{d}V \qquad (4.79)$$

$$[k_{34}] = -\int \left(N_i \frac{\partial N_j}{\partial z} \right) \mathrm{d}V \qquad (4.80)$$

$$\{f_3\} = -\int \left(F_z N_j \right) \mathrm{d}s \qquad (4.81)$$

(二) 塑性问题

取位移作为基本变量,其形函数为 N。在空间域采用标准的 Galerkin 加权余量法对控制方程进行离散化。引入相应的边界条件,可得空间半离散化的有限元方程组:

$$K_{ep} u = Q \qquad (4.82)$$

式中, u 为位移向量; $K_{ep} = \sum_e K_{ep}^e$, $K_{ep}^e = \int_{V_e} B^{\mathrm{T}} D_{ep} B \mathrm{d}V_e$, $B = \nabla N$, D_{ep} 为弹塑性矩阵, V_e 为单元体积; $Q = \sum_e Q_t^e$, $Q_t^e = \int_{V_e} N^{\mathrm{T}} F \mathrm{d}V_e + \int_{V_e} B^{\mathrm{T}} \overline{P} \mathrm{d}V_e + \int_{S_e} N^{\mathrm{T}} \overline{T} \mathrm{d}S$, S 为边界, $\overline{P}$ 为孔隙压力, $\overline{T}$ 为边界应力。

对于塑性问题,应力状态与路径相关,故通常采用增量的方式处理,将加载过程划分为若干增量步,按照以下步骤计算。

(1) 根据上一步的应力状态组装一致切线矩阵,线性化弹塑性本构关系,并形成增量有限元方程组:

$$\boldsymbol{K}_{\mathrm{ep}}\Delta\boldsymbol{u}=\Delta\boldsymbol{Q} \tag{4.83}$$

其中，

$$\Delta\boldsymbol{u}=\sum_{e}\Delta\boldsymbol{u}^{e}, \quad \Delta\boldsymbol{Q}={}^{t+\Delta t}\boldsymbol{Q}_{l}-{}^{t}\boldsymbol{Q}_{i}=\sum_{e}{}^{t+\Delta t}\boldsymbol{Q}_{l}^{e}-\sum_{e}{}^{t}\boldsymbol{Q}_{i}^{e}$$

$${}^{t+\Delta t}\boldsymbol{Q}_{l}^{e}=\int_{V_{e}}\boldsymbol{N}^{\mathrm{T}\,t+\Delta t}\boldsymbol{F}\mathrm{d}V+\int_{V_{e}}\nabla\boldsymbol{N}^{\mathrm{T}t+\Delta t}\overline{\boldsymbol{P}}\mathrm{d}V+\int_{S_{e}}\boldsymbol{N}^{\mathrm{T}\,t+\Delta t}\overline{\boldsymbol{T}}\mathrm{d}S, \quad {}^{t}\boldsymbol{Q}_{i}^{e}=\int_{V_{e}}\boldsymbol{B}^{\mathrm{T}\,t}\boldsymbol{\sigma}\mathrm{d}V$$

（2）求解增量有限元方程，每个增量步或每次迭代 $\boldsymbol{K}_{ep}$ 都可能发生局部变化：

$${}^{t+\Delta t}\boldsymbol{K}_{\mathrm{ep}}^{(n)}\Delta\boldsymbol{a}^{(n)}=\Delta\boldsymbol{Q}^{(n)} \qquad (n=0,1,2\cdots) \tag{4.84}$$

n 为迭代次数，其中，

$${}^{t+\Delta t}\boldsymbol{K}_{\mathrm{ep}}^{(n)}=\sum_{e}\int_{V_{e}}\boldsymbol{B}^{\mathrm{T}\,t+\Delta t}\boldsymbol{D}_{\mathrm{ep}}^{(n)}\boldsymbol{B}\mathrm{d}V,$$

$${}^{t+\Delta t}\boldsymbol{D}_{\mathrm{ep}}^{(n)}=\boldsymbol{D}_{\mathrm{ep}}\left({}^{t+\Delta t}\boldsymbol{\sigma}^{(n)},{}^{t+\Delta t}\boldsymbol{\alpha}^{(n)},{}^{t+\Delta t}\overline{\boldsymbol{\varepsilon}}_{p}^{(n)}\right)$$

$$\Delta\boldsymbol{Q}^{(n)}={}^{t+\Delta t}\boldsymbol{Q}_{l}-\sum_{e}\int_{V_{e}}\boldsymbol{B}^{\mathrm{T}\,t+\Delta t}\boldsymbol{\sigma}^{(n)}\mathrm{d}V$$

当 $n=0$ 时，

$${}^{t+\Delta t}\boldsymbol{\sigma}^{(0)}={}^{t}\boldsymbol{\sigma}, \quad {}^{t+\Delta t}\boldsymbol{\alpha}^{(0)}={}^{t}\boldsymbol{\alpha}, \quad {}^{t+\Delta t}\overline{\boldsymbol{\varepsilon}}_{\mathrm{p}}^{(0)}={}^{t}\overline{\boldsymbol{\varepsilon}}_{\mathrm{p}} \tag{4.85}$$

由增量有限元方程组求得 $\Delta\boldsymbol{u}^{(n)}$：

$${}^{t+\Delta t}\boldsymbol{u}^{(n+1)}={}^{t+\Delta t}\boldsymbol{u}^{(n)}+\Delta\boldsymbol{u}^{(n)} \tag{4.86}$$

（3）决定弹塑性状态，积分平衡方程，得到新的应力状态。

（a）利用几何关系计算应变增量：

$$\Delta\boldsymbol{\varepsilon}^{(n)}=\boldsymbol{B}\Delta\boldsymbol{u}^{(n)} \tag{4.87}$$

（b）按弹性关系计算应力增量的预测值和应力的预测值：

$$\Delta\tilde{\boldsymbol{\sigma}}^{(n)}=\boldsymbol{D}_{\mathrm{e}}\Delta\boldsymbol{\varepsilon}^{(n)}$$
$${}^{t+\Delta t}\tilde{\boldsymbol{\sigma}}^{(n+1)}={}^{t+\Delta t}\boldsymbol{\sigma}^{(n)}+\Delta\tilde{\boldsymbol{\sigma}}^{(n)} \tag{4.88}$$

（c）计算屈服函数值 $F\left({}^{t+\Delta t}\tilde{\boldsymbol{\sigma}}^{(n+1)},{}^{t+\Delta t}\boldsymbol{\alpha}^{(n)},{}^{t+\Delta t}\overline{\boldsymbol{\varepsilon}}_{\mathrm{p}}^{(n)}\right)$，分为以下三种情况。

i. 若 $F\left({}^{t+\Delta t}\tilde{\boldsymbol{\sigma}}^{(n+1)},{}^{t+\Delta t}\boldsymbol{\alpha}^{(n)},{}^{t+\Delta t}\overline{\boldsymbol{\varepsilon}}_{\mathrm{p}}^{(n)}\right)\leqslant 0$，则该积分点为弹性加载，或由塑性按弹性卸载，这时有 $\Delta\boldsymbol{\sigma}^{(n)}=\Delta\tilde{\boldsymbol{\sigma}}^{(n)}$。

ii. 若 $F\left({}^{t+\Delta t}\tilde{\boldsymbol{\sigma}}^{(n+1)},{}^{t+\Delta t}\boldsymbol{\alpha}^{(n)},{}^{t+\Delta t}\overline{\boldsymbol{\varepsilon}}_{\mathrm{p}}^{(n)}\right)>0$，且 $F\left({}^{t+\Delta t}\boldsymbol{\sigma}^{(n)},{}^{t+\Delta t}\boldsymbol{\alpha}^{(n)},{}^{t+\Delta t}\overline{\boldsymbol{\varepsilon}}_{\mathrm{p}}^{(n)}\right)<0$，则该积分点为由弹性进入塑性的过渡情况，应由

$$F\left({}^{t+\Delta t}\boldsymbol{\sigma}^{(n)}+m\Delta\tilde{\boldsymbol{\sigma}}^{(n)},{}^{t+\Delta t}\boldsymbol{\alpha}^{(n)},{}^{t+\Delta t}\overline{\boldsymbol{\varepsilon}}_{\mathrm{p}}^{(n)}\right)=0$$

来计算弹性因子 m（$0\leqslant m\leqslant 1$）。该式隐含着假设在增量过程中应变成比例的变化。

iii. 若 $F\left({}^{t+\Delta t}\tilde{\boldsymbol{\sigma}}^{(n+1)},{}^{t+\Delta t}\boldsymbol{\alpha}^{(n)},{}^{t+\Delta t}\overline{\boldsymbol{\varepsilon}}_{\mathrm{p}}^{(n)}\right)>0$，且 $F\left({}^{t+\Delta t}\boldsymbol{\sigma}^{(n)},{}^{t+\Delta t}\boldsymbol{\alpha}^{(n)},{}^{t+\Delta t}\overline{\boldsymbol{\varepsilon}}_{\mathrm{p}}^{(n)}\right)=0$，则该积分点为塑性继续加载，这时令 $m=0$。

（d）计算各个单元的应力增量 $\Delta\boldsymbol{\sigma}^{(n)}$、$\Delta\boldsymbol{\alpha}^{(n)}$、$\Delta\overline{\boldsymbol{\varepsilon}}_{\mathrm{p}}^{(n)}$。

弹性部分 $\Delta \boldsymbol{\sigma}'^{(n)} = m \boldsymbol{D}_{\mathrm{e}} \Delta \boldsymbol{\varepsilon}^{(n)}$

塑性部分 $\Delta \boldsymbol{\sigma}''^{(n)} = \int_0^{(1-m)\Delta \varepsilon^{(n)}} \boldsymbol{D}_{\mathrm{ep}}^{(n)} \mathrm{d}\boldsymbol{\varepsilon}$

$$\Delta \boldsymbol{\sigma}^{(n)} = \Delta \boldsymbol{\sigma}'^{(n)} + \Delta \boldsymbol{\sigma}''^{(n)} \tag{4.89}$$

（e）计算本迭代步结束时刻的 $^{t+\Delta t}\boldsymbol{\sigma}^{(n+1)}$、$^{t+\Delta t}\boldsymbol{\alpha}^{(n+1)}$、$^{t+\Delta t}\overline{\boldsymbol{\varepsilon}}_{\mathrm{p}}^{(n+1)}$。

$$^{t+\Delta t}\boldsymbol{\sigma}^{(n+1)} = {}^{t+\Delta t}\boldsymbol{\sigma}^{(n)} + \Delta \boldsymbol{\sigma}^{(n)}$$

$$^{t+\Delta t}\boldsymbol{\alpha}^{(n+1)} = {}^{t+\Delta t}\boldsymbol{\alpha}^{(n)} + \Delta \boldsymbol{\alpha}^{(n)}$$

$$^{t+\Delta t}\overline{\boldsymbol{\varepsilon}}_{\mathrm{p}}^{(n+1)} = {}^{t+\Delta t}\overline{\boldsymbol{\varepsilon}}_{\mathrm{p}}^{(n)} + \Delta \overline{\boldsymbol{\varepsilon}}_{\mathrm{p}}^{(n)}$$

（4）检查平衡条件，决定是否进行新的迭代。

采用位移收敛准则：

$$\left\| \Delta \boldsymbol{u}^{(n)} \right\| \leqslant \mathrm{er}_D \left\| {}^t \boldsymbol{u} \right\| \tag{4.90}$$

（三）流固耦合

采用 CVFEM 方法求解流体系统时，在原有的网格系统（二维三角形、三维四面体）中重新构建一套对偶网格，流体方程的离散在对偶网格上完成。而对于固体系统，仍然采用 FEM 在原来的网格系统上离散（Pillinger，1992）。如图 4.10 所示，CVFEM 求解得到的流体系统变量（p_g、S_w、S_h、T）均位于控制体的中心，这些控制体的中心是原网格的节点。对于固体系统来说，采用 FEM 求解得到的变量（$\boldsymbol{u}, \boldsymbol{\sigma}, \boldsymbol{\varepsilon}$）位于原网格的节点上，这些节点恰好是流体系统求解的控制体的中心。因此，采用 CVFEM 处理流体系统后进行流固耦合计算时可以确保流体系统和固体系统的变量在空间上是重合的（Co-located），避免了插值计算。上述流固耦合的算法思路可以拓展到任意网格（Wani et al.，2023）。

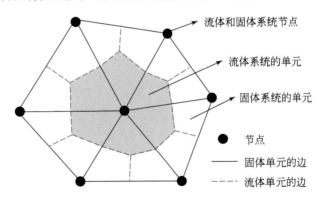

图 4.10　流固耦合计算时的节点和单元分配

四、边界条件的处理

（一）渗流边界条件

由第三章第五节分析可知，渗流边界条件主要有两种：定压力和定流量，两种边界条件分别要对压力方程和水饱和度方程进行处理。如图 4.11 所示，当某个节点位于边界上时，控制体的边界则由原来三角形网格中的中心与边中点的连线（蓝色）和位于边界上的三角形边（红色）组成。

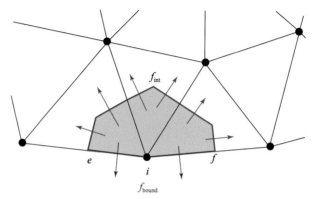

图 4.11　CVFEM 边界单元示意图

节点 i 的压力离散方程可以写为

$$
\begin{aligned}
&\sum_j \int_{T_j/3}\left(\frac{\partial \varepsilon_{vi}}{\partial t}+\sum_l N_l\left(\phi c_t\right)\frac{\partial p_{gl}}{\partial t}\right)\mathrm{d}\boldsymbol{x}-\sum_j f_{i,j} \\
&+\sum_j \int_{T_j/3}\left(\sum_l 2\rho_g g c_g k\lambda_g p_{gl}\frac{\partial N_l}{\partial z}+\sum_l 2\rho_w g c_w \lambda_w p_{gl}\frac{\partial N_l}{\partial z}\right)\mathrm{d}\boldsymbol{x} \\
&-\sum_j \int_{T_j/3}k\left(c_g\lambda_g+c_w\lambda_w\right)\left(\sum_l \nabla N_l p_{gl}\right)^2\mathrm{d}\boldsymbol{x} \\
&=\sum_j \int_{T_j/3}\left(\frac{m_g}{\rho_g}+\frac{m_w}{\rho_w}-\frac{m_h}{\rho_h}-\nabla\cdot\left(k\lambda_w\nabla p_c\right)+\phi\frac{\partial p_c}{\partial t}\right)\mathrm{d}\boldsymbol{x}
\end{aligned}
\tag{4.91}
$$

式中，T_j 为 i 节点周围的三角形单元，如图 4.11 中的 T_1、T_2、T_3；$f_{i,j}$ 为 i 节点周围三角形单元 T_j 内部的控制体边界（蓝色线）的流量。从式（4.91）可以看出，CVFEM 的离散格式（4.48）实际上给出了图 4.11 中控制体蓝色边界上的流量（气和水的总流量），而没有给出边界上（红色）的流量。蓝色边界上的流量则需要通过边界条件来补充，而针对不同的边界条件，其处理方式又存在差异。

1. 定压边界

当边界为定压时，对于压力方程式（4.48），采用对角线扩大法处理（章本照，1986）。假设定压边界上的节点序号为 $n_1,n_2,\ldots,n_r$，对应的变量为 $p_1,p_2,\ldots,p_r$；修正方法是将刚度矩阵 $\{A_{nn}\}$ 中相应本质边界节点序号对应的对角线元素乘以一个大数，比如 10^{20}，其他元素不动，同时将右端项 $\{f_n\}$ 中对应的 $f_{n_1},f_{n_{21}},\cdots,f_{n_r}$ 改为 $10^{20}f_{n_1}A_{n_1},10^{20}f_{n_2}A_{n_2},\cdots,10^{20}f_{n_r}A_{n_r}$，如式（4.92）所示。需要注意的是，对角线所乘的大数理论上越大越好，但是需要考虑到计算机的数据类型存储长度的限制。

$$\begin{bmatrix} A_{11} & \cdots & A_{1\lambda n} & \cdots & A_{1N} \\ \vdots & & \vdots & & \vdots \\ A_{n\lambda 1} & \cdots & 10^{20}A_{n\lambda n\lambda} & \cdots & A_{n\lambda N} \\ \vdots & & \vdots & & \vdots \\ A_{N1} & \cdots & A_{Nn\lambda} & \cdots & A_{NN} \end{bmatrix} \begin{bmatrix} p_1 \\ \vdots \\ p_\lambda \\ \vdots \\ p_N \end{bmatrix} = \begin{bmatrix} f_1 \\ \vdots \\ 10^{20}A_{n\lambda n\lambda}p_\lambda \\ \vdots \\ f_N \end{bmatrix} \tag{4.92}$$

经过对角线扩大处理后，n_r 行的其他元素相比于对角线元素可以忽略不计，则 n_r 方程可以近似处理为：$10^{20}A_{n\lambda n\lambda}p_{n\lambda}=10^{20}A_{n\lambda n\lambda}p_\lambda$，即 $p_{n\lambda}=p_\lambda$。对角线扩大法处理定压边界条件实际上是将边界上原本的质量守恒方程消除了，而用 $p_{n\lambda}=p_\lambda$ 这样一个恒等式替代，从而确保系数矩阵维数不变。因此，定压边界时，压力方程中不再需要补充图 4.11 中边界（红色线）上的流量。

边界为定流量时，与压力方程类似，水饱和度方程式（4.49）中也需要补充边界上的流量。当边界为定压力时，与压力方程不同，水饱和度无法通过对角线扩大法直接赋值压力边界条件，需要计算一个边界上的等效水流量放入式（4.49）的右端项中。下边给出一个利用压力方程计算边界上流量的方法。

式（4.91）可以改写为如下形式：
$$A_i \boldsymbol{p}^T = f_{\text{int}} + q \tag{4.93}$$
式中，A_i 为 i 节点压力的系数；$\boldsymbol{p}$ 为所有节点的压力向量；f_{int} 为控制体 i 周围单元内部的控制体边界（图 4.11 蓝色线）的流量（气和水的总流量）；q 为源汇项（水合物相变等）。

式（4.93）是式（4.92）在对角线扩大处理前中的某一个方程（即某一行）。根据质量守恒，节点 i 的压力方程应当为
$$A_i \boldsymbol{p}^T = f_{\text{int}} + f_{\text{bound}} + q \tag{4.94}$$
式中，f_{bound} 为控制体 i 位于边界（图 4.11 的红色线）上的气和水的总流量。对比式（4.93）和式（4.94）可知，控制方程的离散格式中没有包含边界对应的流量，该流量需要通过边界条件的处理来引入。对于定压边界来说，式（4.93）实际上在定义边界条件处理时被划掉了，没有进行求解。然而式（4.94）的质量守恒方程是仍然需要满足的。因此，在定压力条件下，所有节点的压力已经利用对角线扩大法求解，即式（4.94）中的 $\boldsymbol{p}$ 是已知的，则边界上的流量可以直接计算：
$$f_{\text{bound}} = f_{\text{int}} + q - A_i \boldsymbol{p}^T \tag{4.95}$$
式（4.95）计算得到的边界流量 f_{bound} 是气和水的总流量，可以利用流度比计算水的流量：
$$f_{\text{bound\_water}} = f_{\text{bound}} \frac{\lambda_w}{\lambda_w + \lambda_g} \tag{4.96}$$

上述关于水饱和度边界条件的推导是基于隐式压力-显式饱和度（implicit pressure-explicit Saturation，IMPES）的求解方法，即先计算压力，再计算水饱和度。当使用全隐（simultaneous solution，SS）方法，即同时求解压力和水饱和度时，可以将式（4.95）中的压力项 $A_i \boldsymbol{p}^T$ 作为未知量放在饱和度方程中。

2. 定流量边界

相比于定压力边界，定流量边界的处理要容易得多，可以直接将边界的流量放入压力

方程式（4.91）或者水饱和度方程式（4.49）的右端项中。然而，通常给定的边界上的流量是某边界上的总流量，需要将总流量分配到边界节点上，分配方式如下：

$$f_{\text{bound},i} = f \frac{A_i \lambda_i}{\sum\limits_j A_j \lambda_j} \tag{4.97}$$

式中，$f_{\text{bound},i}$ 为节点 i 的边界上的流量；A_i 为节点 i 的控制体边界在边界上的面积，在二维问题中，为图 4.11 所示的红色线长度乘以 1；三维问题中，A_i 为控制体 i 在边界上的面的面积。

（二）传热边界条件

1. 定温边界

定温边界条件属于第一类边界条件（Dirichlet 条件），即固定边界上的温度，其处理方式与渗流场的定压边界处理相同。采用式（4.92）的对角线扩大法，将边界上的温度固定。

2. 定热流量

定热流量条件属于第二类边界条件（Neumann 条件），即固定边界上的热流量：

$$\lambda \frac{\partial T}{\partial n}\bigg|_B = Q_B \tag{4.98}$$

式中，λ 为导热系数；Q_B 为热流密度；$\frac{\partial T}{\partial n}$ 为边界上的压力梯度；B 为边界。对于温度控制方程来说，定热流量边界是自然边界条件，可以直接将其代入温度的离散方程式（4.52）的最后一项中。

3. 对流换热边界

对流换热条件是第三类边界条件（Robin 条件），即进入边界的热流量与边界的温度有关：

$$\lambda \frac{\partial T}{\partial n}\bigg|_B = h_B (T_B - T_0) \tag{4.99}$$

式中，T_B 为边界温度；T_0 为环境温度；h_B 为对流换热系数。

式（4.99）的处理又可以采取两种方式：显式和隐式。显式处理是将 T_B 取上一时刻或者上一迭代步的值，即 T_B 是已知的，此时可以类似第二类边界条件的处理，直接将其作为自然边界条件代入控制方程中。隐式处理则取 T_B 为当前时刻的值，该值是未知的。式（4.99）代入控制方程中，将 T_B 项移到方程的左边并叠加到对应的系数中去。

（三）固体系统边界条件

1. 位移边界条件

位移是直接求解变量，固定位移边界条件可以采取与渗流场中的定压力条件相同的处理方式，即对角线扩大法。

2. 应力边界条件

应力边界是给定边界上的分布力：

$$\boldsymbol{\sigma} = \boldsymbol{\sigma}_B(x, y, z, t) \tag{4.100}$$

边界条件处理时需要将这些分布力转换为节点上的集中力并作为荷载叠加到固体系统方程的右端项中。节点上的等效集中力为

$$\boldsymbol{F}_{s} = \iint_{A} \boldsymbol{N}^{\mathrm{T}} \boldsymbol{\sigma}_B \mathrm{d}A \tag{4.101}$$

式中，N 为边界单元上的插值形函数；A 为边界面积。

3. 集中力条件

集中力条件则直接在对应的节点上叠加对应的集中力。为了处理方便，集中力作用的位置处可以安排一个网格节点或者将集中力作用在邻近的网格节点上。

（四）井筒处理

井筒处理是油气藏数值模拟中非常关键的一个步骤。油气藏数值模拟中，作为流体的流入/流出通道，井筒通常是整个系统的驱动力。严格意义上来说，井筒是一个内边界条件，可以根据井筒条件来施加对应的边界条件（Dirichlet、Neumann 和 Robin 条件）。然而，井筒的半径通常小于 0.1m，远远小于储层的尺寸。如果将井筒视内边界来处理，由于井筒尺度过小，井筒附近一个小范围的压力梯度非常大，这样就要求井筒附近的网格非常密。过密的网格会带来计算效率的损失和过小的时间步长。为了解决上述问题，学者引入了井筒模型来专门处理井筒条件。井筒模型的主要目的是在给定流量条件下计算井筒压力或者在给定井筒压力条件下计算流量。油藏数值模拟领域有两种类型的井筒模型：①源汇项井筒模型（source/sink well model，SSWM）（Schwabe and Brand，1967）；②井眼模型（hole well model，HWM）（Wolfsteiner and Durlofsky，2002）和扩展井眼模型（extended hole well model，EHWM）。

1. SSWM

SSWM 将井筒视作源汇项，并将该源/汇项放入控制方程式（4.1）和式（4.2）中，源/汇强度就是开采/注入流量。SSWM 的关键是将网格节点压力与井筒压力关联起来。最早提出 SSWM 的是 Peaceman，其推导过程如下。

单相各向同性径向流动条件下的压力解析解可以表示为

$$p(r) = p_{\mathrm{wf}} - \frac{\mu q}{2\pi k h} \ln\left(\frac{r}{r_{\mathrm{w}}}\right) \tag{4.102}$$

式中，$p(r)$ 为距井筒 r 处的压力；p_{wf} 为井筒压力；μ 为黏度；k 为渗透率；h 为储层厚度；q 为井筒流量；r_{w} 为井筒半径。

如图 4.12 所示，在使用有限差分方法对单相各向同性径向流动的控制方程进行离散时，差分格式可以写为

$$\frac{kh}{\mu}(4p_0 - p_1 - p_2 - p_3 - p_4) = q \tag{4.103}$$

式中，$p_i (i = 0, 1, 2, 3, 4)$ 为节点 i 的压力，根据对称性可得 $p_1 = p_2 = p_3 = p_4$。需要注意的是，虽然节点 0 包含井筒，但该节点的压力 p_0 并不是井筒压力，而是井筒所在网格的压力，这是一个非常重要的概念。

图 4.12 中节点 1 的压力可以用式（4.102）的解析解计算：

$$p_1 = p_{wf} - \frac{\mu q}{2\pi kh}\ln\left(\frac{\Delta h}{r_w}\right)$$
（4.104）

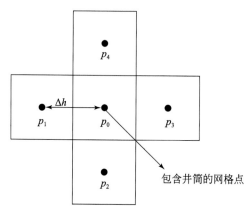

图 4.12　正方形网格的有限差分格式（Chen et al.，2006）

将式（4.103）代入式（4.104），并注意到 $p_1 = p_2 = p_3 = p_4$，可得

$$p_0 = p_{wf} + \frac{q\mu}{2\pi kh}\ln\left(\frac{e^{-\frac{\pi}{2}}\Delta h}{r_w}\right) = p_{wf} + \frac{q\mu}{2\pi kh}\ln\left(\frac{r_e}{r_w}\right)$$
（4.105）

式中，$r_e = e^{-\frac{\pi}{2}}\Delta h$ 为等效井径。

对比式（4.102）和式（4.105）可知：井所在的网格节点的压力等于等效井径处的压力，该压力不是井筒压力。从上述推导过程可以看出，利用单相渗流的解析解，将井筒所在网格节点的压力与井筒压力相关联。当井筒为给定压力条件时（即 p_{wf} 已知），则通过式（4.105）可以计算得到等效流量（源汇项），将该流量直接代入控制方程中即可求解。再次强调，通过上述方式求解得到的井筒所在网格节点的压力不是井筒压力。当井筒为定流量条件时（即 p_{wf} 未知），可以将该流量直接代入控制方程中求解，得到所有网格节点的压力，再将计算得到的井筒所在网格节点的压力 p_0 代入式（4.105）即可得到井筒压力 p_{wf}。上述推导过程可以拓展到各向异性地层和多相渗流中（Chen et al.，2006）。

上述推导过程中利用了有限差分方法的计算格式，即井筒模型与使用的数值方法有关。对于控制体积有限元法来说，等效井径可以使用式（4.106）计算：（Chen et al.，2003，2006）

$$r_e = \sqrt{\frac{V_0}{\pi}}$$
（4.106）

式中，V_0 为井筒所在网格节点的控制体的体积。

2. HWM/EHWM

SSWM 是将井筒处理为源汇项并放入控制方程中进行处理，井筒不体现在几何模型上。从严格意义上来说，SSWM 已经不是边界条件的处理。HWM 则是用一个井眼来表示井筒，如图 4.13 所示，井眼用一个圆或者圆柱来表示。HWM 中井筒体现在几何模型上，井筒半径表示井眼的圆/圆柱的半径。在 HWM 中，井筒上可以直接根据生产条件赋相应的边界条件，如流量边界条件可以将流量分配到井筒边界上的各个节点上，压力边界条件则可以给井筒边界的网格点赋相应的压力。因此，HWM 是最直观、最简单、数值处理最方便的井筒处理方法。然而，如前文所述，由于井筒半径尺寸与储层相比要小得多，这样将井筒直接体现在几何模型上的处理方法会造成网格量过大，计算效率低。更严重的是，在多相流情况下，井筒附近网格与远井地带网格尺度的过大差异容易造成非物理意义的解（张芮菡，2015）。

为了解决上述 HWM 尺度差异的问题，借鉴油气藏工程中表皮系数（有效井径）的概念（孔祥言，2010），井筒可以用一个比实际井筒尺度大得多的圆/圆柱表示，并利用解析解将圆柱上的压力/流量与井筒流量关联起来。这类模型称为扩展井眼模型（EHWM）。如图 4.13 所示，实际井筒半径为 r_w，扩展井眼半径为 r_{ex}。EHWM 利用解析解式（4.102）将井筒压力 p_{wf} 与扩展井眼处网格点的压力 p_{we} 建立联系。

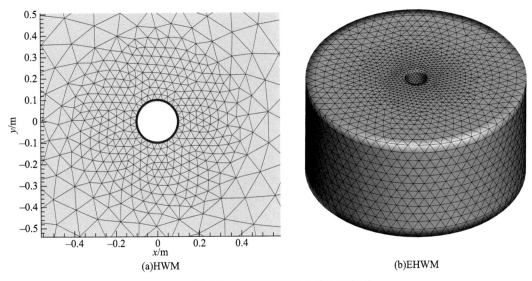

(a)HWM　　　　　　　　　　　(b)EHWM

图 4.13　HWM/EHWM 模型示意图

瞬态流动的点源解为

$$p(r,t) = p_i - \frac{q\mu}{4\pi kh}\left[-E_i\left(-\frac{\phi\mu c_t r^2}{4kt}\right)\right] \tag{4.107}$$

式中，p_i 为初始压力；r 为距井筒的距离；t 为时间；μ 为黏度；k 为渗透率；h 为厚度；q 为井筒流量；E_i 为 E_i 函数；ϕ 为孔隙度；c_t 为综合压缩系数。

因此，实际井眼处的压力为

$$p_{wf} = p_i - \frac{q\mu}{4\pi kh}\left[-E_i\left(-\frac{\phi\mu c_t r_w^2}{4kt}\right)\right] \tag{4.108}$$

同理，扩大后的井眼 r_{ex} 处的压力可以表示为

$$p_{we} = p_i - \frac{q\mu}{4\pi kh}\left[-E_i\left(-\frac{\phi\mu c_t r_{ex}^2}{4kt}\right)\right] \tag{4.109}$$

式（4.108）和式（4.109）联立并消去流量 q 可得

$$p_{we} = p_i - (p_i - p_{wf})\frac{E_i\left(-\dfrac{\phi\mu c_t r_{ex}^2}{4kt}\right)}{E_i\left(-\dfrac{\phi\mu c_t r_w^2}{4kt}\right)} \tag{4.110}$$

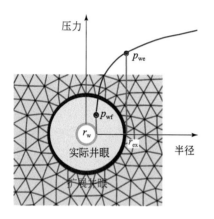

图 4.14　EHWM 的计算示意图

EHWM 将扩展井眼内部的流动用解析解来计算，建立扩展井眼和实际井眼的关系（图 4.14）。扩展井眼半径可以根据问题规模确定，通常可以选择为井筒半径的 10 倍左右。对比 EHWM 和 SSWM 可知，EHWM 将"等效井径" r_e 体现在几何模型上，在建立几何模型时 r_e 就确定了；SSWM 的 r_e 则不体现在几何模型上，其值根据网格尺寸、数值离散格式确定。

3. 天然气水合物开采模拟中的井筒模型讨论

上述的井筒模型均是常规油气藏数值模拟领域提出的，均用到了径向渗流的解析解。然而，该解析解无法准确描述天然气水合物储层中的渗流过程，因此，SSWM 和 EHWM 在天然气水合物数值模拟中的适用性有待进一步确认。本节介绍 TOUGH+HYDRATE 数值模拟器中的井筒处理方法，并讨论 SSWM 和 EHWM 在天然气水合物数值模拟应用中可能存在的问题。

1）TH 模拟器中的井筒模型

SSWM 和 EHWM 均没有考虑井筒内的流动，TH 模拟器在处理井筒时则考虑了井筒内的流动，即井筒区域也属于计算区域。从严格意义上来说，井筒中的流动属于自由流动，需要用 Navier-Stokes 方程描述。然而，使用 Navier-Stokes 方程计算时，需要非常小的时间步长，导致计算效率低（Moridis and Reagan，2007）。TH 模拟器在处理井筒时将井筒也视作一种"拟多孔介质"，且井筒区域的渗透率非常大（1000～10000D，1D=0.986923×10^{-12}m^2），孔隙度为 1，且不考虑毛细管压力，相对渗透率模型采用线性关系。这种处理方式是用高渗透率和孔隙度为 1 的多孔介质流动近似模拟自由流动。Moridis 和 Reagan（2007）指出，这种处理方式的误差不超过 5%。

TH 模拟器在处理井筒时，井筒会体现在几何模型和网格上，且网格的尺度就是井筒半径，如图 4.15 所示。为了提高计算精度，将井筒附近的网格进行加密。当井条件为定流量 Q_w 条件时，则将 Q_w 作为源汇项分配到井筒的端部网格单元上；当井条件为定压力 p_{wf} 条件时，则将井筒端部的网格单元的压力设置为固定值。由于井筒的渗透率非常高，井筒网格中的流动速度非常快，其他与井筒接触的网格的流量贡献则由其本身的渗透率决定。

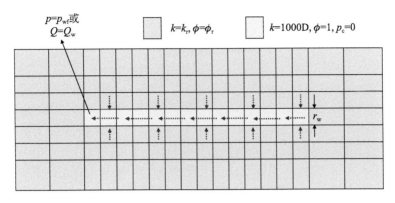

图 4.15　TH 模拟器的井筒模型

TH 模拟器在处理井筒时考虑了井筒内的流动，且将井筒内的流动处理为多孔介质渗流。这样的处理方式避免了 Navier-Stokes 流动和达西流动的耦合，可以使用一套方程同时描述储层和井筒，大大简化了计算过程。然而，这样的处理方式也存在一定的不足。作者在天然气水合物水平井开采的数值模拟中发现，井筒内由于焦耳-汤姆孙效应，易生成水合物，且随着开采的进行，井筒内水合物逐渐累积并最终造成井筒堵塞。如图 4.16 所示，800m的水平井最大的水合物饱和度达到了 0.95，而井筒内的压差则达到了 10MPa。经过分析，作者认为这是由于 TH 模拟器特殊的井筒模型造成的，并非实际情况。TH 模拟器考虑了井筒内的流动，且将井筒视作与储层孔渗参数不同的多孔介质，而目前的天然气水合物开采数值模拟中均假设水合物为不流动的固相，其在多孔介质中仅发生相变。当井筒内有水合物生成时，生成的水合物会在井筒网格上固定不动（模型假设决定的），进而逐渐累积最终出现堵塞井筒的现象。然而，在实际开采中，当井筒内发生水合物的二次生成时，生成的水合物会被井筒内快速流动的流体带走，即将井筒内的水合物假设为固定不动不符合物理实际，上述模拟出现的井筒堵塞是由于这一假设导致的。

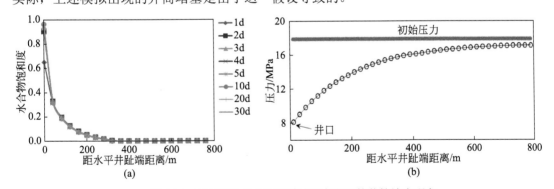

图 4.16　TH 模拟水平井开采过程中出现的井筒堵塞现象

此外，用耦合力学进行储层稳定性分析，特别是井壁稳定性分析过程中，TH 模拟器的井筒处理也存在一定的问题。井壁稳定性分析时，通常在井壁壁面上施加分布力条件（井筒内的流体压力）进行计算，如图 4.17 所示。因此，建模时井筒壁面需要作为边界条件来处理。而 TH 模拟器将井筒与储层一样处理为计算区域，故无法在井壁上施加对应的边界条件。

2）SSWM 在天然气水合物数值模拟中的应用

SSWM 在处理井筒流量时，通过引入一个等效半径的概念，确保井流量的正确。在这个过程中，井筒所在网格的压力并不是井筒压力。从式（4.105）可以看出，对于开采情况来说，井筒所在网格节点的压力始终大于实际井底压力。图 4.18 是采用 SSWM 和 HWM 计算的压力分布对比。计算时设定的井底压力为 8.3MPa。HWM 使用了真实的井筒半径，可以认为其计算结果是精确的，其井底压力与 8.3MPa 非常接近。使用 SSWM 计算时，井筒所在网格的压力为 8.9MPa。设想这样一个水合物开采情形：井底压力为 8.3MPa，水合物的相平衡压力为 8.5MPa。使用 HWM 计算可以正确获取储层中水合物的分解情况，而使用 SSWM 计算时所有网格的压力均在 8.9MPa 之上，高于水合物的相平衡压力，水合物不会发生分解，使用 SSWM 未能正确模拟实际的物理过程。随着网格、储层参数等变化，SSWM 和 HWM 之间的差异也会发生变化。此外，SSWM 没有在几何模型上显示表示井筒，也无法对井筒施加正确的力学边界条件。

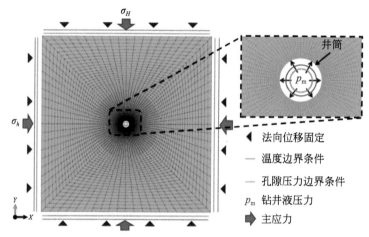

图 4.17　井壁稳定性分析的边界条件（Li et al.，2018）

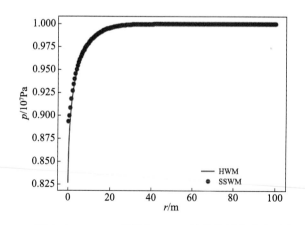

图 4.18　SSWM 模型和 HWM 计算的压力分布对比

3）HWM/EHWM 在天然气水合物数值模拟中的应用

HWM 是最精确的井筒处理方法，适用于天然气水合物的数值模拟。特别是在解决力学稳定性的流固耦合模拟中，HWM 可以方便地为流体系统和固体系统赋边界条件。为了解决井筒半径尺度过小的问题而提出的 EHWM 则存在与 SSWM 相同的问题：井眼半径由实际的 r_w 扩大到 r_e 以后，从 r_w 到 r_e 范围内的流动使用了点源解代替，忽略了水合物相变传热等其他物理场的作用。对于固体系统来说，虽然可以在扩大后的井筒壁面上赋力学边界条件，但边界条件的值与真实井眼半径处的值不相同。

综上所述，在天然气水合物的数值模拟中，HWM 是最精确、最直观、最简单的井筒处理方法，可以同时用于流体系统和固体系统的计算和分析，但是 HWM 存在网格量过大和计算效率低的问题。EHWM 与 SSWM 引入了点源解，无法反映井筒附近一定范围内的水合物相变及传热情况，在固体系统的边界条件设置上也存在一定问题，其中 SSWM 在仅考虑流体系统时可以作为一种近似的处理方法。TH 模拟器用于井筒处理存在的主要问题是长水平井中水合物二次生成的假象以及固体系统边界条件赋值的问题。因此，在需要考虑力学响应特别是井壁力学稳定性情况时，HWM 是最合适的井筒处理方法；当只考虑流体系统而不考虑固体系统时，TH 和 SSWM 是较为合适的井筒处理方法。

第三节 天然气水合物开采流固耦合数值模拟器开发

一、模拟器算法设计

基于第二节的 CVFEM 和 FEM 混合的天然气水合物多场耦合数值模拟算法，使用 C++ 语言开发了一套命令行的三维数值模拟器 QIMGHyd-THMC[①]。该模拟器可以模拟气水两相渗流、水合物相变、传热和力学响应，但模拟器没有考虑甲烷在水中的溶解，没有组分模型；水合物分解只使用动力学模型描述。与 TH 模拟器类似，模拟器所需的所有参数均通过文本文件的方式输入，计算结果以文本文件的方式输出。

（一）模拟器的流程图

模拟器采用全解耦的算法设计，即所有的主变量均依次顺序求解，在每个时间步内，增加一个迭代步以处理其中的非线性及耦合问题，计算流程图如图 4.19 所示。

（二）CVFEM 的程序设计

第二节中流体方程离散格式 CVFEM 采用了基于控制体 CV 的推导方式，即以控制体为单元对方程进行离散。在模拟器设计中，模拟器读入的网格信息均是原网格信息，控制体网格的所有信息都可以通过原网格计算获得，在建模时也只需要划分三角形/四面体网格即可。从图 4.6 可以看出，一个控制体的边界是由该控制体的三角形单元的中心和边中点的连线组成。一个控制体（一个节点）的方程是由其所有边界上的流量叠加而成。在程序

---

① 模拟器和使用说明书下载地址：https://gitee.com/wanyzh/qimghyd-thmc.

设计时，不按照控制体的顺序来计算所有边界上的流量，而是按照单元的顺序，计算单元内所有控制体边界上的流量，再按照边界所属的控制体将流量叠加到对应的方程中去。如图 4.6 所示，计算时在三角形单元 T_i 内循环，计算每个三角形中控制体边界的流量，如，对于单元 T_1 计算 $f_{i,e_{bc}}$、$f_{i,e_{cd}}$、$f_{j,e_{dc}}$、$f_{j,e_{ac}}$、$f_{k,e_{cb}}$、$f_{k,e_{ca}}$ 6 个边界流量，其中 $f_{i,e_{bc}} + f_{k,e_{cb}} = 0$、$f_{i,e_{cd}} + f_{j,e_{dc}} = 0$、$f_{j,e_{ac}} + f_{k,e_{ca}} = 0$。上述 6 个边界流量分布叠加到对应的控制体中，如 $f_{i,e_{bc}}$ 和 $f_{i,e_{cd}}$ 叠加到控制体 i 中，$f_{j,e_{dc}}$ 和 $f_{j,e_{ac}}$ 叠加到控制体 j 中，$f_{k,e_{cb}}$ 和 $f_{k,e_{ca}}$ 叠加到控制体 k 中。经过上述处理后，所有的计算都在原来三角形网格中完成，并不需要重新构建控制体网格。

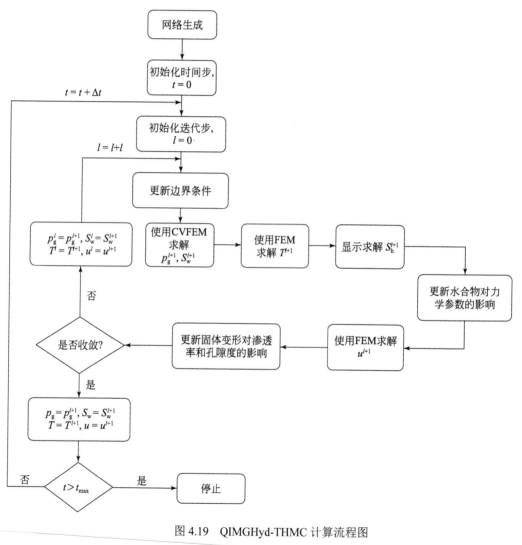

图 4.19　QIMGHyd-THMC 计算流程图

（三）自适应时间步长

流体系统的时间步长需要满足稳定性条件，采用如下的方式确定时间步长（Chen et al.，2006）：

$$\Delta t^{n+1} = \min\left(m\Delta t^n, \frac{DS_{w,max}}{\left(\dfrac{\partial S_w^{n+1}}{\partial t}\right)_{max}}, \frac{DS_{h,max}}{\left(\dfrac{\partial S_h^{n+1}}{\partial t}\right)_{max}} \right) \qquad (4.111)$$

式中，n 为时间步；$DS_{w,max}$ 和 $DS_{h,max}$ 为水饱和度和水合物饱和度允许的最大变化，默认为 0.001，可根据试算情况进行调整；$\left(\dfrac{\partial S_w^{n+1}}{\partial t}\right)_{max}$ 和 $\left(\dfrac{\partial S_h^{n+1}}{\partial t}\right)_{max}$ 为计算时所有节点上的水饱和度和水合物饱和度的最大变化率；m 为允许的时间步长变化倍数，通常设置为 1.5～2。在计算过程中，时间步长利用式（4.111）动态调整。

（四）基于 OpenMP 的并行计算

为了提高计算效率，在 QIMGHyd-THMC 中引入并行计算。目前的并行计算框架有 MPI 分布式和基于 OpenMP 的共享内存模式。OpenMP 作为共享内存标准，具有使用简单、易于实现的特点。OpenMP 在执行程序时，采用的是"Fork/Join"方式，其并行执行方式如图 4.20 所示。程序执行时只有一个主线程，串行部分均由主线程执行，并行部分由主线程和派生线程并行执行。所有线程执行完后才执行后续的串行程序。

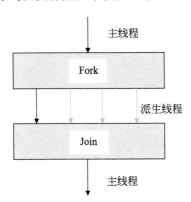

图 4.20　OpenMP 的 Fork/Join 并行执行方式

OpenMP 基于共享内存，所有处理器都被连接到一个共享的内存单元上，处理器在访问内存时使用的都是同一个内存地址空间。由于内存是共享的，因此，某一个处理器写入内存的数据可立刻被其他处理器访问到。这样就减少了通信的开销，但也带来问题，即数据竞争。因为 OpenMP 并行基本方法是循环分解法，该方法要求各个循环之间必须无相关性，数据的相关性常常会导致并行程序错误。所以，需要采用各种措施避免读、写内存时的数据竞争，这正是编写 OpenMP 并行程序的难点所在。

在有限元程序中，主要过程是计算单元刚度方程，并形成总体刚度方程，求解总体刚度方程即可得到结果。上述过程中，计算单元刚度方程是在单元内循环进行。在网格量大的情况下，此部分最为耗时。在计算单元刚度方程时，只有相邻单元之间存在影响，绝大多数单元的刚度方程计算时均不会产生相互影响，因此可以使用并行方式。为了避免相邻单元之间数据竞争，可以使用全局变量来保存每个单元的刚度方程，这样避免了可能出现的数据竞争。在计算获得所有单元的刚度方程后，再将其根据节点编号叠加为总体刚度方程进行求解。如图 4.21 所示，ke[num_ele][num_CV_edge_each_ele] 和 fe[num_ele][num_CV_edge_each_ele] 是全局变量，分别存储所有单元的刚度矩阵和右端项。在单元内并行执行循环，并动态分配线程数，单元数量为 num_ele，线程数为 num_thread 时，每个线性分配 num_ele/num_thread 个单元刚度方程的计算任务。由于 ke 和 fe 为全局变量，且不同单元计算之间不会出现同时修改 ke 和 fe 的情况，此并行可以高效执行。执行完单元刚度矩阵的并行计算后，再根据单元节点编号将 ke 和 fe 组装为总体的刚度方程，这一步串行执行。

```
//并行计算单元刚度方程
#pragma omp parallel for
for each element i=1:num_ele
    for each CV_edge j=1:num_edge[i]
        ke[i][j]=cal_matrix(i,j)
        fe[i][j]=cal_rhs(i,j)
//串行组装总体刚度方程
for row_mat i=1:num_node
    f[i]+=assemble_rhs(fe,i)
    for col_mat j=1:num_node
        k[i][j] += assemble_k(ke,i,j)
```

图 4.21 单元刚度矩阵并行计算的伪代码

QIMGHyd-THMC 在引入 OpenMP 并行计算功能后，计算加速情况如图 4.22 所示。图 4.22 给出了同一个算例在不同网格数量情况下使用 OpenMP 加速的刚度矩阵加速比和整体加速比。从图 4.22 可以看出，使用并行计算后，单元刚度矩阵的计算速度提高了近 30 倍，且随着网格量的增大，加速比增加；整体的计算速度提升最快可以达到 3 倍。

二、模拟器验证

采用 Masuda 开采实验、Gupta 三轴压缩开采实验和第二届国际水合物代码对比研究的算例对 QIMGHyd-THMC 模拟器进行校验和验证。

（一）Masuda 开采实验

Masuda 等（1999）进行的水合物降压开采实验是校验数值模拟器最常用的基准。该实验设计如图 4.23 所示，在长 30cm、直径 5.1cm 的 Berea 砂岩中生成水合物，一端以 2.84MPa 的定压力进行降压开采，另一端封闭。实验过程中，记录降压端的气水产出速率和封闭端的压力以及距离降压端分别为 75mm、150mm 和 225mm 位置处的温度。整个样品放置在温度为 275.15K 的空气浴中，其他参数见表 4.1。

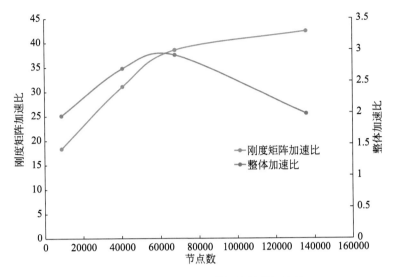

图 4.22　OpenMP 并行计算的加速比

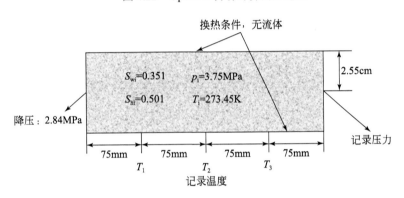

图 4.23　Masuda 开采实验模型示意图

表 4.1　Masuda 开采实验参数

参数	数值	参数	数值
空气浴温度 T_a	275.15K	临界水合物饱和度 S_{hc}	1×10^{-4}
岩心初始温度 T_i	275.45K	对流换热系数 h_a	41.8W/(m²·K)[b]
岩心初始压力 p_i	3.75MPa	水合物相平衡偏离温度 T_d	0.98K
降压端压力 p_0	2.84MPa	绝对渗透率递减指数 n	10
初始水合物饱和度 S_{hi}	0.501[a]	相对渗透率指数 n_g, n_w	2.1, 4
初始水饱和度 S_{wi}	0.351	束缚饱和度 S_{wr}, S_{gr}	0.1, 0
绝对渗透率 k_0	97.98mD	孔隙度 ϕ	0.182

a. 水合物饱和度使用了物质平衡法重新进行了计算（Hardwick and Mathias，2018）。
b. 对流换热系数来自 Sun 等（2019）。

该实验数据完整，许多论文都尝试使用一维或二维数值模型对实验数据进行拟合（Hardwick and Mathias，2018；Liang et al.，2010；Nazridoust and Ahmadi，2007；Ruan et al.，

2012；Sun et al.，2019；Zhao et al.，2012，2016）。大多数数值模拟结果可以较好地拟合累积产气量和/或温度，但对封闭端的压力拟合较少或者拟合效果较差，仅有 Hardwick 和 Mathias（2018）以及 Sun 等（2019）的数值模拟结果同时对累积产气量、封闭端的压力和温度给出了较好的拟合。对压力较好拟合的关键是引入了一个临界渗透率模型（Hardwick and Mathias，2018）：

$$k = \begin{cases} k_{i0}\left(1-S_h\right)^n, & S_h > S_{hc} \\ k_{i0}\left\{1-\dfrac{S_h}{S_{hc}}[1-\left(1-S_h\right)^n]\right\}, & S_h \leqslant S_{hc} \end{cases} \tag{4.112}$$

式中，k_{i0} 为无水合物的绝对渗透率；S_{hc} 为临界水合物饱和度。

建立如图 4.24 所示的三维圆柱模型，并使用四面体网格对模型进行划分，利用 QIMGHyd-THMC 模拟器按照图 4.23 和表 4.1 给出的参数及边界条件进行计算。计算时，引入式（4.112）的渗透率模型。此外，由于盐分等抑制剂的影响，水合物相平衡温度的偏离值为 0.98K。该值是 Hardwick 和 Mathias（2018）在拟合实验数据时确定的。此外，空气浴的温度边界条件设置为第三类边界条件：

$$Q_a = h_a\left(T_a - T_b\right) \tag{4.113}$$

式中，Q_a 为空气浴向样品传递的热量；h_a 为对流换热系数；T_a 为空气浴的温度；T_b 为样品边界的温度。需要注意的是，本节边界关于水浴温度边界条件的处理与 TH 模拟器不同，TH 模拟器通常是将反应釜釜壁用一层网格表示，并赋值对应材料的热物理属性，然后将模型边界设置为固定温度边界条件。这种处理方式与式（4.113）所示的条件是等价的，详见第三章。

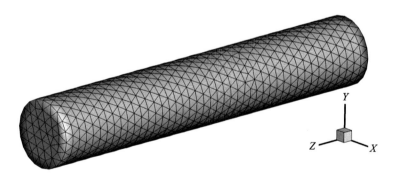

图 4.24　Masuda 开采实验的三维圆柱模型

图 4.25、图 4.26 和图 4.27 分别是 QIMGHyd-THMC 计算的累积产气量、封闭端压力和三个测点温度与实验测量结果的拟合图。从拟合结果来看，除了封闭端压力在中间阶段外，QIMGHyd-THMC 模拟器可以较好地拟合实验结果。从实验结果来看，压力在 40min 左右出现了一个回升，而模拟结果也显示了中期存在一个压力降低幅度变缓，这可能反映了水合物分解带来了一些特殊效应，有待深入研究。从拟合过程来看，封闭端的压力拟合难度最大，对渗透率参数和模型极为敏感，在引入了 Hardwick 和 Mathias（2018）提出的渗透率模型后才能做到较好的拟合。图 4.28 是 QIMGHyd-THMC 计算得到的物理场分布图，可

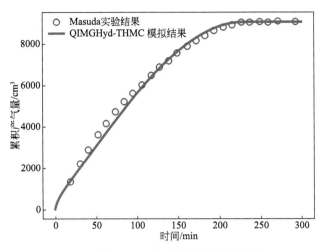

图 4.25　累积产气量的拟合结果

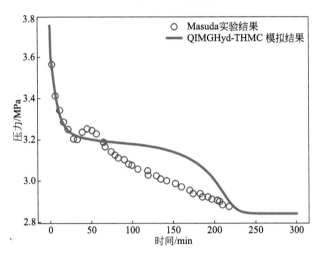

图 4.26　封闭端压力的拟合结果

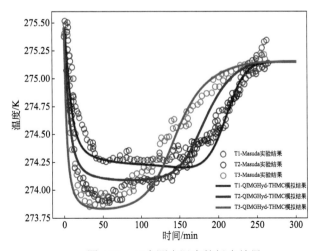

图 4.27　三个测点温度的拟合结果

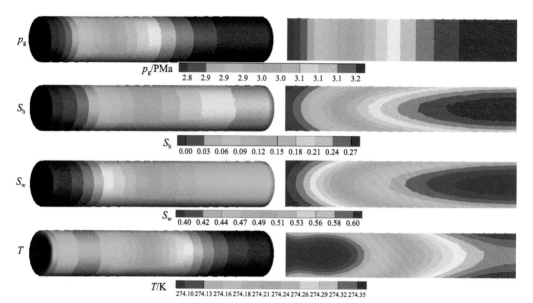

图 4.28　QIMGHyd-THMC 计算得到的物理场分布

$t=100$min，左：圆柱；右：圆柱轴线的截面

以看出，各物理场均匀且水饱和度场也没有震荡或者非物理意义的解。上述对比结果表明，QIMGHyd-THMC 模拟器可以较好地捕捉水合物非等温多相渗流及水合物相变的行为。

（二）Gupta 三轴压缩开采实验

Masuda 开采实验没有考虑力学响应过程，在使用其验证 QIMGHyd-THMC 模拟器的流体部分后，采用 Gupta 等（2017）的三轴压缩开采实验对 QIMGHyd-THMC 模拟器的流固耦合计算进行检验。该实验使用直径为 80mm、长度为 360mm 的圆柱形砂样品，在具有恒温浴的三轴反应釜中，利用"过量气"的方法形成水合物。样品的上表面是由背压阀控制的出口，将样品的其他面密封。通过逐步降低背压来使水合物分解。在降压过程中施加恒定的轴向应力和围压 σ_c。监测实验过程中样品体积以及产出气体的体积。相关参数和边界条件如图 4.29 和表 4.2 所示。

实验过程中，样品在围压和孔隙压力降低的情况下处于压缩状态。水合物的分解降低了样品的强度又进一步促进了压缩。水合物对样品强度的影响对实验过程非常重要。Gupta 等（2017）给出了如下模型计算含水合物沉积物的杨氏模量：

$$E_{sh} = E_s + S_h^{n_c} E_h \tag{4.114}$$

式中，E_s 和 E_h 分别为沉积物和水合物的杨氏模量；n_c 为系数。

图 4.30 是上表面出口的压力。在此压力条件下，累积产气量和样品体积应变的计算结果与实验结果的拟合如图 4.31 和图 4.32 所示。在实验的 20000s 以前，控制样品出口的压力呈阶梯状下降，但压力始终高于水合物的分解压力，此时没有气体产出；而样品的围压保持不变，孔隙压力的阶梯下降引起样品体积应变的阶梯上升。需要注意的是，样品的渗透率非常大（500D），故每一时刻样品中所有位置的孔隙压力都几乎相同。当孔隙压力下

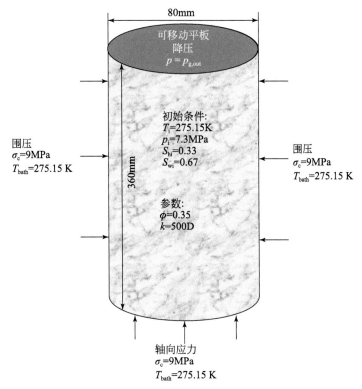

图 4.29　三轴压缩开采实验模型示意图

表 4.2　三轴压缩开采实验模型参数

参数	数值	参数	数值
沉积物杨氏模量 E_s	148MPa	水合物杨氏模量 E_h	320MPa
泊松比 ν_{sh}	0.15	Biot 系数 B_i	0.8
系数 n_c	3	相对渗透率指数 n_g，n_w	2.1，2
束缚饱和度 S_{wr}，S_{gr}	0.1，0		

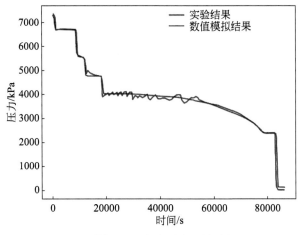

图 4.30　上表面出口的压力

降到相平衡压力以下时，水合物开始分解，且分解产生的气体从出口产出。随着孔隙压力下降和水合物分解，样品的体积应变持续增加。从拟合结果来看，数值模拟可以得到与实验非常接近的结果，表明 QIMGHyd-THMC 可以准确获得水合物开采过程中的力学和流固耦合行为。

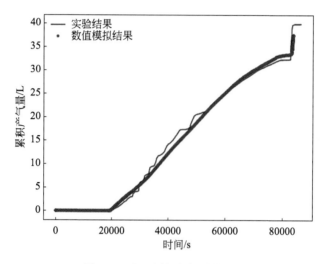

图 4.31　出口累积产气量的拟合结果

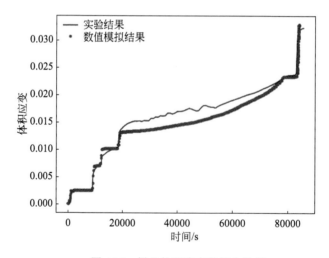

图 4.32　样品体积应变的拟合结果

（三）第二届国际水合物代码对比算例对比

上述两个算例均是实验室小尺度的算例，为了检验模拟器在工程尺度问题的计算能力，选用第二届国际水合物代码对比研究（IGHCCS2）的基准算例 4（BP4-case2）对 QIMGHyd-THMC 模拟器进行验证（White et al.，2020）。该算例模拟了一个厚度为 1m、半径为 5000m 的储层使用半径为 0.15m 的直井进行开采的情况。井筒处保持 3.1MPa 的压力进行降压开采，计算模拟时间为 30 天。模型顶部、底部和外边界均保持封闭绝热；模型的力学边界条件为固定所有边界的法向位移。该模型的参数和边界条件如图 4.33 和表 4.3 所示，需要注意的是该算例中忽略了水合物对沉积物力学参数的影响。

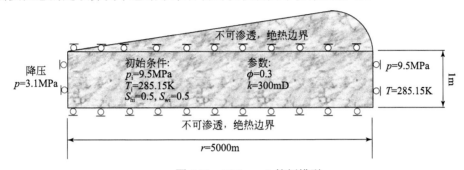

图 4.33　BP4-case2 算例模型

表 4.3　BP4-case2 算例输入参数

参数	数值	参数	数值
初始压力	9.5MPa	沉积物密度	2600kg/m³
初始温度	285.15K	比热容	1000J/(kg·K)
初始水合物饱和度 S_{hi}	0.5	导热系数	3.1W/(m·K)
初始水饱和度 S_{wi}	0.5	体积模量	22GPa
绝对渗透率 k	300mD	剪切模量	22GPa
孔隙度 ϕ	0.3	相对渗透率指数 n_g，n_w	3，3
束缚饱和度 S_{wr}，S_{gr}	0.12，0.02	绝对渗透率指数	4

图 4.33 所示的模型可以用二维轴对称模型表示，但由于 QIMGHyd-THMC 是一个纯三维的模拟器，故使用一个 5000m 半径的圆柱表示储层，半径为 0.15m 的圆柱表示井筒。由于对称性，只选择圆柱的四分之一建模。模型网格如图 4.34 所示。由于井筒尺寸较小，井筒附近的网格进行了加密。该算例中的井筒模型使用了最准确的 HWM。此外，二维模型

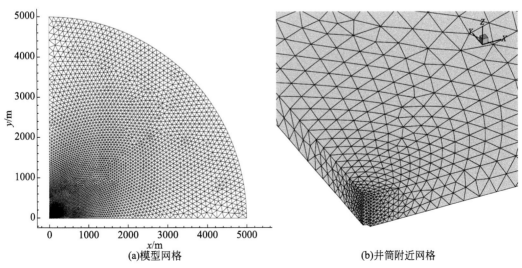

(a)模型网格　　　　　　　(b)井筒附近网格

图 4.34　BP4-case2 算例的模型网格图

中可以较为方便地设置外边界为固定法向位移边界，但在三维模型中较难实现，故将外边界的位移条件设置为固定 x 和 y 两个方向的位移。

　　将 QIMGHyd-THMC 的计算结果与 IGHCCS2 中其他模拟器的计算结果进行对比。图 4.35 是第 1 天、第 10 天和第 30 天的水合物饱和度随径向距离的分布。从图 4.35 可以看出，QIMGHyd-THMC 的计算结果与其他模拟器基本一致，尤其是与美国太平洋西北国家实验室（PNNL）开发的 STOMP-HYDT-KE 模拟器的计算结果最为接近，两者的水合物完全分解的位置几乎完全相同，而且与其他模拟器相比，都显示出了较小的分解范围。这是由于 QIMGHyd-THMC 和 STOMP-HYDT-KE 都采用了动力学模型描述水合物的分解，而其他模型则是平衡模型。此外，QIMGHyd-THMC 的计算结果中没有观察到水合物饱和度的波动，这是因为 QIMGHyd-THMC 采取了动力学模型且网格较密。

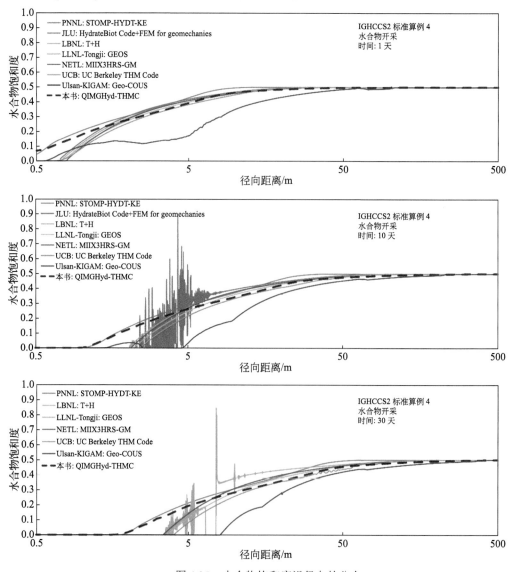

图 4.35　水合物饱和度沿径向的分布

图 4.36 和图 4.37 分别是压力和温度的分布图，QIMGHyd-THMC 的计算结果与其他模拟器接近。一个有意思的现象是，采用动力学模型的模拟器（STOMP-HYDT-KE 和 QIMGHyd-THMC）在未分解区的界面处（第 1 天位于 10m，第 10 天位于 25m，第 30 天位于 45m）都有一个"驼峰"，分解区的温度和压力均低于其他模拟器的计算结果。

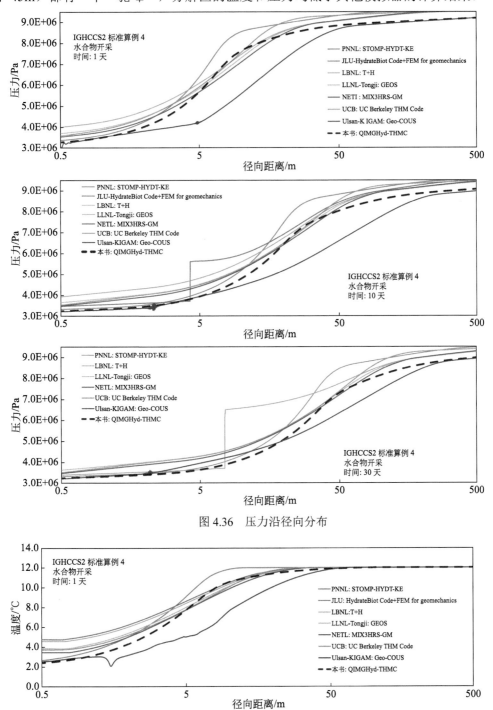

图 4.36　压力沿径向分布

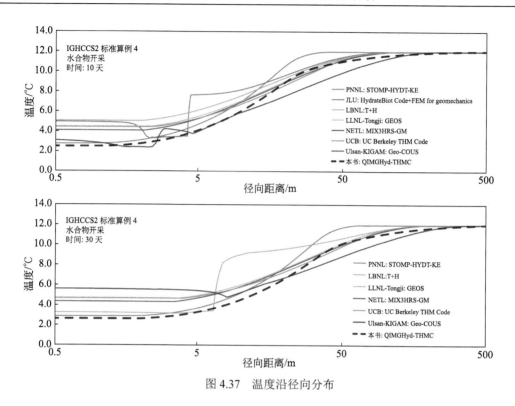

图 4.37　温度沿径向分布

图 4.38 是径向位移的分布图。该图显示了不同模拟器的计算结果的偏差较大，但
QIMGHyd-THMC 的计算结果仍然在其他曲线簇的附近，但由于使用了三维模型，故曲线
形态与其他模拟器稍有差别。

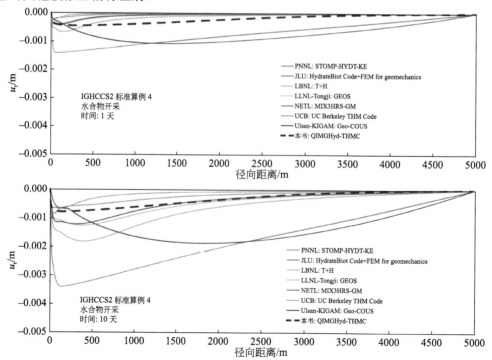

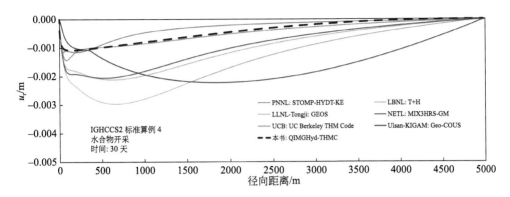

图 4.38　径向位移分布

图 4.39 和图 4.40 是产气速率和产水速率的对比结果。可以看出，不同模拟器的计算结果偏差较大，QIMGHyd-THMC 的产气速率计算结果与 STOMP-HYDT-KE 模拟器的计算结果非常接近，且二者计算的产水速率、产气速率均低于其他模拟器的计算结果。这主要是因为二者采用了动力学模型描述水合物的分解。

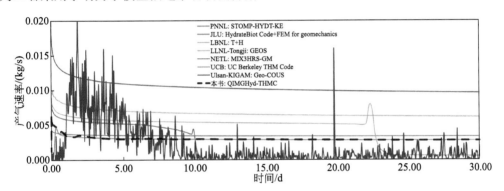

图 4.39　产气速率

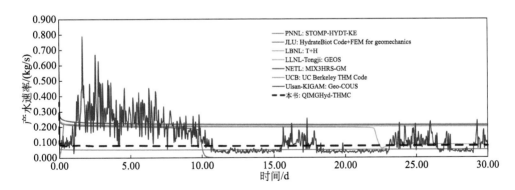

图 4.40　产水速率

从上述水合物饱和度、压力、温度、径向位移、产气速率和产水速率与其他国际主流数值模拟器的计算结果对比来看，QIMGHyd-THMC 表现出了较好的一致性，证明了该模拟器具有模拟矿藏尺度问题的能力。然而，从上述结果也可以看出，不同模拟器的计算结果仍然存在不小的差别，尤其是产气速率、产水速率以及力学变形的位移分布。一方面是不同模拟器之间考虑的因素不同导致的，如不考虑甲烷气的溶解；另一方面是不同模拟器的参数计算、不同物理场之间的耦合（尤其是流固耦合）的处理也都存在不同。此外，从水合物相变模型来看，动力学模型和平衡模型计算结果之间也存在明显的差别。水合物降压分解会产生一个"陡峭"的分解前缘，且由于水合物分解吸热，在前缘位置处温度会降低。在使用平衡模型来描述水合物分解时，在分解前缘附近的位置会发生水合物的二次生成，形成水合物的透镜、使得有效渗透率降低并影响流体的流动。采用动力学模型描述水合物的分解存在一定的滞后，从而阻止了水合物的二次生成，即不会出现这种水合物透镜效应。网格也是影响这一效应的重要因素，因为较粗的网格无法模拟小尺度的局部水合物二次生成（White et al.，2020）。

参 考 文 献

孔祥言. 2010. 高等渗流力学. 合肥：中国科学技术大学出版社.

万义钊，吴能友，胡高伟，等. 2018. 南海神狐海域天然气水合物降压开采过程中储层的稳定性. 天然气工业，38(4): 117-128.

杨军征. 2011. 有限体积-有限元方法在油藏数值模拟中的原理和应用. 兰州：中国科学院研究生院（渗流流体力学研究所）.

袁迎中，向祖平，戚志林，等. 2016. 基于 PEBI 网格的离散裂缝油藏数值模拟研究. 水动力学研究与进展（A 辑），31(3): 379-386.

张娜，姚军，黄朝琴，等. 2013. 多孔介质两相流的局部守恒有限元分析. 计算物理，30(5): 667-674.

张芮菡. 2015. 基于有限元-有限体积方法的裂缝性油藏数值模拟研究. 成都：西南石油大学.

章本照. 1986. 流体力学中的有限元方法. 北京：机械工业出版社.

Abushaikha A. 2013. Numerical methods for modelling fluid flow in highly heterogeneous and fractured reservoirs. London: Imperial College London.

Chen Z X, Huan G R, Li B Y. 2003. Modeling 2D and 3D horizontal wells using CVFA. Communications in Mathematical Sciences, 1(1): 30-43.

Chen Z X, Huan G R, Ma Y L. 2006. Computational Methods for Multiphase Flows in Porous Media. Philadelphia: Society for Industrial and Applied Mathematic.

De La Fuente M, Vaunat J, Marín-Moreno H. 2019. Thermo-hydro-mechanical coupled modeling of methane hydrate-bearing sediments: Formulation and application. Energies, 12(11): 2178.

Garapati N. 2013. Reservoir simulation for production of methane from gas hydrate reservoirs using carbon Dioxide/Carbon dioxide+nitrogen by HydrateResSim. Morgantown: West Virginia University.

Gomes J L M A, Pavlidis D, Salinas P, et al. 2017. A force-balanced control volume finite element method for multi-phase porous media flow modelling. International Journal for Numerical Methods in Fluids, 83(5): 431-445.

Gupta S, Helmig R, Wohlmuth B. 2015. Non-isothermal, multi-phase, multi-component flows through deformable methane hydrate reservoirs. Computational Geosciences, 19(5): 1063-1088.

Gupta S, Deusner C, Haeckel M, et al. 2017. Testing a thermo-chemo-hydro-geomechanical model for gas hydrate-bearing sediments using triaxial compression laboratory experiments. Geochemistry, Geophysics, Geosystems, 18(9): 3419-3437.

Hardwick J S, Mathias S A. 2018. Masuda's sandstone core hydrate dissociation experiment revisited. Chemical Engineering Science, 175: 98-109.

Ju X, Liu F, Fu P, et al. 2020. Gas production from hot water circulation through hydraulic fractures in methane hydrate-bearing sediments: THC-coupled simulation of production mechanisms. Energy & Fuels, 34(4): 4448-4465.

Lei H, Xu T, Jin G. 2015. TOUGH2Biot—A simulator for coupled thermal-hydrodynamic-mechanical processes in subsurface flow systems: Application to CO_2 geological storage and geothermal development. Computers & Geosciences, 77: 8-19.

Lemonnier P A. 1979. Improvement of Reservoir Simulation by a Triangular Discontinuous Finite Element Method. Las Vegas: OnePetro.

Li Q C, Cheng Y, Li Q, et al. 2018. Investigation method of borehole collapse with the multi-field coupled model during drilling in clayey silt hydrate reservoirs. Frattura ed Integrità Strutturale, 12(45): 86-99.

Li W, Wei C. 2018. Stabilized low-order finite elements for strongly coupled poromechanical problems. International Journal for Numerical Methods in Engineering, 115(5): 531-548.

Liang H, Song Y, Chen Y. 2010. Numerical simulation for laboratory-scale methane hydrate dissociation by depressurization. Energy Conversion and Management, 51(10): 1883-1890.

Masuda Y, Fujinaga Y, Naganawa S, et al. 1999. Modeling and experimental studies on dissociation of methane gas hydrate in berea sandstone cores//3rd International Conference on Gas Hydrates. Salt Lake, Vtah.

Moridis G J. 2014. User's manual for the hydrate v1. 5 option of TOUGH+ v1. 5: A code for the simulation of system behavior in hydrate-bearing geologic media: LBNL-6869E, 1165986. California: Lawrence Berkeley National Laboratory.

Moridis G J, Reagan M T. 2007. Strategies for Gas Production From Oceanic Class 3 Hydrate Accumulations. Las Vegas: OnePetro.

Moridis G J, Queiruga A F, Reagan M T. 2019. Simulation of gas production from multilayered hydrate-bearing media with fully coupled flow, thermal, chemical and geomechanical processes using TOUGH + Millstone. Part 1: Numerical modeling of hydrates. Transport in Porous Media, 128(2): 405-430.

Nazridoust K, Ahmadi G. 2007. Computational modeling of methane hydrate dissociation in a sandstone core. Chemical Engineering Science, 62(22): 6155-6177.

Pillinger I. 1992. The elastic-plastic finite-element method//Hartley P, Pillinger Ian, Sturgess C. Numerical modelling of material deformation processes: Research, development and applications. London: Springer: 225-250.

Queiruga A F, Moridis G J, Reagan M T. 2019. Simulation of gas production from multilayered hydrate-bearing media with fully coupled flow, thermal, chemical and geomechanical processes using TOUGH+Millstone. Part 2: Geomechanical formulation and numerical coupling. Transport in Porous Media, 128: 221-241.

Reagan M T, Queiruga A F, Moridis G J. 2019. Simulation of gas production from multilayered hydrate-bearing media with fully coupled flow, thermal, chemical and geomechanical processes using TOUGH+Millstone. Part 3: Production simulation results. Transport in Porous Media, 129(1): 179-202.

Ruan X, Song Y, Zhao J, et al. 2012. Numerical simulation of methane production from hydrates induced by different depressurizing approaches. Energies, 5(2): 438-458.

Rutqvist J, Moridis G J. 2008. Development of a numerical simulator for analyzing the geomechanical performance of hydrate-bearing sediments. Berkeley: Lawrence Berkeley National Laboratory.

Schwabe K, Brand J. 1967. Prediction of Reservoir Behavior Using Numerical Simulators. Las Vegas: OnePetro.

Settgast R R, Fu P, Walsh S D C, et al. 2017. A fully coupled method for massively parallel simulation of hydraulically driven fractures in 3-Dimensions. International Journal for Numerical and Analytical Methods in Geomechanics, 41(5): 627-653.

Shin H. 2014. Development of a numerical simulator for methane-hydrate production. Journal of the Korean Geotechnical Society, 30(9): 67-75.

Sun X, Luo H, Soga K. 2018. A coupled thermal-hydraulic-mechanical-chemical (THMC) model for methane hydrate bearing sediments using COMSOL Multiphysics. Journal of Zhejiang University-SCIENCE A, 19(8): 600-623.

Sun X, Li Y, Liu Y, et al. 2019. The effects of compressibility of natural gas hydrate-bearing sediments on gas production using depressurization. Energy, 185: 837-846.

Wani S, Samala R, Kandasami R K, et al. 2023. Positioning of horizontal well-bore in the hydrate reservoir using a custom developed coupled THMC solver. Computers and Geotechnics, 161: 105618.

White M D, Kneafsey T J, Seol Y, et al. 2020. An international code comparison study on coupled thermal, hydrologic and geomechanical processes of natural gas hydrate-bearing sediments. Marine and Petroleum Geology, 120: 104566.

Wolfsteiner C, Durlofsky L J. 2002. Near-well radial upscaling for the accurate modeling of nonconventional wells. SPE Westren Regional/AAPG Pacificsection Jointmeeting, Anchorage, Alaska, 20-22 May.

Zhao J F, Ye C C, Song Y C, et al. 2012. Numerical simulation and analysis of water phase effect on methane hydrate dissociation by depressurization. Industrial & Engineering Chemistry Research, 51(7): 3108-3118.

Zhao J F, Fan Z, Dong H S, et al. 2016. Influence of reservoir permeability on methane hydrate dissociation by depressurization. International Journal of Heat and Mass Transfer, 103: 265-276.

第五章　天然气水合物开采地层力学稳定性分析

天然气水合物降压开采时，孔隙压力的降低会引起储层有效应力的升高，同时水合物分解又造成储层强度的降低，降压开采过程中可能会发生储层失稳破坏。因此，需要确定降压开采过程中储层是否会失稳、控制储层稳定性的因素有哪些？以及如何通过有效的手段控制储层的稳定性。本章建立基于稳定系数概念的力学稳定性分析方法，基于南海神狐海域天然气水合物的钻探资料建立开采地质模型，利用第四章开发的数值模拟器，模拟直井和水平井两种井型下天然气水合物降压开采过程，获得储层的力学响应特征，判断储层的稳定性情况，分析储层稳定性的控制因素以及提出控制储层稳定性的方法。

第一节　地层力学稳定性分析方法

含水合物沉积物在开采前处于平衡状态，如图 5.1 所示，沉积物颗粒间的有效应力和孔隙压力共同承受外界荷载，保持平衡。

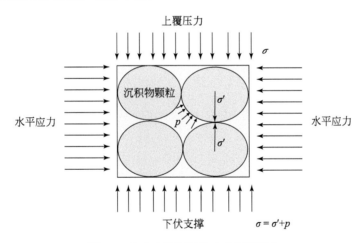

图 5.1　含水合物沉积物应力平衡状态

储层保持稳定的条件是沉积物荷载小于储层强度，即

$$\sigma' < J \tag{5.1}$$

式中，J 为储层强度。

水合物开采降低井底压力后，储层的孔隙压力随之降低，根据式（3.38），孔隙压力降低将引起有效应力 σ' 增加；另外，由于水合物在沉积物颗粒间起胶结作用，因此，水合物开采引起的水合物分解将导致沉积物强度降低。所以，水合物降压开采一方面造成有效应力增加，另一方面使得沉积物强度降低，故开采过程可能会出现储层失稳。

此外，随着沉积物强度降低和荷载增加，储层变形也在增大。储层变形最直接的表现是海底面沉降。即使储层没有发生破坏，但是出现了较大的变形，对井筒套管和海底面的工程结构造成影响，也是失稳的一种。因此，分析水合物开采地层力学稳定性需要从两方面入手：地层的应力状态和地层变形。地层变形量可以通过求解固体变形方程直接获得。Moridis 等（2011）指出地层压缩如果超过 5%则套管发生破坏的风险较大。

目前最常用的水合物开采力学稳定性的分析方法是基于莫尔-库仑强度准则。在最大和最小有效主应力坐标轴上绘制储层中某些点的应力路径，并与储层的莫尔-库仑抗剪强度线进行比较，如果远离莫尔-库仑抗剪强度线，则认为储层是稳定的，否则储层发生失稳，如图 5.2 所示。

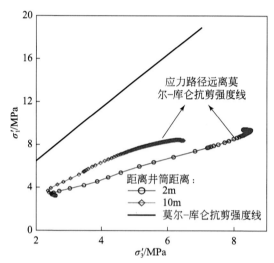

图 5.2　基于莫尔-库仑强度准则的单点稳定性分析（袁益龙等，2020）

然而，上述基于莫尔-库仑强度准则的储层稳定性的判别方法是定性的，存在两个方面的缺陷：①该定性方法只能给出储层中某点的应力状态是否达到抗剪强度，即对储层是否稳定只能给出是或者否的回答，而无法量化储层的稳定性，无法给出储层"稳定程度"的具体指标；②使用该方法需要通过作图的方法来实现，每一次作图只能选取某一些特征点的应力来判断，无法对整个储层区域进行稳定性分析。为此，作者引入储层稳定系数的概念定量化评价储层稳定性。

如图 5.3 所示，沉积物中任一单元的最大主应力为 σ_1，最小主应力为 σ_3，则与最大主应力成 θ 角的任一平面上的法向应力 σ 和剪切应力 τ 为（卢廷浩，2010）

$$\sigma = \frac{\sigma_1 + \sigma_3}{2} + \frac{\sigma_1 - \sigma_3}{2}\cos 2\theta \qquad (5.2)$$

$$\tau = \frac{\sigma_1 - \sigma_3}{2}\sin 2\theta \qquad (5.3)$$

式（5.2）和式（5.3）可写为

$$\left(\sigma - \frac{\sigma_1 + \sigma_3}{2}\right)^2 + \tau^2 = \left(\frac{\sigma_1 - \sigma_3}{2}\right)^2 \qquad (5.4)$$

式（5.4）表示，在 σ,τ 坐标平面内，沉积物某点的应力状态轨迹是一个圆，圆心在 σ

轴上，坐标值为 $(\sigma_1+\sigma_3)/2$，半径为 $(\sigma_1-\sigma_3)/2$。该圆称为莫尔应力圆，表示沉积物某点的应力状态，即表示式（5.1）左边的荷载项。

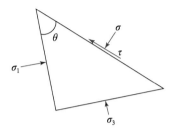

图 5.3 沉积物应力状态分析

1776 年，库仑根据砂土的摩擦实验，得到抗剪强度表达式为

$$\tau_{\mathrm{f}} = \sigma\tan\varphi \tag{5.5}$$

对于黏性土，由实验得出：

$$t_{\mathrm{f}} = c + \sigma\tan\varphi \tag{5.6}$$

式中，τ_{f} 为抗剪强度；σ 为滑动破坏面上的法向应力；c 为土的内聚力；φ 为沉积物内摩擦角。

式（5.6）表示沉积物的抗剪强度，即式（5.1）的右端项。因此，可以把莫尔应力圆和库仑抗剪强度结合起来，通过两者之间的对比对沉积物所处的状态进行判别。当莫尔应力圆在抗剪强度线以内时，如图 5.4 中的 A 所示，说明此时沉积物单元上任一平面上的剪应力都小于该面上相应的抗剪强度，故沉积物处于稳定状态，没有剪切破坏；当莫尔应力圆与抗剪强度线相切时，如图 5.4 中的 B 所示，说明沉积物中有一对平面上的剪应力已经达到抗剪强度，该沉积物处于剪切破坏的极限平衡状态。将莫尔应力圆与抗剪强度线相切时极限平衡状态作为沉积物的破坏准则，称为莫尔-库仑强度准则。

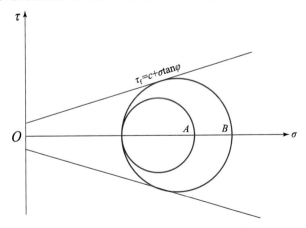

图 5.4 沉积物莫尔-库仑强度准则

因此，水合物开采过程中沉积物的稳定性分析可以使用如图 5.4 所示的莫尔-库仑强度准则。通过计算得到沉积物的应力状态，绘制其对应的莫尔应力圆，将莫尔应力圆与抗剪

强度线对比来分析其稳定性。然而，含水合物沉积物与普通沉积物的不同是，水合物在沉积物颗粒间起胶结作用，即水合物具有增加沉积物抗剪强度的作用。因此，在稳定性分析中，需要根据水合物饱和度更新抗剪强度线。

实验发现水合物饱和度对内聚力 c 具有明显的影响，而对内摩擦角影响很小（李彦龙等，2017；孙晓杰等，2012）。因此，不同水合物饱和度条件下的抗剪强度线如图 5.5 所示。由图 5.5 可知，水合物饱和度越大，其抗剪强度线越靠上，在相同应力状态下，沉积物越趋于稳定。

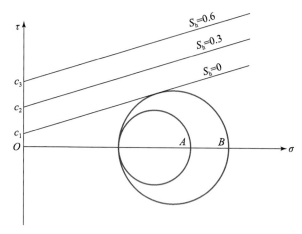

图 5.5　不同水合物饱和度条件下的抗剪强度线

当前使用莫尔-库仑强度准则进行储层稳定性判断的方法是一种定性方法，只能通过图 5.4 定性地给出储层某点是否稳定，而无法定量给出储层稳定的程度。为进一步量化储层稳定性，本节提出储层稳定系数的概念，其定义为：某点应力状态的莫尔应力圆圆心到抗剪强度线之间的距离与莫尔应圆半径的比值。即利用莫尔应力圆到抗剪强度线之间的距离来量化储层稳定性。如图 5.6 所示，稳定系数 s 定义为

$$s = \frac{O_1 B}{O_1 A} \tag{5.7}$$

当 $s>1$ 时，储层处于稳定状态；当 $s<1$ 时，储层处于失稳状态；当 $s=1$ 时，储层处于极限平衡状态。

下面推导 s 的具体表达式。根据定义有

$$O_1 A = \frac{\sigma_1 - \sigma_3}{2} \tag{5.8}$$

$O_1 B$ 为点 $\left(\dfrac{\sigma_1 + \sigma_3}{2}, 0\right)$ 到直线 $\sigma \tan\varphi - \tau_f + c = 0$ 的距离，利用点到直线的距离公式，则有

$$O_1 B = \left| \frac{\left(\dfrac{\sigma_1 + \sigma_3}{2}\right)\tan\varphi + c}{\sqrt{\tan^2\varphi + 1}} \right| \tag{5.9}$$

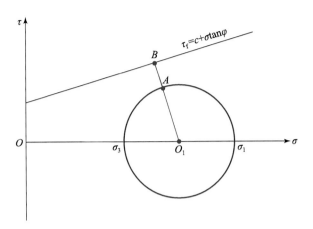

图 5.6　沉积物稳定系数的定义

故稳定系数为

$$s = \left| \frac{\left(\sigma_1 + \sigma_3\right)\tan\varphi + 2c}{\left(\sigma_1 - \sigma_3\right)\sec\varphi} \right| \tag{5.10}$$

　　计算得到水合物储层中的最大和最小主应力场后，代入式（5.10），可计算得到整个区域内的稳定系数，用稳定系数判断储层的稳定性。上述理论均基于平面应力状态推导，即利用平面应力状态中的最大、最小主应力。根据材料力学和弹性力学的理论，三向应力状态可以用 $\sigma_2\sigma_3$、$\sigma_2\sigma_1$ 和 $\sigma_3\sigma_1$ 分别组成的三个圆来表示，其所处的应力状态在图 5.7 的阴影部分中。由图 5.7 可知，三向应力状态的莫尔应力圆中，最靠近抗剪强度线的是由 $\sigma_3\sigma_1$ 组成的莫尔应力圆。因此，在三向应力状态中，决定储层稳定性的仍然是最大和最小主应力，这表明上述基于平面应力状态的推导同样适用于三向应力状态，只需要将三向应力状态中的最大主应力和最小主应力代入式（5.10）即可。但式（5.10）是由最大和最小主应力计算的储层稳定系数，而在使用位移法计算得到储层变形位移后，直接求解的变量是储层中的正应力和切应力。故为了计算方便，下面分别给出平面应力状态和三向应力状态下由正应力和切应力表示的储层稳定系数。

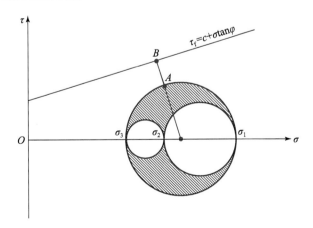

图 5.7　三向应力状态的莫尔应力圆

（一）平面应力状态

如图 5.8 所示，任意一点的应力状态表示为

$$\left(\sigma - \frac{\sigma_x + \sigma_y}{2}\right)^2 + \tau^2 = \left(\frac{\sigma_x - \sigma_y}{2}\right)^2 + \tau_{xy}^2 \tag{5.11}$$

则有

$$O_1A = \sqrt{\left(\frac{\sigma_x - \sigma_y}{2}\right)^2 + \tau_{xy}^2}, \qquad O_1B = \left|\frac{\left(\dfrac{\sigma_x + \sigma_y}{2}\right)\tan\varphi + c}{\sqrt{\tan^2\varphi + 1}}\right|$$

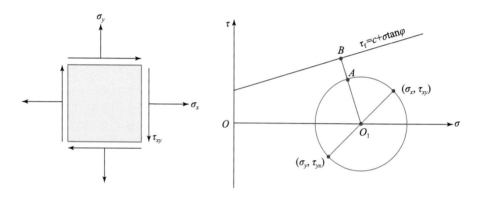

图 5.8　沉积物单元的应力状态

储层稳定系数为

$$s = \left|\frac{\left(\dfrac{\sigma_x + \sigma_y}{2}\right)\tan\varphi + c}{\sec\varphi\sqrt{\left(\dfrac{\sigma_x - \sigma_y}{2}\right)^2 + \tau_{xy}^2}}\right| \tag{5.12}$$

（二）三向应力状态

根据弹性力学理论，三向应力状态中的三个主应力由以下的一元三次方程确定：

$$\sigma^3 - I_1\sigma^2 + I_2\sigma - I_3 = 0 \tag{5.13}$$

其中，

$$\begin{aligned}
I_1 &= \sigma_x + \sigma_y + \sigma_z \\
I_2 &= \sigma_y\sigma_z + \sigma_z\sigma_x + \sigma_x\sigma_y - \tau_{yz}^2 - \tau_{zx}^2 - \tau_{xy}^2 \\
I_3 &= \sigma_x\sigma_y\sigma_z - \sigma_x\tau_{yz}^2 - \sigma_y\tau_{zx}^2 - \sigma_z\tau_{xy}^2
\end{aligned} \tag{5.14}$$

式中，I_1、I_2、I_3 为应力张量不变量。

利用一元三次方程的求根公式计算得到式（5.13）的三个根，代入式（5.10）即可。

上述概念可以进一步推广。Drunker-Prager 屈服准则可以表示为

$$aI_1 - \sqrt{J_2} + k = 0 \tag{5.15}$$

式中，

$$I_1 = \sigma_1 + \sigma_2 + \sigma_3, \quad J_2 = \frac{1}{6}\Big[(\sigma_1 - \sigma_2)^2 + (\sigma_2 - \sigma_3)^2 + (\sigma_3 - \sigma_1)^2\Big]$$

$$a = \frac{\sin\varphi}{\sqrt{9 + 3\sin^2\varphi}}, \quad k = \frac{3c\cos\varphi}{\sqrt{9 + 3\sin^2\varphi}}$$

则可以根据上述概念，定义稳定系数（沈海超，2009）：

$$s = aI_1 - \sqrt{J_2} + k \tag{5.16}$$

当 $s>0$ 时储层处于稳定状态，且数值越大，储层越稳定；$s=0$ 时处于临界状态；$s<0$ 时储层发生屈服。

第二节　水合物直井开采力学稳定性分析

南海神狐海域天然气水合物储层以黏土质粉砂和粉砂质黏土为主，储层沉积物粒径总体低于 20μm，为典型的孔隙充填型水合物储层，且储层的胶结程度低。

一、地质建模

（一）几何模型及网格划分

2015 年 9 月，中国地质调查局在我国南海北部陆坡神狐海域完成了第 3 次海域天然气水合物钻探航次（GMGS3）。本次钻探的 GMGS3-W19 站位水深为 1273.9m，确定海底以下 135～170m 存在厚度约为 35 m 的水合物储层。根据钻探资料，建立了如图 5.9 所示的物理模型。

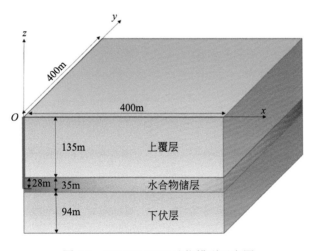

图 5.9　GMGS3-W19 站位模型示意图

水平方向上，模型以井为中心向 x 方向和 y 方向延伸 400m。模型的顶面为海底面；水合物层赋存于 135m 以下，厚度 35m；水合物储层上部是 135m 的上覆层，底部为厚 94m 的下伏层，均不含水合物。打开井段为海底以下 135～162m，即打开水合物储层顶部向下的 28m（Yang et al.，2015）。

采用四面体非结构网格对图 5.9 物理模型进行网格划分，其网格图如图 5.10 所示。为提高计算精度，在水合物储层中加密网格，网格总数为 38068。

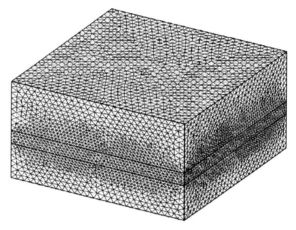

图 5.10　神狐海域水合物开采模型网格图

（二）初始条件和边界条件

根据 GMGS3-W19 站位的调查结果，海底面的温度为 3.75℃，地温梯度为 0.045℃/m，按储层深度折算，储层初始温度在纵向上线性分布。地层初始时刻的孔隙压力随深度逐渐增加，符合静水压力平衡。水合物储层的水合物初始饱和度为 0.45，上覆层和下伏层全部为水，水饱和度为 1。井底保持定压力生产，储层的外边界为保持原始地层压力的定压边界条件。

初始地应力分布可由饱和土土体自重折算。模型顶面的水深为 1273.9m，折算顶部压力为 12.86MPa，沉积物密度为 2650kg/m³，则地层应力以 25.97kPa/m 的梯度纵向递增。固体变形场的边界条件为：上顶面为自由面边界；储层下底面为纵向固定条件；侧面为水平位移固定条件，即垂直于 x=0m，x=800m 的侧面，沿 x 方向的位移为 0；垂直于 y=0m 和 y=800m 侧面，沿 y 方向的位移为 0。

（三）基础参数

模型水深为 1273.9m，上覆层厚度为 135m，下伏层厚度为 94m，井底生产压力为 5.0MPa，水合物储层底界初始压力为 14.3MPa，水合物储层底界初始温度为 14.0℃，其物性参数见表 5.1。

表 5.1　南海神狐海域 GMGS3-W19 站位水合物储层物性参数

参数	数值
水合物初始饱和度	0.45

续表

参数	数值
绝对渗透率（不含水合物）	2.50mD
孔隙度（不含水合物）	0.48
渗透率递减指数	7.00
气体导热系数	0.06W/(m·K)
水导热系数	0.50W/(m·K)
水合物相对渗透率模型	S_{wr}=0.3，S_{gr}=0.05，K_{wro}=0.3，K_{gro}=0.1，n_g=4，n_w=4
水合物相变潜热方程系数	d=56599，e=16.744
k_d^0	3.6×10^4mol/(m^2·Pa·s)
$\dfrac{\Delta E_a}{R}$	9752.73K
气体比热容	C_g=2180J/(kg·K)
水比热容	C_w=4200J/(kg·K)
水合物比热容	C_h=2220J/(kg·K)
沉积物颗粒比热容	C_s=2180J/(kg·K)
水合物导热系数	2.0W/(m·K)
沉积物颗粒导热系数	1.0W/(m·K)

含水合物沉积物力学参数见表5.2。

表 5.2 南海神狐海域含水合物沉积物力学参数

参数	数值
内聚力	S_h=0 时，c_m=0.5MPa S_h=1 时，c_m=2MPa，c_m 随 S_h 线性变化
内摩擦角	30°
弹性模量	S_h=0 时，E_m=95MPa S_h=1 时，E_m=670MPa，随 S_h 线性变化
泊松比	0.15
Biot 系数	1

二、产水产气及物理场演化特征分析

（一）产水产气特征分析

图 5.11 是井底压力定为 5MPa 条件下产水速率和产气速率随时间变化曲线。由图 5.11

可知，井底压力降低后，井附近的地层压力随之降低，这导致井附近水合物分解，产水速率和产气速率开始保持一个较高值，之后迅速降低。随着水合物分解，产气速率逐渐增加，最后保持一个相对稳定值；气水比开始保持较高值，后期下降后又逐渐升高到固定值。累积产气量和累积产水量与时间基本呈线性关系。

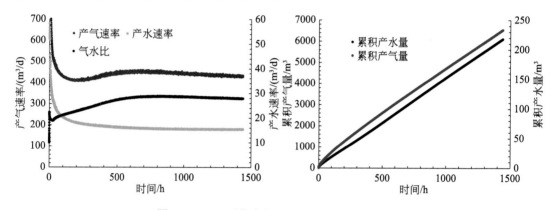

图 5.11　W19 站位产气、产水随时间变化曲线图

（二）物理场演化特征分析

在本模型均质假设条件下，预测得到开采 60d 时的压力、水合物饱和度、温度、气体饱和度等在空间上的变化特征，如图 5.12 所示。井压力降低区域主要集中在井附近，生产井中心的压力最低，比初始地层压力降低约 9MPa；其水平方向上的影响范围大致为井附近 50m 内，即压降从井中心的 9MPa 到 0MPa 的范围为 35m；在 5MPa 生产压力下，水合物分解区被限制在生产井附近，在水平方向上，水合物的分解区大约离井 3m 范围。因储层渗透率较低，储层底部的水合物还未完全分解，起到一定的阻水作用。

开采 60d 时，水合物分解的吸热效应并不能造成温度在空间上明显变化，井中心的温度最大降低约 3℃；沿水平方向，温度的降低范围较小，进一步反映了水合物分解范围较小。水合物分解产生的甲烷气体一部分运移到生产井产出，一部分积聚在孔隙空间中。

从上述物理场分布可以看出，水合物降压开采时的压力扩展速率非常慢，导致水合物分解的范围很小，进而造成产气速率较低。引起这一现象的主要原因有三方面：①储层渗透率低，压力扩展速度慢；②水合物的分解是吸热过程，吸热造成储层温度降低，使得水合物趋向于稳定而不是分解；③水合物分解产水产气，客观上是对孔隙中流体的补充，因此会减缓孔隙压力的下降，进一步使得水合物趋向于稳定而非分解。目前，对以上的①和②认识比较清楚，本节着重分析第③个原因。

为分析水合物分解对压力的影响，在其他参数相同时，将考虑水合物分解和不考虑水合物分解时模型计算得到的压力场进行对比。图 5.13 是相同时间（1.5d）时考虑水合物分解和不考虑水合物分解的储层孔隙压力分布图。

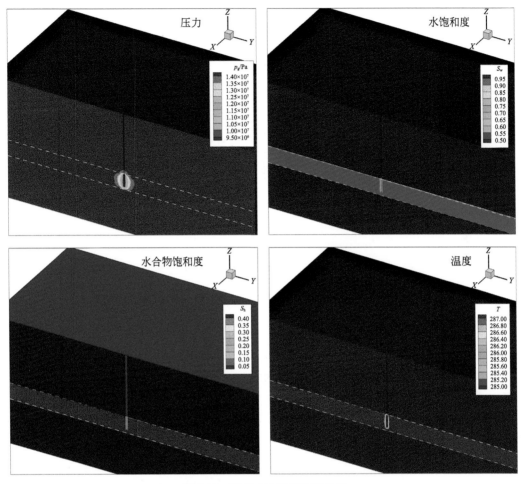

图 5.12 开采 60d 储层物理场图

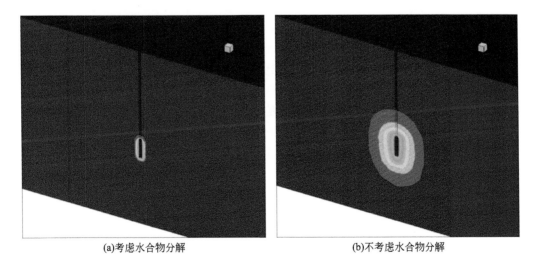

(a)考虑水合物分解   (b)不考虑水合物分解

图 5.13 开采 1.5d 时考虑水合物分解和不考虑水合物分解条件下储层压力场分布

从图 5.13 可以看出，不考虑水合物分解时的压力扩展范围明显大于考虑水合物分解时的情况，说明水合物分解抑制了孔隙压力的扩展。下面以图 5.14 分析考虑水合物分解时和不考虑水合物分解时储层的孔隙压力变化路径。在相同井底压降条件下，考虑水合物分解的储层中某点的温度、压力状态从初始的 1 点经过一段时间后变化为 3 点；而不考虑水合物分解时，经过相同时间后，储层的状态从 1 点变化为 2 点。即考虑水合物分解的储层压力状态路径为 1→3，不考虑水合物分解的储层压力状态路径为 1→2。从 2 点和 3 点的对应值来看，由于水合物分解产水产气对储层压力存在补充，相同井底压力情况下，储层的孔隙压力下降幅度比不考虑水合物分解时要小。因此，水合物分解行为会抑制自身分解，是一个负反馈过程。

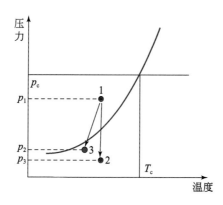

图 5.14　水合物储层压力变化路径分析

三、力学响应特征及稳定性分析

（一）储层应力演化特征

在储层选取两个点，监测其孔隙压力、温度和应力随时间的变化情况。近井处和远井处的坐标分别为（$x=0.3$m, $z=149$m）和（$x=8.1$m, $z=149$m）。从图 5.15（a）可以看出，由于井底降压，近井处的孔隙压力迅速降低后达到稳定值。远井处的孔隙压力表现为平缓下降趋势，近井处的孔隙压力低于远井处。近井处的孔隙压力降低导致水合物分解，水合物分解吸热导致其温度降低 [图 5.15（b）]；当水合物分解完毕后，由于周围传热原因，温度逐渐回升。对于远井处，其孔隙压力降低不足以使水合物大量分解，故其温度基本保持不变。

由图 5.15（c）可以看出，孔隙压力降低引起有效应力增加。近井处的有效应力因该处孔隙压力快速降低而较快升高，最后保持不变（由于是定井底压力开采）。远井处的孔隙压力降低幅度较小，其有效应力增加较为缓慢。降压使得近井处的最大与最小主应力之差比远井处大，故近井处剪应力增加较远井处明显。

图 5.15（d）是两个点的最大和最小有效主应力随开采时间变化情况，即有效应力路径。由图 5.15（d）可知，在 $t=0$ 时刻，两点的应力状态处于沉积物的抗剪强度线之外，即该处在沉积历史中已经处于压缩稳定状态。当开采后，其应力路径均表现为近井处 0～1d 内的

变化较快，1d 后变化缓慢；远井处的应力变化滞后于近井处。因两点的应力路径均表现为偏离抗剪强度线，其没有靠近或达到抗剪强度线上，表示没有发生破坏。故基于本模型的初步预测结果显示，开采 60d 内储层不会发生破坏（万义钊等，2018）。

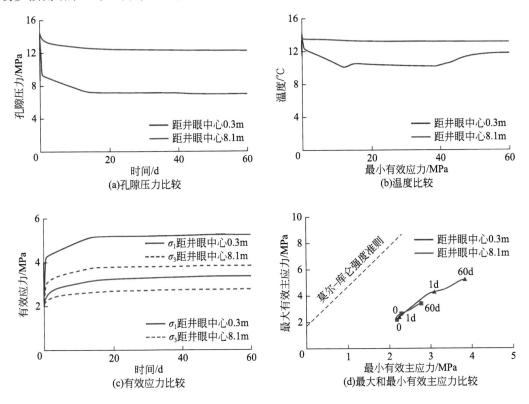

图 5.15　z 为 149m 处的近井处和远井处应力演化曲线

图 5.16 是储层 z 方向和 y 方向的应力分布图，可以看出，应力变化（应力集中）主要发生在井筒周围，这是由于井筒附近孔隙压力降低幅度较大。另外，在水合物储层和上覆层以及下伏层的界面上也存在应力集中现场，这说明水合物开采过程中，最有可能发生储层失稳的位置是井筒附近及水合物储层的分界面上。

（二）储层位移演化特征

除应力对储层稳定性有影响外，位移对储层稳定性也有重要影响。图 5.17 是开采过程中储层 z 方向和 y 方向的位移分布图。z 方向位移即储层沉降以井位置处为中心呈圆形分布，井位置处的沉降最大。生产井段的沉降较小，而在生产井段上下的垂向位移变化最大。故生产井段上方附近的沉降量最大，而生产井段下方在渗透压作用下发生局部隆起。生产井段上方的土体在上覆应力作用下，其沉降量大于生产井段下方的隆起量。由于生产井段上方的土体在应力作用下整体发生沉降，生产井降压造成的沉降影响范围大于孔隙压力影响范围。

从图 5.17 可以看出，开采过程中 z 方向的位移大于 y 方向的位移，这说明储层的变形以沉降为主，这是由上顶面为自由面决定的。图5.17中60d时生产井位置的最大沉降量为0.035m，海底面沉降约为0.018m，海底面沉降范围（＞5mm）的半径约为232m。沉降量和沉降范围均随生产进行逐渐增大。

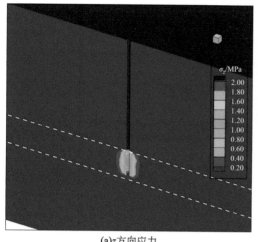
(a)z方向应力

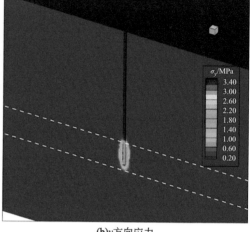
(b)y方向应力

图5.16　储层应力分布图

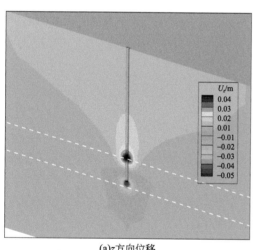
(a)z方向位移

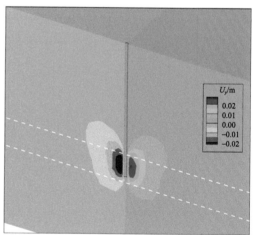
(b)y方向位移

图5.17　储层位移分布图

图5.18（a）是生产井位置海底面的沉降量（垂向位移）随时间的变化情况。在前15d，沉降约0.009m，即9mm。随后，因孔隙压力在空间上逐渐趋于动态平衡状态，海底面的沉降速率降低。60d后沉降逐渐变得缓慢，最终达到0.018m。可见前15d的沉降占到总沉降量的一半，故定压开采条件下，其沉降主要发生在开采前期。

图5.18（b）是生产井位置处不同时刻的沉降量（垂向位移）情况。由图5.18（b）可知，由于降压导致的应力变化主要集中在生产井周围，故降压点附近发生较大位移；又因降压点下方底部是固定不动的，不发生垂向位移，降压点底部的隆起部分将因边界效应使

得其隆起量为 0。模型顶部是自由面,可以自由移动,海底面以下一定深度范围内的沉积物是整体下沉。

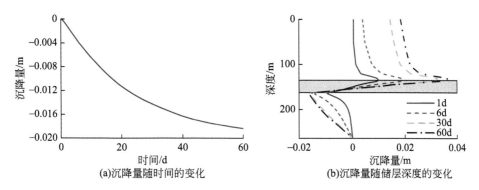

(a)沉降量随时间的变化　(b)沉降量随储层深度的变化

图 5.18　生产井位置海底面的沉降量随时间和储层深度的变化图

（三）储层稳定系数分布特征

根据第五章第一节的基本理论,计算储层稳定系数。图 5.19 是不同时刻的储层稳定系数的分布特征。为利用储层稳定系数分析储层的稳定性,本节定义储层稳定系数在 1～5 的区域为储层失稳高风险区域,稳定系数大于 5 的区域为储层失稳低风险区域。

图 5.19 中分别显示了储层稳定系数小于 1、1～5 和大于 5 的区域。由第五章第一节的基本理论可知,储层稳定系数越小,储层越趋向于不稳定,且储层稳定系数小于 1 时,表示储层出现失稳破坏。从图 5.19 可以看出,储层稳定系数小于 1 的范围非常小,主要出现在井底下部。然而,由于建模的原因,井筒底部的几何模型存在尖端,该尖端的存在导致该区域附近应力集中,并不代表实际的储层特征。

由图 5.19 可知,储层稳定系数处于 1～5 的区域主要分布在井筒周围,该区域的储层稳定系数大于 1,说明储层保持稳定,但稳定系数较小,趋向于失去稳定,这些区域为储层的失稳高风险区域。该失稳高风险区域随开采的进行逐渐扩大,且早期该区域的扩大更为明显。

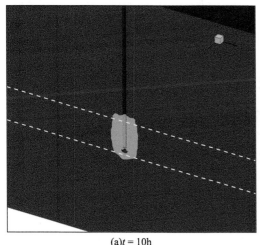

(a)t = 10h

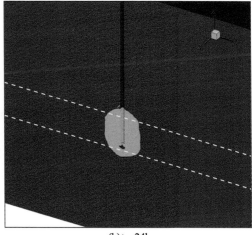

(b)t = 24h

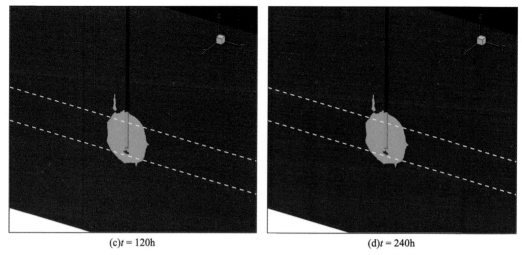

(c)$t = 120$h　　　　　　　　(d)$t = 240$h

图 5.19　储层稳定系数随时间演化

蓝色区域：$s<1$，绿色区域：$1<s<5$，红色区域：$s>5$

（四）渗透率对储层沉降的影响

渗透率是影响气水运移和压力影响范围的关键因素。图 5.20 是不同渗透率条件下，生产井位置处海底面的沉降随时间变化关系。从图 5.20 可以看出，渗透率较低时，压降范围较小，海底面沉降速率基本保持不变；而当渗透率增加时，压降范围增加，沉降先以较高的速率发生，之后沉降速率降低，最后海底面以较低的沉降速率发生沉降。对于渗透率分别为 1.0mD、2.5mD 和 5.0mD，以 60d 时的沉降量为基准，其沉降一半所需时间分别为 24d、15d 和 9.5d。随渗透率增加，沉降速率加快，达到相同沉降量的时间提前。

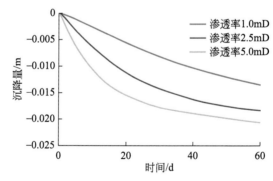

图 5.20　不同渗透率条件下生产井位置处海底面的沉降随时间变化关系

（五）井底压力对储层沉降的影响

井底压力直接影响地层中孔隙压力分布范围，引起骨架有效应力的变化，进而影响储层沉降。图 5.21 是不同井底压力下，生产井位置处海底面的沉降随时间的变化规律。从图 5.21 可以看出，在生产前期，不同生产压力下的沉降基本一致，差异较小；待进入稳定产气速率阶段后，海底面的沉降逐渐产生差异。在 60d 时，其沉降量分别为 0.016m、0.018m 和 0.020m；其沉降一半所需时间约为 15d。生产压力降低，沉降速率增加，达到相同沉降量所需时间提前，但其影响程度比渗透率的影响程度小。

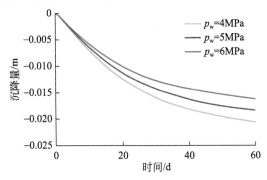

图 5.21　不同井底压力下生产井位置处海底面沉降随时间变化图

四、水合物开采储层稳定性控制

从上述分析可以看出，影响水合物开采储层稳定性的因素较多，其中井底压力对储层力学响应的影响最为明显，而储层压力也是开采过程中最容易控制的变量。本节基于莫尔-库仑强度准则，提出利用井底压力控制储层稳定性的方法。该方法的步骤如下。

（1）利用三轴剪切试验确定沉积物的莫尔-库仑抗剪强度线。

（2）利用水合物储层的参数建立地质模型，用数值模拟手段模拟不同井底压力条件下的储层应力响应特征。

（3）井筒附近是最易发生储层失稳的区域，故取该区域的点作为观察点，绘制不同井底压力下该区域点的应力路径。

（4）通过不断降低井底压力，获得一个抗剪强度线相交的点作为临界点，即该点对应的井底压力为临界井底压力，在降压开采过程中，井底压力必须处于该压力之上才能保证储层稳定。

该方法过程如图 5.22 所示。

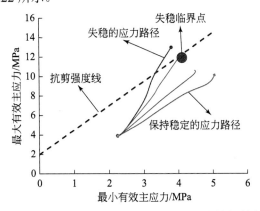

图 5.22　基于莫尔-库仑强度准则的储层稳定性控制方法

第三节　水合物水平井开采力学稳定性分析

第二节分析了直井开采条件的储层力学响应特征，但是无论从模拟结果看，还是实际水合物试采结果看，直井条件下的产气效率较低，远达不到工业气流的标准。水平井与直井相比泄气面积更大，是一种潜在的提高水合物产气效率的开采手段，但是水平井开采时，水合物分解范围更广，水平井贯穿范围更大，井眼效应更为突出，且应力状态复杂，开采过程中面临的储层失稳问题将更为严重。本节以神狐海域天然气水合物开采为背景，分别研究在一类水合物储层和二类水合物储层条件下水平井开采时储层的力学响应特征和稳定性。

一、一类水合物储层水平井开采力学稳定性分析

（一）地质建模

根据 GMGS3 航次 W17 站位资料（杨胜雄等，2017），建立如图 5.23 所示的平面应变模型。垂直方向上：水合物储层厚 50m，自由气层厚度为 12m，水合物储层之上为 200m 厚的弱透水地层，自由气层下部为 20m 厚的饱水地层，模型顶面为海底面。假定水平井规模化开采方案中布井间距为 1000m，因此设定 x 方向模型尺寸为 500m。将水平井布设于自由气层中部。初始地温场按照地温梯度确定，初始孔隙压力场按照静水压力平衡给定。水合物储层初始为水合物和水两相平衡，其中水合物饱和度为 0.3，水饱和度为 0.7。自由气层初始为自由甲烷气和水两相平衡，其中气体饱和度为 0.2，水饱和度为 0.8。上下地层初始为单相水饱和，即初始水相饱和度为 1.0。由于缺乏研究区相关站位的原位地应力参数，本次研究假定储层中初始地应力场为三向等应力状态。

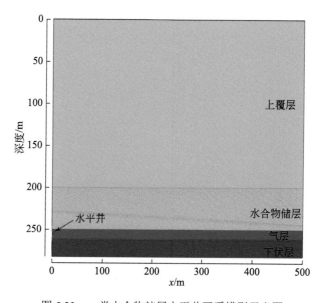

图 5.23　一类水合物储层水平井开采模型示意图

（二）储层性质和模型参数

W17 站位天然气水合物水平井开采传热-流动-力学耦合模型的相关水动力和热力学参数见表 5.3，由于目前公布的关于我国南海沉积物样品的力学试验数据缺乏，因此水合物储层、自由气层和上下地层的力学参数保持一致，且地层力学强度均受水合物饱和度的控制，见表 5.4。此外，水合物层上下地层中渗透率各向异性系数均为 10，即 $k_{x0}=k_{y0}=10\,k_{z0}$。力学稳定性研究方案中降压方案同时考虑降压 1MPa、2MPa 和 3MPa 三组方案，后面的详细动态分析将主要依据 3MPa 降压方案进行分析。

表 5.3　南海神狐海域 W17 站位含天然气水合物沉积层物性参数

参数	数值
水合物储层厚度/m	50
自由气层厚度/m	12
上覆层厚度/m	20
模型顶板压力/MPa	14.8
孔隙度	0.38
沉积物颗粒密度/（kg/m³）	2600
非饱和导热系数/[W/（m·K）]	1.0
气体成分	100%CH₄
水合物初始饱和度	0.3
自由气初始饱和度	0.2
下伏层厚度/m	20
模型顶板温度/℃	11.9
渗透率/m²	1.0×10^{-14}
地温梯度/（℃/100m）	45
饱和导热系数/[W/（m·K）]	3.1
盐度	0.033
液相相对渗透率	$k_{rA} = \max\left\{0,\min\left[\left(\dfrac{S_A - S_{irA}}{1 - S_{irA}}\right)^{n_A},1\right]\right\}$
水合物储层残余水饱和度 S_{irA}	0.60
自由气层残余水饱和度 S_{irA}	0.60
边界层残余水饱和度 S_{irA}	0.60
液相衰减指数 n_A	4.5
气相相对渗透率	$k_{rG} = \max\left\{0,\min\left[\left(\dfrac{S_G - S_{irG}}{1 - S_{irG}}\right)^{n_G},1\right]\right\}$

续表

参数	数值
水合物储层残余气饱和度 S_{irG}	0.02
自由气层残余气饱和度 S_{irG}	0.02
边界层残余气饱和度 S_{irG}	0.02
气相衰减指数 n_G	3.5
毛细管压力	$p_c = -p_0 \left[\left(S^* \right)^{-1/m} - 1 \right]^{1-m}$, $\quad S^* = (S_A - S_{irA})/(1 - S_{irA})$
毛细管进气压力 p_0 /Pa	1.0×10^4
孔隙分布指数 m	0.45

表 5.4　传热-流动-力学耦合模型地质力学参数

参数	数值
内聚力	依 S_h 线性增加，$S_h=0$ 时，取 0.5MPa；$S_h=1$ 时，取 2.0MPa
内摩擦角	30°
体积模量	依 S_h 线性增加，$S_h=0$ 时，取 111.2MPa；$S_h=1$ 时，取 777.8MPa
剪切模量	依 S_h 线性增加，$S_h=0$ 时，取 83.4MPa；$S_h=1$ 时，取 583.4MPa
热膨胀系数	1×10^{-5}℃$^{-1}$
Biot 系数	1

注：S_h 为地层水合物饱和度，开采过程中随时间发生变化。

（三）监测点物性参数响应特征

　　为了定量分析水平井降压引起的井筒周围地层物性参数的动态演化特征，在模型中特意设定了相应的监测点进行定量分析，具体监测点分布如图 5.24 所示。在水平方向（沿 x 方向）与水平井同一埋深位置共布设三个监测点 A、B 和 C，后文分析统一称为水平向监测点，这些水平向监测点距水平井的距离分别为 2m、5m 和 10m；在垂直方向（沿 z 方向）布设 4 个监测点，分别为自由气层顶部布设监测点 D，水合物储层底部和顶部布设监测点 E 和 F，自由气层底部布设监测点 G。

　　图 5.25 显示了传热-流动-力学耦合模型水平向监测点 A、B、C 的压力和温度随时间演化特征。可以看出，将射孔段布置于自由气层中，降压初始阶段会导致井筒周围压力快速降低，随后由于更远范围内自由气体和地层水的补充导致井筒周围地层压力快速回升到一个相对稳定的状态。这一现象对于低渗透率储层将更加明显，因为低渗透率导致远井处流体（甲烷气体和水）对流作用迟缓，从而导致井周地层孔隙压力降压初期会发生快速降低。因此，实际试采场地降压方案设计中对于低渗透率储层在开采初期应采用梯度降压的方式进行开采，这样可以在井筒到储层内部逐渐形成一个稳定的压力梯度区域，这有利于地层

中甲烷气体稳定地流入井筒内而不增加地层的失稳风险。因此，在今后的数值模拟中应加强阶段降压方案的探讨，对于不同的储层地质条件找到最合适的工作降压制度，以保证高效安全的水合物储层开采。

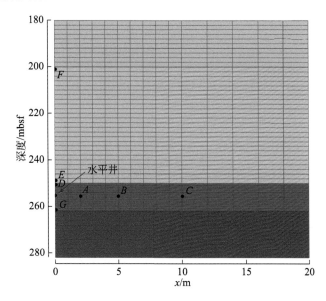

图 5.24　水平井开采监测点位置示意图

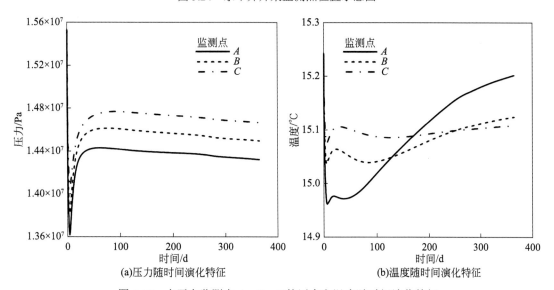

(a)压力随时间演化特征　　　　　　　(b)温度随时间演化特征

图 5.25　水平向监测点 A、B、C 的压力和温度随时间演化特征

另外，井筒周围降压开采初期由于大量自由气体快速膨胀进入生产井筒，焦耳-汤姆孙效应引起井筒周围地层温度降低，最大温降在监测点 A，可达到 0.3℃。随后由于储层内部热流体的对流作用，导致井筒周围地层布设监测点的温度有所回升。这一现象表明实际试采过程中，对于一类水合物储层降压开采，布设于生产井筒井壁上的温度传感器（TDS）可能检测到波动变化的地层温度。

图 5.26 显示了传热-流动-力学耦合模型水平向监测点 A、B、C 气体饱和度随时间演化特征。井筒中大量甲烷自由气体的回收引起井筒周围地层气体饱和度随时间降低，但气体饱和度不会低于模型中设定残余气饱和度。此外，井筒周围地层气体饱和度持续降低表明水合物分解作用缓慢，水合物储层中的水合物并未发生大量分解补充气层中的甲烷自由气体。

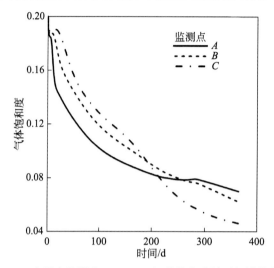

图 5.26　水平向监测点 A、B、C 气体饱和度随时间演化特征

图 5.27 显示了传热-流动-力学耦合模型垂向监测点 D、E、F、G 压力和温度随时间演化特征。在自由气层内部的压力监测点，其压力变化过程与水平向监测点一致，即在降压开采初期压力快速降低，随后压力出现一定程度的回升并保持相对稳定的状态。布设于水合物储层顶部的监测点 F，其压力随时间逐渐降低。由于在自由气层中开采降压较小，并未引起上覆水合物储层明显的分解作用，因此垂向监测点的温度变化较小。

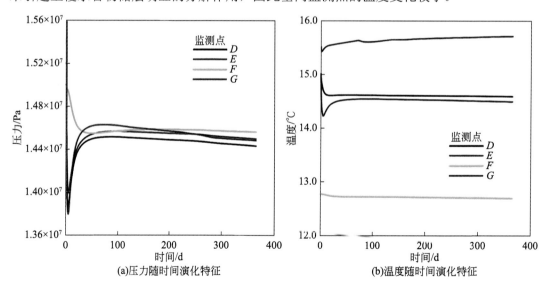

(a)压力随时间演化特征　　　　　　(b)温度随时间演化特征

图 5.27　垂向监测点 D、E、F、G 压力和温度随时间演化特征

图 5.28 显示了传热-流动-力学耦合模型垂向监测点 D、E、F、G 气体饱和度和水合物饱和度随时间演化特征。自由气层顶部的监测点 D 在整个开采周期内其气体饱和度均较低，这同样表明上覆水合物储层分解较弱。水合物储层底部的监测点 E 在降压开采初期，水合物即发生分解释放甲烷自由气体，但在整个开采阶段其水合物分解作用较弱，因此监测点 E 的自由气体饱和度一直保持较低水平。这主要是由于模型设计降压较小，当水合物储层底部发生分解时由于吸热效应导致温度降低，这限制了更多的水合物发生分解。从水合物饱和度随时间演化特征 [图 5.28（b）] 可以看出，整个水合物储层分解作用缓慢，虽然监测点 E 位于水合物储层底部，其温压条件靠近水合物相平衡边界，但是连续降压开采 1 年后其水合物并未明显分解。因此，建议在自由气层内部射孔采用小降压方案开采时，应采用适当的辅助措施增加上覆水合物储层的分解，这样可以有效增加一类水合物储层的开采效率。

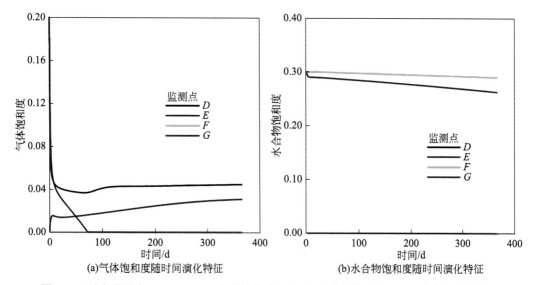

图 5.28　垂向监测点 D、E、F、G 气体饱和度（a）和水合物饱和度（b）随时间演化特征

（四）监测点力学响应特征

图 5.29 显示了 W17 站位水平井降压开采初始阶段和降压开采 1 年后储层中 x 方向有效主应力和 z 方向有效主应力空间分布特征。储层中物性参数的演化特征直接决定地层中有效应力的演变，考虑到水合物开采地层中温度变化较小，因此地层孔隙压力降低是引起储层有效应力增加的主要因素。从图 5.29 中可以明显看出，自由气层内降压导致井筒周围地层 x 方向有效应力增加，井筒下部地层的垂向有效应力出现降低，这是井筒下部地层出现隆起现象的主要原因。值得注意的，地层中不均匀的有效应力变化导致地层出现剪应力，如图 5.30 所示。

图 5.30 显示了 W17 站位水平井降压开采 1 年后储层中剪应力空间分布特征。与在二类水合物储层中水平井降压开采相似，降压作用同样导致地层中两个优势方向形成剪应力区域。由于在一类水合物储层中开采降压幅度较小，因此形成的剪应力较小。W17 站位降

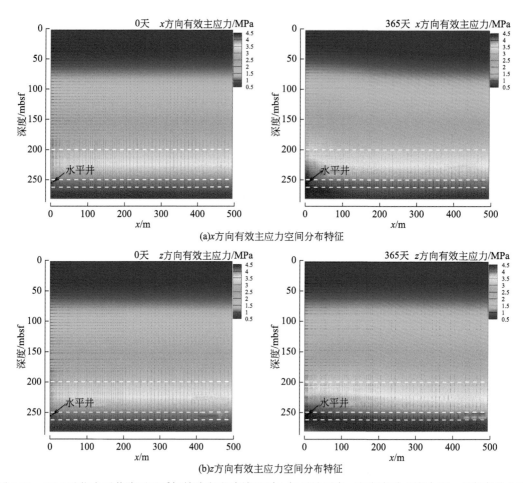

(a)x方向有效主应力空间分布特征

(b)z方向有效主应力空间分布特征

图 5.29 W17 站位水平井降压开采初始阶段和连续开采 1 年后储层中 x 方向有效主应力和 z 方向有效主应力空间分布特征

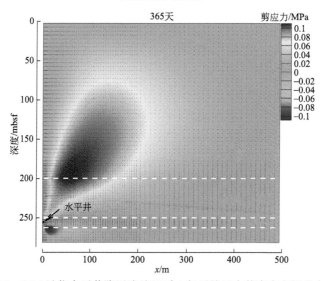

图 5.30 W17 站位水平井降压连续开采 1 年后储层中剪应力空间分布特征

压条件下产生的剪应力不超过 0.1MPa，考虑到实际水合物储层内聚力通常为零点几兆帕，因此不会出现明显的剪切破坏，且在一类水合物储层中降压开采并不会出现明显的出砂现象。

（五）沉降特征

图 5.31（a）显示了 W17 站位水平井降压 3MPa 连续开采 1 年后地层中沉降量的空间分布特征。相比于 W11 站位地层沉降，W17 站位降压开采诱发的沉降量和沉降范围均较小，这主要受到井筒降压幅度和地层中多相流体运移的控制。在自由气层中降压，由于气体流动性较强导致整个自由气层中孔隙压力均发生降低，从而导致自由气层中整体发生较小的沉降量，然而水合物储层中由于流体运移速率较慢，从而导致水合物储层中的沉降范围相对于自由气层较小。这种现象同样表明未固结地层的沉降主要是由于地层中孔隙压力降低导致地层压缩。

图 5.31（b）显示了 W17 站位水平井开采不同降压方案条件下海底面沉降量随时间演化特征。可以看出，在自由气层中进行降压开采，开采前期（前 30 天）导致海底面发生快速沉降，随后出现一定幅度的回弹。这主要是因为在自由气层中降压，由于气体较强的流动性导致井筒周围地层孔隙压力快速降低，从而引起地层在开采前期快速沉降。但是随后远井范围地层中的流体在压力驱动下逐渐运移至开采井筒，从而引起井筒周围地层适当的压力回升，驱动未固结地层发生一定程度的回弹。此外，定量分析结果表明，在一类水合物储层中采用小降压方案连续开采 1 年产生的最大沉降量仅 0.03m，不会引起潜在的地质灾害风险。

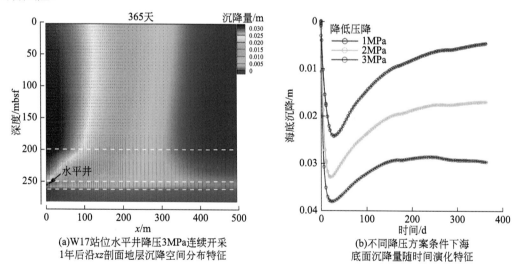

(a)W17站位水平井降压3MPa连续开采
1年后沿xz剖面地层沉降空间分布特征

(b)不同降压方案条件下海
底面沉降量随时间演化特征

图 5.31　W17 站位水平井降压开采地层沉降量分布

二、二类水合物储层水平井开采力学稳定性分析

（一）概念模型及数值剖分

根据 GMGS3-W11 站位的资料（杨胜雄等，2017），将研究区含水合物地层概化为水

平延伸地层，不考虑地层倾角对水合物开采过程的影响。为了探究水合物储层降压对整个上覆地层的影响，将模型顶面延伸至海底面。由于传热-流动-力学耦合模型计算消耗更多计算机内存和计算资源，且考虑到水平井降压开采过程中沿整个水平井筒的压力损失较小，因此模型沿水平井方向仅考虑单位长度 1m 进行模拟计算，据此建立如图 5.32 所示的平面应变模型。垂直方向上：水合物储层厚 80m，水合物储层之上为 200m 厚的弱透水地层，其下为 20m 厚的饱水地层，模型顶面为海底面。假定水平井规模化开采方案中布井间距为 1000m，因此设定 x 方向模型尺寸为 500m。传热-流动-力学耦合模型同样设定连续降压开采 1 年，依据之前的研究结果，将水平井布设于水合物储层中下部，即水平井下部预留 10m 厚的水合物自封闭层，以避免下伏饱水地层强烈的窜水作用降低水合物开采效率。

考虑到力学计算比传热-流动耦合计算消耗更多计算机内存和计算资源，所以 THMC 耦合模型降低了网格剖分密度以减小计算量。图 5.32 显示了 W11 站位水平井开采传热-流动-力学耦合网格剖分示意图，垂直水平井延伸方向（x 方向）网格精度分别为 1.0m、2.0m、3.0m、4.0m 和 5.0m，且远离生产井网格尺寸逐渐增加；垂直方向网格尺寸在水合物储层中为 2.0m，水合物储层下伏饱水地层中网格尺寸在 z 方向同样为 2.0m，上覆地层中靠近水合物储层的 20m 网格尺寸为 2.0m，其他部分网格尺寸为 4.0m。

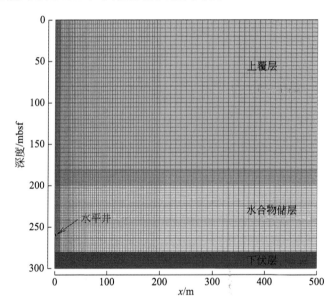

图 5.32　南海北部神狐海域 W11 站位天然气水合物水平井开采传热-流动-力学耦合概念模型

（二）初始条件和边界条件

地层的初始温度场分布由海底面 3.0℃按地温梯度 4.5℃/100m 随深度逐渐增加，水合物储层底部初始温度为 15.2℃；模型初始孔隙压力服从静水压力平衡，孔隙压力随深度增加，水合物储层底部初始压力为 16.9MPa。水合物储层初始为水合物和水两相平衡，其中水合物饱和度为 0.3，水饱和度为 0.7。上下地层初始为单相水饱和，即初始水饱和度为 1.0。

由于缺乏研究区相关站位的原位地应力参数，本次研究假定储层中初始地应力场为三相等应力状态。

因此，模型顶底及海底面设定为可发生流体运移和热量交换的定压定温边界，其温度和压力取为开采前未受扰动初始值。由公布的测井及地球物理解译数据表明，研究区水合物储层下部一定范围内并无明显的不透水泥岩层，因此同样假定模型底部为可发生流体运移和热量交换的定压定温边界。由于对称性，侧向 500m 取为隔水隔热边界。另外，水平井考虑为模型内边界条件，其内边界压力为设计生产井开采压力，力学稳定性研究方案中降压方案考虑降压 10MPa、12MPa 和 14MPa 三组方案，后面的详细动态分析将主要依据 10MPa 降压方案进行分析。

（三）储层性质和模型参数

传热-流动-力学耦合模型的相关水动力和热力学参数见表 5.4。值得注意的是，由于 THMC 耦合模型中上覆地层延伸到了海底面，可以肯定的是在水合物储层上覆近 200m 厚的地层中必定存在相当厚度的超低渗弱透水泥岩层。之前的研究结果表明，这些弱透水泥岩层在一定程度上会限制地层水在垂直方向上的渗流过程，由于缺乏研究站位详细的地层岩性数据，为了考虑这一层状非均质性的影响，模型中将通过设置地层渗透率各向异性来近似刻画超低渗弱透水泥岩层存在的影响。水合物储层上下地层中渗透率各向异性系数均为 10，即 $k_{x0}=k_{y0}=10k_{z0}$。

表 5.4　南海神狐海域 W11 站位天然气水合物沉积层物性参数

参数	数值
水合物储层厚度/m	80
上覆层厚度/m	20
水合物储层底板压力/MPa	15.9
孔隙度	0.38
沉积物颗粒密度/（kg/m³）	2600
非饱和导热系数/［W/（m·K）］	1.0
气体成分	100%CH₄
水合物初始饱和度	0.3
下伏层厚度/m	20
水合物储层底板温度/℃	15.2
渗透率/m²	1.0×10^{-14}
地温梯度/（℃/100m）	45
饱和导热系数/［W/（m·K）］	3.1
盐度	0.033
液相相对渗透率	$k_{rA}=\max\left\{0,\min\left[\left(\dfrac{S_A-S_{irA}}{1-S_{irA}}\right)^{n_A},1\right]\right\}$

续表

参数	数值
水合物层残余水饱和度 S_{irA}	0.55
边界层残余水饱和度 S_{irA}	0.60
液相衰减指数 n_A	4.5
气相相对渗透率	$k_{rG} = \max\left\{0, \min\left[\left(\dfrac{S_G - S_{irG}}{1 - S_{irG}}\right)^{n_G}, 1\right]\right\}$
水合物层残余气饱和度 S_{irG}	0.02
边界层残余气饱和度 S_{irG}	0.02
气相衰减指数 n_G	3.5
毛细管压力	$p_c = -p_0\left[\left(S^*\right)^{-1/m} - 1\right]^{1-m}$, $\quad S^* = \left(S_A - S_{irA}\right)/\left(1 - S_{irA}\right)$
毛细管进气压力 p_0 /Pa	1.0×10^4
孔隙分布指数 m	0.45

　　由于目前公布的关于我国南海沉积物样品的力学试验数据不足，本次研究传热-流动-力学耦合模型中相关地层的力学参数主要来自 Masui 等的三轴力学试验结果，且这些试验结果获得的含水合物沉积层力学参数被广泛用于水合物开采地层力学响应特征研究中。含水合物沉积物三轴力学试验过程为：先在试验前注入甲烷气体，使水合物生成，然后用橡皮膜包裹好试验样品并置于三轴压力室内，施加一定的围压，然后施加竖向压力，给定剪切速率，对样品进行剪切试验，即可得到多组不同水合物饱和度下的应力-应变关系数据，最后经整理得到抗剪强度和相应割线模量等与水合物饱和度的关系。图 5.33 显示了含水合物沉积物抗剪强度与水合物饱和度的关系，可以看出，含水合物沉积物抗剪强度随水合物饱和度增加而增加。

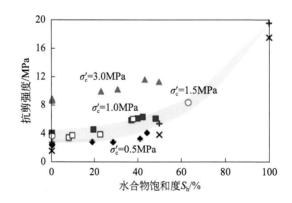

图 5.33　含水合物沉积物抗剪强度与水合物饱和度的关系

取割线模量作为弹性模量,可推算出体积模量和剪切模量等力学参数。图5.34显示了含水合物沉积物剪切模量与水合物饱和度的关系,试验结果显示样品剪切模量与水合物饱和度呈线性关系。值得注意的是,由于试验过程中所用的围压通常较小(1~5MPa),但实际地层的有效地应力通常大于试验给定的围压,因此实际原位应力场条件含水合物地层的力学强度通常大于室内三轴力学试验结果。

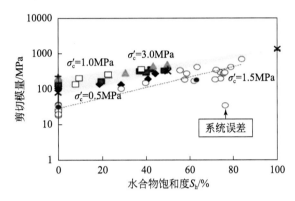

图5.34 含水合物沉积物剪切模量与水合物饱和度的关系

表5.5显示了所采用的地质力学参数。与文献中其他水合物开采传热-流动-力学耦合数值模型一致,考虑了含水合物沉积物的弹性本构模型,即含水合物沉积物特定力学参数,如内聚力、剪切模量、弹性模量等均随水合物饱和度的变化而变化。

表5.5 传热-流动-力学耦合模型地质力学参数

参数	数值
内聚力	依S_h线性增加,S_h=0时,取0.5MPa;S_h=1时,取2.0MPa
内摩擦角	30°
体积模量K	依S_h线性增加,S_h=0时,取111.2MPa;S_h=1时,取777.8MPa
剪切模量G	依S_h线性增加,S_h=0时,取83.4MPa;S_h=1时,取583.4MPa
热膨胀系数	$1\times10^{-5}℃^{-1}$
Boit系数	1

注:S_h为地层水合物饱和度,开采过程中随时间发生变化。

(四)监测点物性参数响应特征

为了定量分析水平井降压引起井筒周围地层物性参数的动态演化特征,在模型中特意设定了相应的监测点进行定量分析,具体监测点分布如图5.35所示。在水平方向(沿x方向)与水平井同一埋深位置共布设三个监测点A、B和C,后文分析统一称为水平向监测点,这些监测点距水平井的距离分别为2m、5m和10m;在垂直方向(沿z方向),在水合物储层内部不同埋深位置共布设4个监测点D、E、F和G,后文分析统一称为垂向监测点,这些监测点距水平井的距离分别为2m(D和F监测点)和10m(E和G监测点)。

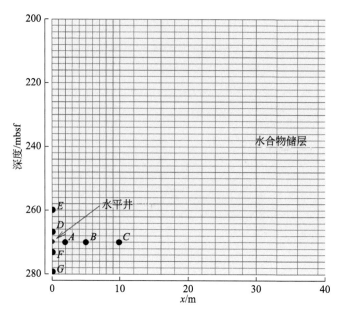

图 5.35　W11 站位水合物水平井开采传热-流动-力学耦合模型监测点位置示意图

图 5.36 显示了传热-流动-力学耦合模型水平向监测点 A、B、C 压力随时间演化特征。可以看出，井筒降压快速引起井筒周围储层压力降低，由于井筒压力向储层传播过程中存在压力损失，因此，储层中各监测点的孔隙压力并不能完全降低至生产井筒的开采压力，并且距离生产井筒越远，传导压力损失越大。另外，井筒与储层之间的传导压力损失主要受控于原位地层的有效渗透率，地层有效渗透率越大，井筒与储层之间的传导压力损失越小。因此，当水合物储层有效渗透率较低时，应采取较大的井筒降压方案扩展储层中的降

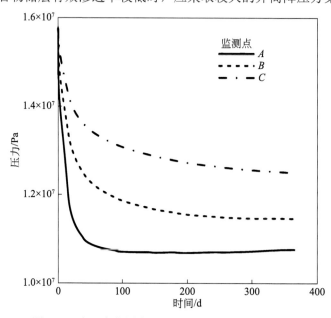

图 5.36　水平向监测点 A、B、C 压力随时间演化特征

压区域范围和降压强度，以保持足够体积范围内的水合物发生分解，从而保证一定的甲烷气体开采速率。对于本次研究站位的水合物储层条件，当井筒连续降压开采 1 年后，储层中水平向监测点 A、B、C 处的孔隙压力几乎保持稳定，但是低压状态将继续向储层内部扩展。定量监测结果表明监测点 A 和 B（距离 3m）之间的压力损失为 0.8MPa，监测点 B 和 C（距离 5m）之间的压力损失为 1.8MPa，可以看出越往储层内部扩展，井筒与储层之间的压力传导损失将更加明显。

　　图 5.37 显示了传热–流动–力学耦合模型水平向监测点 A、B、C 温度随时间演化特征。储层中压力降低打破了水合物稳定存在的相平衡条件，并引发水合物发生分解（图 5.38），由于水合物分解是一个吸热反应，从而导致储层温度降低。监测点 A 由于降压最为强烈，水合物快速发生分解并导致地层温度快速降低，当连续降压开采 90d 时该处水合物完全分解，且此时该处地层温度降低至最低温度 12.1℃，最大降温幅度达到 2.7℃。此后，监测点 A 处的温度缓慢增加，这主要是由于周围相对高温热流体的对流传热作用导致该处地层温度缓慢增加。因此，在实际场地水合物试开采监测井数据分析中，当发现监测井中温度连续降低并在某一时刻开始逐渐稳定增加时，表明监测井处的水合物可能已完全分解。相对于监测点 A 温度变化出现的两个阶段，距离生产井较远的监测点 B 和监测点 C 在整个 1 年的连续开采周期内温度均保持逐渐降低，表明这两处地层中的水合物在开采周期内并未发生完全分解（图 5.38），这同时也表明水合物分解的强烈吸热作用导致地层温度降低效应强于周围地层相对高温热流体对流传热效应。

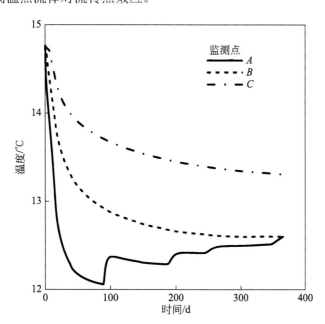

图 5.37　水平向监测点 A、B、C 温度随时间演化特征

　　图 5.38 显示了传热–流动–力学耦合模型水平向监测点 A、B、C 甲烷气体饱和度和水合物饱和度随时间演化特征。井筒低压传导至储层中引起储层水合物逐渐分解。在连续降压开采 90d 后，井筒周围 2m 范围内储层的水合物已分解完全，5m 范围内储层水合物饱和度降低

至 0.12。各监测点水合物饱和度随时间演化特征表明，在连续降压开采 1 年后储层中的水合物分解范围已超过 10m。水合物分解释放出大量甲烷自由气体，这些自由气体首先在储层中累积，当其含量超过残余气饱和度时才开始发生流动，并通过生产井筒被开采至生产平台进行收集处理。各监测点自由气体饱和度随时间演化特征表明，在与水平井同一埋深位置，储层中自由气体饱和度随距生产井筒距离的增加而降低，但开采后期储层中残余气体饱和度均较低。由于井筒周围储层自由气体饱和度较低导致气相相对渗透率较低，因此井筒甲烷开采速率在后期较低。这主要是由于连续降压开采 1 年后井筒周围储层水合物分解效率降低，这也是目前常规开采方法用于水合物开采难以保证长期稳定产气能力的主要原因。

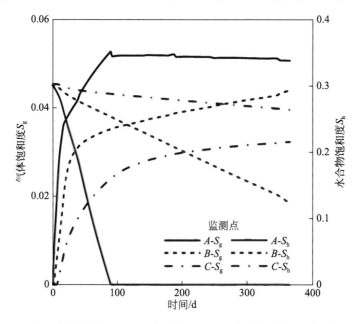

图 5.38　水平向监测点 A、B、C 气体饱和度和水合物饱和度随时间演化特征

图 5.39 显示了传热-流动-力学耦合模型垂向监测点 D、E、F、G 压力随时间演化特征。其中 D 和 F 监测点在垂直方向上距水平井的距离为 2m，E 和 G 监测点在垂直方向上距水平井的距离为 10m。从图 5.39 中可以明显看出，水平井上部和下部 2m 距离处地层孔隙压力差异较小，而 10m 距离位置处地层孔隙压力差异较为明显。这主要是由于水平井筒下部水合物更容易发生分解，而井筒上部水合物分解过程较慢，由于水合物饱和度的差异导致水平井筒上下部分水合物储层的有效渗透率不同。通常井筒下部储层水合物分解较快，相对于井筒上部储层其有效渗透率更高。另外，井筒下部储层水合物完全分解后与下伏饱水地层取得水力连通，下伏地层水可以快速补给到水平井筒，因此水平井筒下部压力监测点获取的数据均高于水平井筒上部。在距水平井筒 10m 位置处，井筒上下部分地层孔隙压力的差异可以达到 0.2MPa。

图 5.40 显示了传热-流动-力学耦合模型垂向监测点 D、E、F、G 温度随时间演化特征。从图 5.40 中可以明显看出，井筒周围地层温度变化主要受控于水合物分解吸热效应和地层流体的对流传热效应。在降压开采前期，井筒周围地层温度降低主要受控于水合物分解吸

热，且这部分热量主要来源于压力降低所引起的水合物平衡温度差异释放的显热。在降压开采后期，由于井筒周围一定范围内的水合物已分解完全，这是地层温度波动主要受控于地层流体对流作用的影响。从图 5.40 中可以看出，监测点 G 在井筒下部 10m 位置处由于靠近下伏边界透水地层，该处地层温度变化明显受到下伏较高温地热流体对流作用的影响。在连续降压开采大约 300d 时，水平井筒下部的自封闭层水合物已完全分解，下伏地层较高温地层水快速涌入水平井筒，同时导致监测点 G 和 F 的温度快速增加。

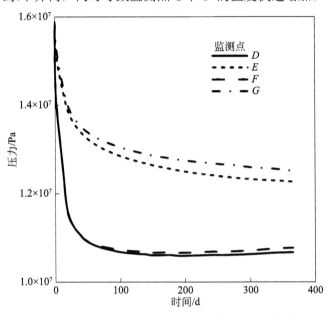

图 5.39　垂向监测点 D、E、F、G 压力随时间演化特征

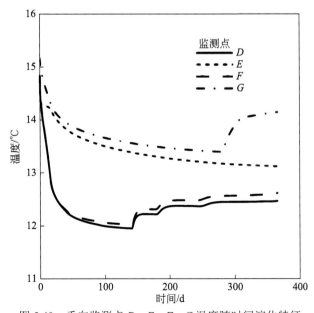

图 5.40　垂向监测点 D、E、F、G 温度随时间演化特征

图 5.41 显示了传热-流动-力学耦合模型垂向监测点 D、E、F、G 甲烷气体饱和度和水合物饱和度随时间演化特征。从图 5.41 中可以明显看出，水平井筒上部和下部地层中水合物分解差异。在垂直方向上距水平井 2m 位置处的监测点 D 和 F 水合物分解过程几乎保持一致，这主要是由于井筒 2m 范围内储层降压强烈，但上下不同位置温度差异较小，且开采前期井周水合物分解过程受到周边地层流体对流作用的影响较小。对于水平井筒上下部距离 10m 位置的监测点 E 和 G，水合物分解过程存在明显差异。连续降压开采 1 年时，监测点 E 处的水合物并未完全分解，这表明 1 年的开采周期水平井筒上覆水合物储层的完全分解区域并未超过 10m，而水平井筒下伏水合物储层的完全分解区域在大约 280d 时已达到 10m。这主要是由于：①监测点 G 相对于监测点 E，其水合物热力学条件更加靠近水合物相平衡边界；②监测点 G 初始地层温度更高，降压分解水合物时该处地层所能提供的显热更多；③下伏饱水地层相对高温流体对流传热作用明显；④水合物分解增加地层有效渗透率，这与对流传热作用形成正反馈，加速了井筒下部水合物的快速分解。

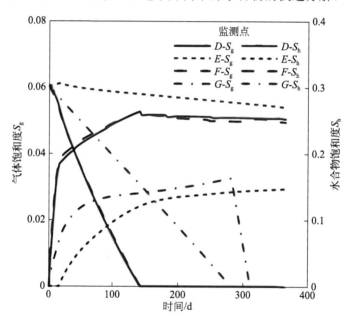

图 5.41　垂向监测点 D、E、F、G 气体饱和度和水合物饱和度随时间演化特征

（五）监测点力学响应特征

图 5.42 显示了降压开采过程中水平向监测点 A、B、C 最大有效主应力和最小有效主应力随时间演化特征。从图 5.42 中可以明显看出，井筒降压导致地层骨架之间有效主应力增加，且垂向最大有效主应力增加程度大于水平向最大有效主应力，因此在地层骨架颗粒之间形成剪应力，这是降压开采水合物地层出砂的主要驱动因素。可以明确的是，当原位初始地应力场各向异性较大时，在井筒降压扰动下会明显加剧地层的剪应力，因此当水合物储层原位构造地应力非各向异性较强时不利于水合物储层的安全开采。另外，地层骨架有效主应力随时间演化特征结果表明，井筒周围地层有效主应力增加阶段主要发生在开采前

期，当降压开采一段时间后井筒周围地层有效主应力状态逐渐趋于稳定，这将保障水合物储层长期稳定开采，因此开采前期是防范井壁、地层力学破坏以及防砂的关键时期。定量分析结果表明在水平井筒附近2m位置处，井筒降压导致地层骨架有效主应力增加约3MPa，相对于初始原位地应力场增加了近80%。

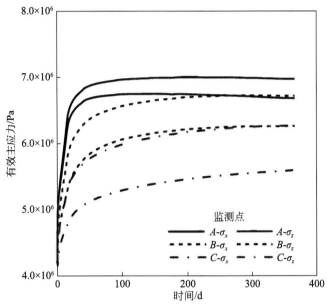

图 5.42　水平向监测点 A、B、C 最大有效主应力和最小有效主应力随时间演化特征

图 5.43 显示了降压开采过程中水平向监测点 A、B、C 有效主应力路径演化特征。从图 5.43 中可以看出，在 1 年的开采周期内，生产井周围地层不会发生屈服破坏。这主要是

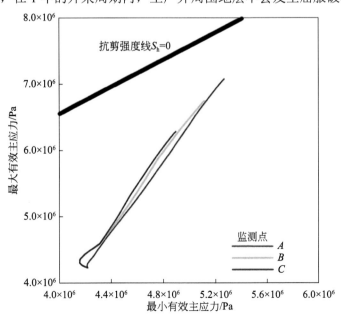

图 5.43　水平向监测点 A、B、C 有效应力路径演化特征

由于降压引起最大有效主应力和最小有效主应力同时增加,并未出现明显的偏应力。另外,可渗透上下地层的补给作用限制了生产井周围地层有效主应力的增加,这在一定程度上缓解了地层出现屈服破坏。但是可以看出,井筒周围地层有效主应力路径有逐渐靠近抗剪强度线的趋势。

图 5.44 显示了降压开采过程中垂向监测点 D、E、F、G 最大有效主应力和最小有效主应力随时间演化特征。垂直方向由于地层降压差异明显导致 10m 位置处地层有效主应力的变化差异较大,尤其是垂直方向有效主应力的变化。对于监测点 E 和 G(距水平井距离均为 10m),连续降压开采 1 年后其垂直方向有效主应力差异达到 0.6MPa,水平方向有效主应力差异不足 0.1MPa,因此对于水平井降压开采,井筒上方地层更容易发生剪切破坏。

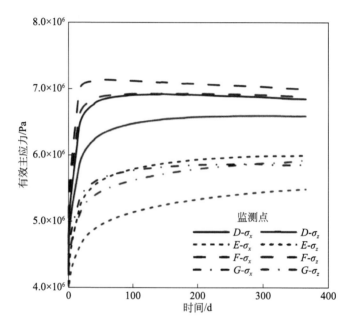

图 5.44　垂向监测点 D、E、F、G 最大有效主应力和最小有效主应力随时间演化特征

图 5.45 显示了降压开采过程中垂向监测点 D、E、F、G 有效主应力路径演化特征。模拟结果显示,连续降压开采 1 年水平井筒上部和下部周围地层同样不会发生屈服破坏。值得注意的是,在井筒周围 2m 范围内地层在开采后期有效主应力出现波动减小,这主要是由于水合物边界层地层水涌入缓解了有效主应力持续增加。由此可以看出,边界层地层水的涌入可以缓解地层压缩和屈服破坏,但是大量边界层地层水的涌入会明显降低水合物的开采效率。

图 5.46 显示了水平井连续降压开采 1 年后储层中剪切应力空间分布特征。从图 5.46 中可以看出,在水平井两个夹角方向分别形成两个明显的剪切应力区域,且最大剪切应力方向与垂向最大有效主应力的夹角为 $\pi/4\pm\alpha/2$,其中 α 为地层内摩擦角。图 5.46 中剪切应力集中区域为水平井降压开采过程中地层骨架最有可能脱砂和出砂的区域,因此实际开采过程中应对这些区域采取相应的工程措施进行防治。

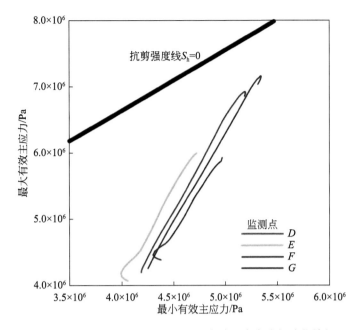

图 5.45　垂向监测点 D、E、F、G 有效主应力路径演化特征

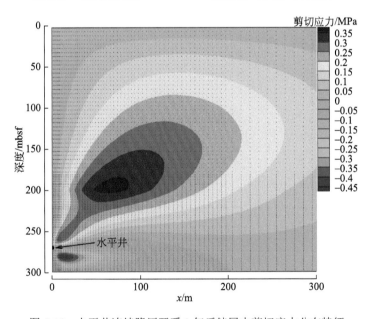

图 5.46　水平井连续降压开采 1 年后储层中剪切应力分布特征

　　考虑到如图 5.46 所示的剪切应力集中区域，提出采用如图 5.47 所示的工程措施进行水平井开采储层防砂。在完井后通过射孔枪打入地层，然后向射孔地层内注入具有高强度的透水材料，称为防砂格栅。射孔方向即防砂格栅填充方向，应充分考虑原位地应力场和含水合物地层骨架的内摩擦角，优先考虑将射孔方向定在剪切应力集中主线上（图 5.46）。这样做的目的是将地层骨架颗粒之间的剪切应力分散，而将剪切应力集中到高强度防砂格栅

上，这在一定程度上可以削弱骨架地层颗粒之间的剪切位移，从而保持井筒周围地层稳定。值得注意的是，这种防砂措施的有效性需要通过室内试验验证。

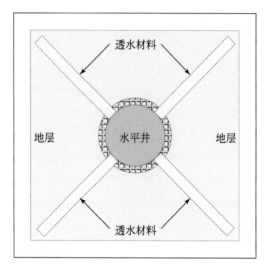

图 5.47　水平井降压开采防砂措施示意图

（六）沉降特征

图 5.48 显示了水平井降压开采过程中水平向监测点 A、B、C 沉降量随时间演化特征。从图 5.48 中可以看出，水合物储层内部的沉降主要发生在开采前期阶段（连续降压开采的前 30d）。连续降压开采 1 年后，水合物储层内距水平井筒 2m、5m 和 10m 位置的监测点 A、B 和 C 的累积沉降量分别为 0.031m、0.030m 和 0.028m。然而在降压开采 30d 时，监测点 A、

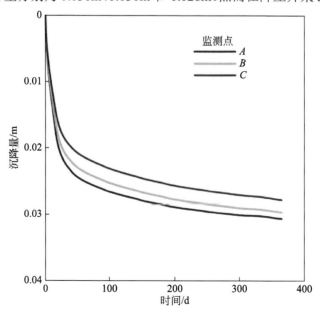

图 5.48　水平向监测点 A、B、C 沉降量随时间演化特征

B 和 C 的累积沉降量分别达到 0.022m、0.021m 和 0.019m，分别占 1 年总沉降量的 71%、70% 和 68%。由此可见水平井降压开采二类水合物地层沉降主要发生在初始阶段。对应考虑水合物储层内孔隙压力和地层温度的变化，可以得出地层沉降主要受控于地层孔隙压力降低导致储层骨架压缩，这是地下深部地层内部发生的一种体积应变。

图 5.49 显示了水平井降压开采过程中垂向监测点 D、E、F、G 沉降量随时间演化特征。从图 5.49 中可以看出，水平井下部距离 10m 的监测点 G 出现膨胀（沉降回弹）现象，这主要是由于井筒降压导致上部地层总应力降低，另外下伏饱水地层的涌水作用避免了水平井下部地层的强烈沉降作用，并且由于流体对流作用促进了井筒下部地层的膨胀现象。模拟结果表明，边界地层的涌水作用导致井筒下部地层整体沉降减弱。与井筒下部地层的变形作用不同的是，井筒上部地层主要发生沉降作用，距井筒距离 2m 和 10m 的监测点 D 和 E 在连续降压开采 1 年后的累积沉降量分别为 0.039m 和 0.058m，监测点 E 的沉降量大于监测点 D，主要是由于 E 点的沉降量是其下部地层沉降量的累积量。从图 5.48 中监测点 E 的沉降特征可以看出，在连续降压开采 1 年后距离井筒较远的地层沉降并未到达平衡，继续降压开采还会发生沉降，然而井筒周围地层已逐渐达到平衡（如监测点 D）。这主要是由于井筒周围地层孔隙压力较容易达到稳定状态，而延伸到地层内部，由于渗透率较低导致孔隙压力的变化过程较为缓慢。此外，考虑到井筒周围地层开采前期地层变形作用明显，因此降压开采初始阶段应采取必要的措施防止井筒周围地层强烈变形作用所导致的工程问题。

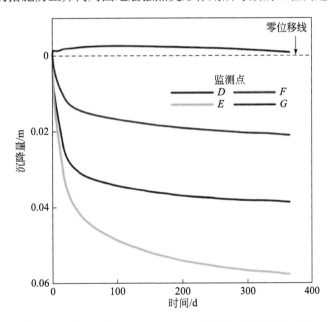

图 5.49　垂向监测点 D、E、F、G 沉降量随时间演化特征

图 5.50（a）显示了水平井降压 10MPa 连续开采 1 年后沿 xz 剖面地层沉降的空间分布特征。从图 5.50（a）中可以看出，水平井降压连续开采 1 年导致海底面的沉降量为 0.1m，且主要集中在井筒周围 150m 范围内，因此建议场地试采过程中海底变形监测设备应主要布置在降压井筒周围 150~200m 范围内，超过这一范围的海底变形量较小。降压导致水合

物储层内部形成漏斗状沉降区域,这主要受控于储层内部形成漏斗状的孔隙压力降低区域,这表明水合物储层内部的变形主要为地层压缩。然而水合物储层上部地层呈现出整体下沉的沉降趋势,表现为一刚形体的整体沉降形式。另外,水平井筒下部一定范围内地层发生隆升作用,这受控于水合物储层的压缩和上覆地层垂向总应力降低。

图 5.50(b)显示了 W11 站位水平井开采不同降压方案条件下海底面沉降量随时间的演化特征。从图 5.50(b)中可以看出,增大井筒降压将导致海底面沉降量明显增加,当降压方案从 10MPa 增加到 12MPa 和 14MPa 时,海底面最大沉降量从 0.10m 增加到 0.12m 和 0.14m,相对增加了 20%和 40%。假定海底面沉降 0.1m 为长期开采地层稳定的临界条件,那么针对 W11 站位条件,强降压方案将难以保持长期稳定的连续开采,因此,现场开采方案设计应考虑适当的措施避免较大的海底面沉降,同时做好海底变形监测,尤其对于自然倾斜的海底面以免发生大规模的滑坡事故。定量分析结果表明,在假定的稳定开采临界条件下,W11 站位降压 10MPa、12MPa 和 14MPa 方案分别可以连续稳定开采时间为 334d、214d 和 159d。

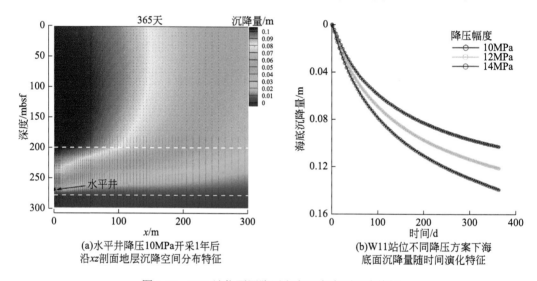

(a)水平井降压10MPa开采1年后　　　　　(b)W11站位不同降压方案下海
沿xz剖面地层沉降空间分布特征　　　　　　底面沉降量随时间演化特征

图 5.50　W11 站位不同降压方案下海底面沉降特征

第四节　直井多分支孔开采力学稳定性分析

从第三节模拟结果看,水平井可以大幅度增加产气效率,但储层的稳定性下降。从水平井的结果来看,增加储层在水平方向的渗透性是增加水合物分解速率和产量的有效途径。本节对直井多分支孔开采条件下的产能和储层稳定性进行分析。

一、地质模型建立

我国南海北部水合物储层以黏土质粉砂和粉砂质黏土为主,储层沉积物粒径总体低于20μm,是典型的孔隙充填型水合物储层,储层原位测试渗透率低(<10mD)。压降在这种低渗透性水合物储层中传播速度慢、影响范围小,造成水合物开采效率低。为改善井筒周

围的渗透性，建立井筒与储层之间有效的流动通道，加大压降的传播速度和影响范围，我国首次水合物试采中采用了水力喷砂割缝（简称水力割缝）技术对储层进行改造（Li et al.，2018）。该技术是利用高压水射流对井筒和近井地带的储层进行切割，在井筒周围形成一定宽度和深度的割缝，同时用水射流向割缝中携入一定量的砂，起到支撑作用（欧阳伟平等，2014）。通常水力割缝作业分层、分多次进行，最终在井筒周围形成螺旋状分布的割缝，形成直井多分支孔的井筒结构，如图 5.51 所示。

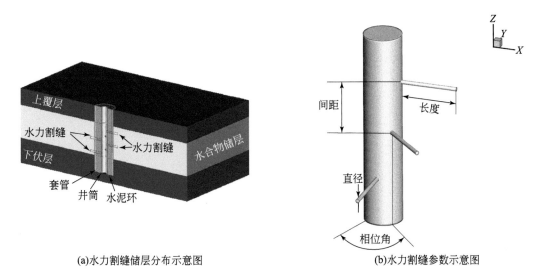

(a)水力割缝储层分布示意图   (b)水力割缝参数示意图

图 5.51 水力割缝模型示意图

对于这种较为复杂的井筒结构，TH 模拟器的前处理模块无法处理。而作者团队开发的模拟器是基于非结构网格，对复杂边界的处理能力非常强。多分支孔的建模方法有两种：①将多分支孔视为高孔隙度和高渗透率的多孔介质，利用非均质的思想用孔隙度和渗透率参数定义多分支孔。分支孔在井壁上的孔为内边界条件。②将多分支孔视为导流能力无限大的空孔，孔中无填充，孔的内边界作为计算的内边界条件。本节采用第二种建模方法。具体的建模流程如下。

（1）根据主井眼的尺寸，建立圆柱体表示的主井眼。

（2）根据多分支孔的长度和大小，建立单个多分支孔的圆柱体。

（3）根据多分支孔的数量、分布、与主井眼的位置关系，建立多分支孔和主井眼的位置关系。

（4）根据储层的厚度和大小，建立储层柱体模型。

（5）使用实体布尔运算，用储层圆柱体减去主井眼和多分支孔眼的圆柱体。

以上步骤即可建立如图 5.51 所示的直井多分支孔模型。对该几何模型进行网格划分，定义多分支孔为内边界条件，如图 5.52 所示。需要特别说明的是，在实际开采中，通常是下入套管后通过射孔的方式形成多分支孔，流体只能从井筒壁面上的分支孔流入井筒中，而其他位置均被套管封闭。因此，井筒内壁不是内边界条件。

初始条件和其他地质参数与第二节相同。

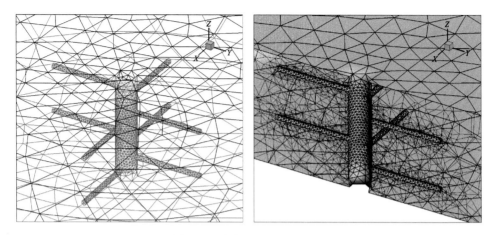

图 5.52　直井多分支孔网格图

二、产水产气特征及物理场演化特征分析

（一）产水产气特征

图 5.53 是分支数量为 8 个，分支孔长度为 15m 条件下开采的产水产气速率随时间的关系。从图 5.53 可以看出，多分支孔开采时，产气速率初期达到 26000m³/d，后期稳定的产气速率约为 2000m³/d。多分支孔初期产量高，但后期产量下降较快，主要原因是初期产气主要靠井筒周围的储层提供，而多分支孔中由于分支孔的作用，初期产量多分支孔更高；但后期产量主要靠储层其他区域的供给，且多分支孔的长度有限。

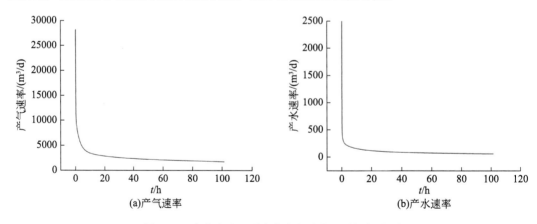

图 5.53　多分支孔开采产水产气速率随时间的关系

（二）物理场演化特征

图 5.54 是多分支孔开采不同时刻的储层压力和水合物饱和度场图。从图 5.54 可以看出，多分支孔开采初期，压力沿着各多分支孔扩展；随着开采进行，各分支孔间的压力存在相互

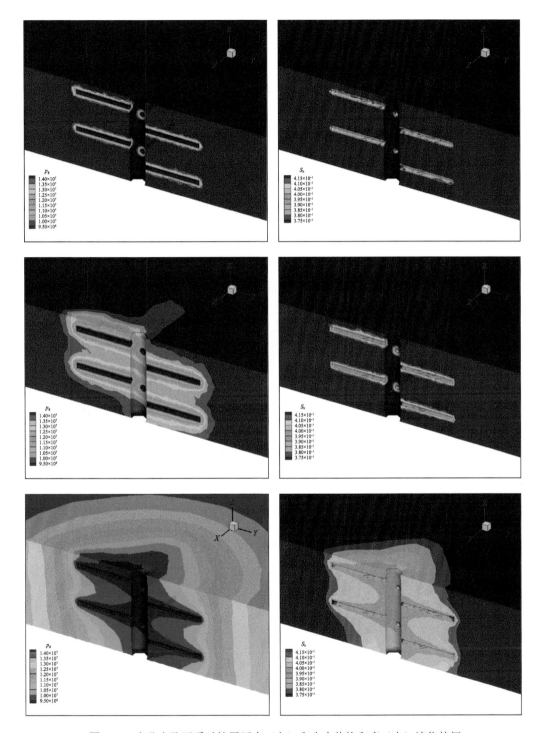

图 5.54 多分支孔开采时储层压力（左）和水合物饱和度（右）演化特征

干扰，即压力等值线出现交叉；至开采后期，压力扩展扩大到多分支孔以外的储层中，以径向的方式继续扩展。水合物饱和度的分解过程也与压力扩展过程类似。因此，多分支孔开采的最大特征是各分支孔间存在相互干扰，该干扰会增大渗流阻力，影响产量。

（三）分支孔长度对产量的影响

图 5.55 是分支孔数量为 8 个，长度分别为 5m、15m 和 25m 时产水产气速率随时间的变化曲线。从图 5.55 可以看出，分支孔长度越长，产气速率越大；稳定产气阶段的产气量分别为 800m³/d、2000m³/d 和 3000m³/d，可以看出稳定产气量与分支孔长度不成正比，这主要是因为分支孔长度越长，相邻分支孔间的干扰越强烈，对产量的影响越大。

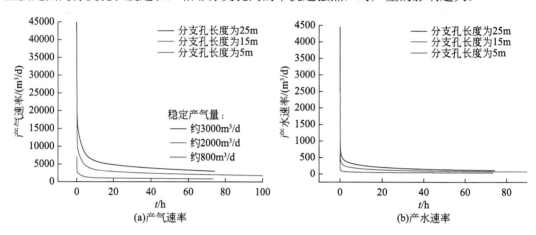

图 5.55　不同分支孔长度的产水产气速率随时间的变化曲线

（四）分支孔数量对产量的影响

图 5.56 是分支孔长度为 15m，分支孔数量分别为 4 个、8 个和 12 个的产水产气速率对比。从图 5.56 可以看出，分支孔数量越多，开采早期的产水产气速率越大，但稳定生产阶段的产水产气速率差别却不大。这是因为分支孔数量越多，相邻分支孔的干扰越明显，分支孔对产量的贡献越小。图 5.57 是分支孔数量为 12 个时的压力场，可以看出各分支孔间

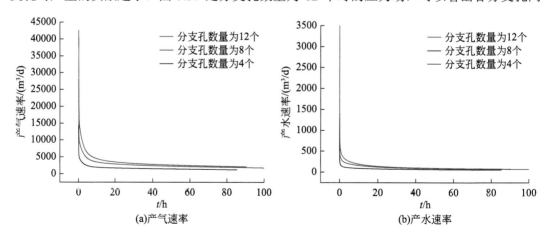

图 5.56　不同分支孔数量的产水产气速率随时间的变化曲线

的干扰非常明显。从理论上分析,直井多分支孔的极限情况是将井筒周围分支孔长度范围内的储层全部掏空为井眼,相同长度条件下,单纯增加分支孔的数量并不能有效提高产气速率。

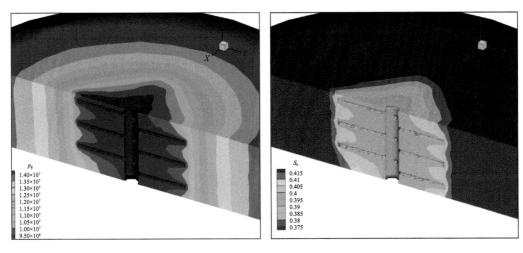

图 5.57 分支孔数量为 12 个时压力场和水合物饱和度场图

三、力学响应特征及稳定性分析

(一)储层稳定性分析

图 5.58 是分支孔开采时储层稳定系数 $s<1$ 和 $1<s<5$ 的区域分布情况。蓝色区域为 $s<1$ 区域,绿色区域为 $1<s<5$ 区域。从 $t=10\text{h}$ 的分布图看,开采早期即出现储层失稳,且失稳区域在分支孔的上下侧(z 方向),这与水平井类似;从 $t=24\text{h}$ 的分布图看,失稳区域主要集中在相邻分支孔之间,这是由分支孔间干扰造成的;随着开采进行,后期储层失稳的区域越来越大。因此,在本算例设定条件下,多分支孔开采时储层是不稳定的。

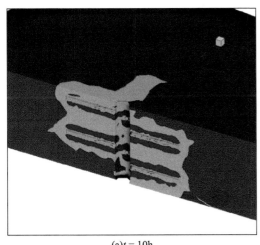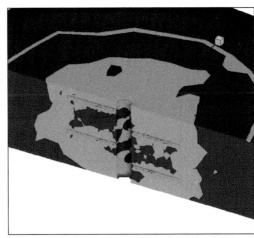

(a)$t = 10\text{h}$ (b)$t = 24\text{h}$

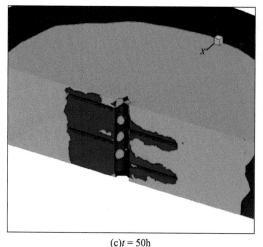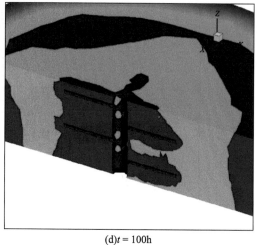

(c)t = 50h　　　　　　　　　(d)t = 100h

图 5.58　多分支孔开采储层稳定系数分布图

（二）不同分支孔长度对储层稳定性的影响

图 5.59 是不同分支孔长度情况下储层稳定系数 $s<1$ 的区域体积随时间的变化关系。从图 5.59 可以看出，多分支孔开采时，$s<1$ 的区域体积是一直增加的，这与图 5.58 的结果一致，说明使用多分支孔开采储层会发生失稳。从不同分支孔长度的结果来看，分支孔越长，储层失稳的风险越大。

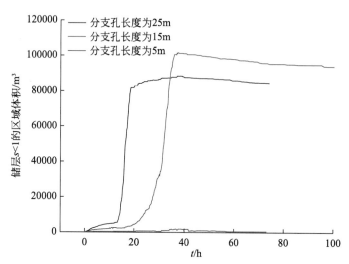

图 5.59　不同分支孔长度的储层失稳区域的体积随时间变化关系

（三）不同分支孔数量对储层稳定性的影响

图 5.60 是不同分支孔数量情况下储层稳定系数 $s<1$ 的区域体积随时间的变化关系。从图 5.60 可以看出，分支孔数量越多，储层发生失稳的区域越大。这是因为储层失稳发生的

区域主要在分支孔附近，分支孔数越多，失稳发生的区域越大，且分支孔越多，水合物分解范围越大，也引起失稳区域增大。

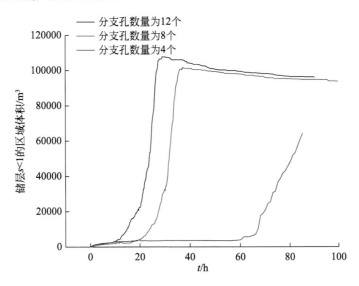

图 5.60　不同分支孔数量下储层失稳区域的体积随时间的变化关系

参 考 文 献

李彦龙，刘昌岭，刘乐乐，等. 2017. 含甲烷水合物松散沉积物的力学特性. 中国石油大学学报（自然科学版），3: 105-113.

卢廷浩. 2010. 土力学. 北京：高等教育出版社.

欧阳伟平，刘日武，万义钊，等. 2014. 计算射孔井产率比的三维有限元新方法. 工程力学，31(6): 250-256.

沈海超. 2009. 天然气水合物藏降压开采流固耦合数值模拟研究. 青岛：中国石油大学（华东）.

孙晓杰，程远方，李令东，等. 2012. 天然气水合物岩样三轴力学试验研究. 石油钻探技术，4: 52-57.

万义钊，吴能友，胡高伟，等. 2018. 南海神狐海域天然气水合物降压开采过程中储层的稳定性. 天然气工业，38(4): 117-128.

杨胜雄，梁金强，陆敬安，等. 2017. 南海北部神狐海域天然气水合物成藏特征及主控因素新认识. 地学前缘，24(4): 1-14.

袁益龙，许天福，辛欣，等. 2020. 海洋天然气水合物降压开采地层井壁力学稳定性分析. 力学学报，52(2): 544-555.

Li J, Ye J, Qin X, et al. 2018. The first offshore natural gas hydrate production tese in South China Sea. China Geology, 1(1): 5-16.

Moridis G, Collett T S, Pooladi-Darvish M, et al. 2011. Challenges, uncertainties, and issues facing gas production from gas-hydrate deposits. SPE Reservoir Evaluation & Engineering, 14(1): 76-112.

Yang S, Zhang M, Liang J, et al. 2015. Preliminary results of China's third gas hydrate drilling expedition: A critical step from discovery to development in the South China Sea. Fire in the Ice, 15(2): 21.

第六章 天然气水合物与海底滑坡

天然气水合物的分解会引起储层物性改变并诱发一系列的地质力学问题。而当储层位于海底斜坡区域时则有可能引起区域沉积物失稳，甚至大规模的海底滑坡。天然气水合物分解诱发海底滑坡的主要影响在于造成沉积物强度降低，这主要表现在两个方面：①天然气水合物分解降低了胶结效应，这导致颗粒间黏结及支撑减少；②天然气水合物分解产生的气体改变了固流两相的作用关系，不仅使得沉积物成为特殊含气土，而且孔隙积聚的高压气体也会破坏储层结构。上述两个方面显著降低了沉积物强度并极易诱发海底滑坡。本章介绍天然气水合物诱发海底滑坡的研究现状，以及基于两步折减法的水合物滑坡稳定性分析。

第一节 天然气水合物诱发海底滑坡研究现状

一、与天然气水合物有关的海底滑坡典型案例

（一）Storegga 滑坡

挪威北海的 Storegga 滑坡被认为是由于天然气水合物分解所导致的大规模海底滑坡（Sultan et al.，2004）。该滑坡面积约为 $3.5\times10^4km^2$，影响面积达 $9.5\times10^4km^2$，体积高达 $3.5\times10^3km^3$。该滑坡带动沉积物滑移约 500km，并引发海啸涌入苏格兰岛。图 6.1 显示出了明显的似海底反射层（bottom simulating reflector，BSR）。该滑坡第一次滑动发生于约 40ka 前，滑坡体滑移距离约 800km，沉积物厚度 450m；第二次滑动发生于距今约 7ka 前，滑坡体总体积约 1700km³；第三次滑动则主要是第一次滑动的部分区域滑移，规模显著小于前两次。目前，多数学者认为 Storegga 滑坡确实是由水合物分解所引起，而间接原因则是海平面下降和海水温度升高（鲁晓兵等，2019；宋海斌，2003）。

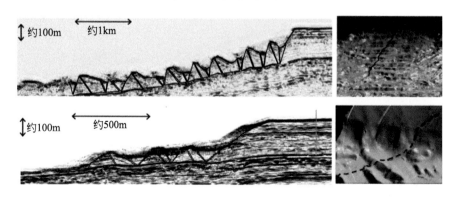

图 6.1 Storegga 滑坡地震剖面图（Kvalstad et al.，2005）

（二）Hamboldt 滑坡区

Hamboldt 滑坡区位于美国加利福尼亚州尤里卡附近的大陆边缘，此处水深250～500m。数据表明该滑坡区的主要构成是以倒退破坏形式为主的后旋块体。并且这一区域存在异常活跃的地震活动以及广泛分布的天然气水合物。通过对该区域样品测试发现，表层区域（距地表2m内）甲烷气体浓度大于$1.0×10^4$mL/L，并伴随含水合物沉积物的出现。因此学者认为活跃地震引起了水合物分解，从而导致海底滑坡的发生。这一观点的依据是同一大陆架处，不含水合物的地震活跃带并没有海底滑坡的发生（Schwehr et al.，2007）。

（三）布莱克海岭崩塌

布莱克海岭位于美国大西洋海岸，同时这里也是美国东部海岸大陆架的水合物富集区。该区内包含有一个以断层、褶曲及崩塌等非连续地层带为主的不规则区域。这些断裂构造的产生使得气体易于渗出并引起地层破坏。而进一步的研究表明，该区域的大范围崩塌正是水合物层分解以及含气岩层气体析出的产物。由于坡度较小以及断层导致的贯穿通道使得该区域以崩塌为主，而不是大范围的滑坡（鲁晓兵等，2019）。

（四）墨西哥湾滑坡区

墨西哥湾海域是全球水合物资源的主要赋存区。该区域水合物分布于近海大陆坡西北至距路易斯安娜和得克萨斯海岸线西南180km，水深400～2400m范围内。学者认为水合物分解严重威胁该区域的钻井施工、海底管线及线缆安装等作业。另外，区域水深320～720m范围内水温变化显著，加之洋流运动及季节变化，墨西哥湾水合物分解明显。因此，该区域内一个$1.4×10^5$km^{2}的地质灾害区被认为与水合物分解直接关联（Milkov et al.，2000）。

（五）新西兰 Hikurangi 大陆边缘的 Tuaheni 滑移体

新西兰 Hikurangi 大陆边缘位于太平洋板块和澳大利亚板块的交界处，是世界上最年轻的俯冲带之一，俯冲发生在24～30Ma（Mountjoy et al.，2014；Wallace and Beavan，2010）。根据全球定位系统（global positioning system，GPS）长期观测，该区域约每两年发生一次慢滑移事件（Wallace and Beavan，2010）。Tuaheni 滑移体是目前世界上唯一被发现的海洋环境中的慢速变形体，表现为典型的蠕动特征，其上部边界与水合物稳定带的边界相对应。天然气水合物是否会造成海底变形蠕动和海底失稳，与天然气水合物的成藏演化历史、地层中的产出状态及其对沉积物土力学性质的影响具有重要关联。Mountjoy 等（2014）提出慢滑移事件可能与水合物成藏、分解有关，并提出了水合物分解液化失稳、水合物压力阀控制和水合物冰川作用（即胶结作用）三种假设模式（图6.2）。

二、天然气水合物与海底斜坡稳定性的研究方法

针对天然气水合物分解影响下的海底斜坡稳定性以及海底滑坡问题，学者开展了一系列研究工作。整体而言，由于需要考虑水合物分解以及相似可比性的问题，目前相关研究以数值模拟为主，而实验研究较少。

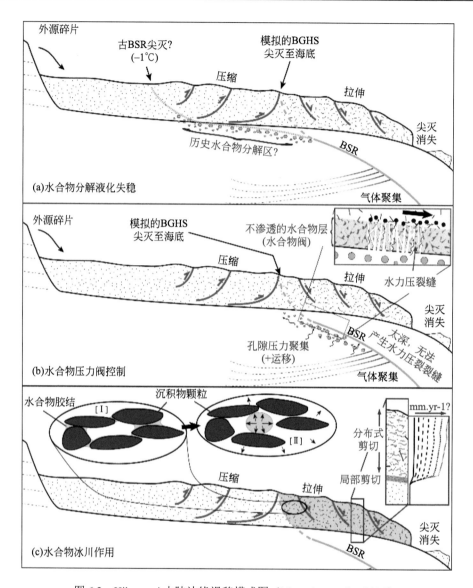

图 6.2　Hikurangi 大陆边缘滑移模式图（Mountjoy et al.，2014）

　　张旭辉等（2012）采用室内离心机开展了水合物分解诱发海底滑坡的模拟实验。结果表明，水合物分解过程中伴随超静孔隙压力的产生，斜坡沉积物不断向坡脚滑动。其影响实质是水合物分解引起的孔隙水、气不能够及时消散而产生超静孔隙压力，进而导致沉积物有效应力降低。水合物分解引起的沉积物强度减弱则造成土体沉降及滑动面形成。此外，部分学者还对水合物分解后，沉积物形成的特殊含气土进行了力学行为实验研究（孔亮等，2019），发现含气土体的抗液化能力随剪切应力的降低以及初始密度的增大而增强。

　　与实验相比，含水合物沉积物的海底斜坡稳定性研究更多的是采用数值模拟方法。刘锋等（2010）应用极限平衡法研究了水合物分解影响下海底斜坡稳定性问题。结果表明，水合物分解诱发的海底滑坡受多因素控制，当影响因素水平不同时，水合物分解导致的海底斜坡失稳程度亦不同。宋本健等（2019）采用强度折减法探究了水合物分解与海底斜坡失稳之间的关系，并给出了海底斜坡安全系数以及塑性破坏区的演化过程。此后他们又进一步研究了海底斜坡区域水合物开采对地表沉降及斜坡失稳的影响（Song et al.，2019a）。结果表明，热激法与降压法引起的地层沉陷存在差异，在热激法升温阶段边坡稳定性迅速降低，极易引起海底滑坡。王辉等（2022）同样采用强度折减法研究了斜坡参数、土层强度以及水合物储层特性对含水合物海底斜坡稳定性的影响。

目前对于水合物分解影响的海底斜坡稳定性问题常用方法是基于强度折减法的数值模拟。强度折减法的基本原理（Zienkiewicz et al.，1975）如式（6.1）所示：

$$\begin{cases} c_m = c / F_r \\ \varphi_m = \arctan(\tan \varphi / F_r) \end{cases} \tag{6.1}$$

式中，c 和 φ 为土体的内聚力和内摩擦角；c_m 和 φ_m 为平衡的土体内聚力和内摩擦角；F_r 为强度折减系数。

在有限元分析中，首先假定不同的强度折减系数 F_r，根据折减之后的强度参数进行计算分析，在计算过程中不断增加 F_r 的值，直至达到临界破坏，而破坏时对应的强度折减系数 F_r 就是边坡稳定的安全系数。安全系数越大则反映出斜坡稳定性越高，越不容易发生滑坡。

在实际水合物模拟过程中需要首先对地质模型进行初始地应力平衡，随后才可以进行具体方案的模拟工作。对于考虑水合物分解过程的海底斜坡稳定性模拟研究则需要三个步骤：初始地应力平衡、水合物分解、强度折减（失稳模拟）。对此，部分学者提出基于强度折减法的"两步折减法"（赵亚鹏等，2021），通过三个分析步的多次折减实现初始地应力平衡、扰动影响以及强度折减的综合分析。两步折减法如式（6.2）所示：

$$\begin{cases} c_1 = F(c) \\ \varphi_1 = F(\varphi) \\ c_m = c_1 / F_r \\ \varphi_m = \arctan(\tan \varphi_1 / F_r) \end{cases} \tag{6.2}$$

式中，c 和 φ 为未受扰动土体的内聚力和内摩擦角；c_1 和 φ_1 为受扰动土体的内聚力和内摩擦角；$F(c)$ 和 $F(\varphi)$ 为函数关系式，代表了未受扰动土体与受扰动土体抗剪强度之间的关系，由实际情况或研究需要确定；c_m 和 φ_m 为平衡的土体内聚力和内摩擦角；F_r 为强度折减系数。

值得关注的一点是强度折减时滑坡失稳（安全系数）的判定，一般认为塑性区贯通、位移突变以及计算因不收敛而停止均可作为失稳判据（费康和张建伟，2010；宋本健等，2019；Fredlund and Krahn，1977）。三种判据呈现时间上的递进关系，首先是不同区域的塑性区发育并贯通，接着边坡顶点位移突变，最终位移增大引起计算不收敛。前两种需要结合云图人为判定，后一种则由模拟软件自动计算停止。不同方法之间的误差并不大，实际计算中可根据研究需要采取统一标准。

三、天然气水合物对海底滑坡的影响

（一）水合物分解的影响

Kong 等（2018）通过强度折减法研究了水合物分解对海底斜坡稳定性的影响，他们认为水合物解离产生大量的水和气，这降低了沉积物胶结并增大了孔隙度，进而使得沉积物形成欠固结土或松散砂；而游离气增大了孔隙压力并降低了有效应力，沉积物失稳及其液化的加剧最终引起海底滑坡。

水合物分解引起的海底斜坡响应包含应力和位移两个方面。基于两步折减法（赵亚鹏等，2021）的模拟结果表明水合物分解后引起的位移重分布具有显著的斜坡属性。水合物分解后，储层上方产生了显著的位移变化，由坡脚至坡顶位移逐渐增大，最大值出现在水合物上覆岩层坡顶区域。随分解程度增加，峰值区域逐渐由坡顶向坡脚扩散。进一步分析发现，水合物分解所引起的位移变化主要集中在水合物储层及其上部区域，水合物储层之外及其下部区域位移变化较小。可知，含水合物沉积物海底滑坡的形成与水合物分解所引起的位移变化具有直接关系。水合物分解引起的位移和应力变化范围有限。在水平方向上，影响范围主要是水合物储层宽度。在垂直方向上，其影响范围主要局限于水合物储层和水合物储层上方地层。特别是在斜坡顶部附近和水合物储层与非水合物地层之间的过渡区域，位移或剪切应力将发生较大变化。因此，对于实际海底斜坡区域的低风险天然气水合物生产，钻井应位于斜坡底部，或远离斜坡区域，而不是靠近斜坡顶部。

（二）海底滑坡过程

借助于强度折减法通过不断增大折减系数可以得到海底滑坡的渐进过程，从而分析水合物分解与海底斜坡失稳之间的内在联系。Zhao 等（2022）对不同水合物分解程度下的海底失稳过程进行了模拟，结果如图 6.3 所示。首先，水合物分解后引起的塑性破坏主要集中在储层与非水合物储层的边界处。随着海底斜坡整体强度降低，塑性区开始发育。而塑性区的发展与水合物分解引起的剪切破坏以及主应变分布高度吻合，这表明水合物分解与海底滑坡之间具有联系。折减系数的不断增加导致水合物储层两端塑性区与模型边界相连，最终塑性区彼此贯通形成大面积的海底滑坡。上述水合物分解影响下的海底滑坡可以总结为以下几个阶段。

（1）水合物分解导致水合物储层和非水合物储层之间的界面塑性破坏。坡顶附近连接处的塑性区贯穿坡顶。

（2）坡顶附近交接处的塑性区向地层深处延伸，形成潜在的滑动面。

（3）坡脚连接处附近的塑性区延伸至坡顶，并与坡脚的水平海底平面相连。

（4）潜在滑动面与坡脚塑性区相连，形成从坡顶到坡脚的塑性区。

（5）渗透塑性区继续发展，发生大规模海底滑坡。

通过以上分析可知，水合物分解会引起储层和邻近地层的剪切破坏。随后的海底滑坡是水合物分解导致的剪切破坏进一步发展和加剧的最终结果。水合物分解影响下的海底滑坡机理可以概括为：水合物分解导致局部区域发生剪切破坏，特别是在储层两端的储层与非储层边界处。现有剪切破坏进一步发展，局部破坏区逐渐相互连接，形成跨度较大的贯通破坏区。接着，贯通破坏区发展为潜在滑动面，并向坡顶和坡脚发展，最终诱发海底滑坡。

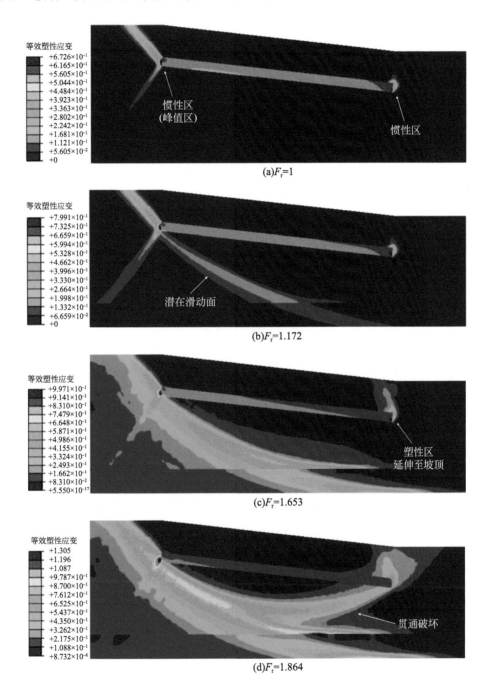

(a)F_r=1

(b)F_r=1.172

(c)F_r=1.653

(d)F_r=1.864

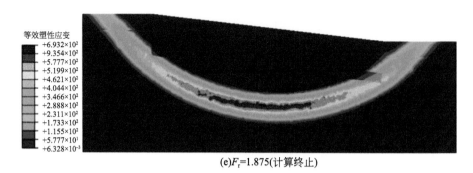

(e)F_r=1.875(计算终止)

图 6.3　滑坡过程（75%分解程度）（Zhao et al.，2022）

　　宋本健等（2019）同样对上述滑坡过程进行了模拟，也发现水合物分解所导致的海底滑坡是一个逐渐发展的过程。塑性区首先在水合物开采区出现，并随着水合物分解范围的扩大而向周围发育，最终海底滑坡的形成是分散塑性区彼此贯通的结果。相应地，水合物分解程度越高，海底斜坡安全系数就越低。

　　此外，上述模拟结果表明，在海底滑坡贯通（计算终止）前一个较小的安全系数增量即可引起数十米的位移增量（图 6.4），这反映了海底滑坡的空间突变性；而最终计算终止时滑坡滑移量可达数百米。因此，水合物分解影响下的海底滑坡具有时间上的突变性以及空间上的大尺度性。

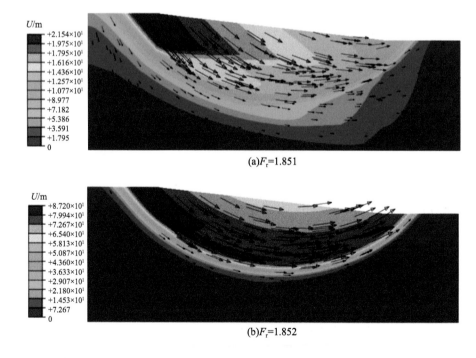

(a)F_r=1.851

(b)F_r=1.852

图 6.4　不同安全系数下的位移分布（100%分解程度）（Zhao et al.，2022）

　　模拟结果也表明，弹性应变并不是引起储层破坏的主要应变，非弹性应变（塑性应变）才是导致储层破坏、地层沉陷及滑坡失稳的内在本质。非弹性应变及最大主应变的分布如

图 6.5 所示。可以看到，主应变与非弹性应变的分布具有高度一致性，最大应变出现在水合物储层左端点，储层下部出现潜在滑动面。两者云图分布与前述滑坡过程初期的塑性分布较为类似。因此，非弹性应变（塑性应变）是水合物分解诱导海底滑坡的关注重点。

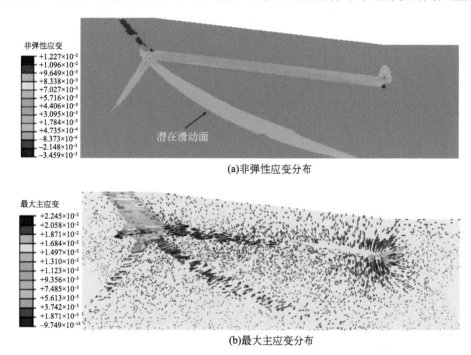

(a)非弹性应变分布

(b)最大主应变分布

图 6.5　应变分布云图（50%分解程度）（Zhao et al.，2022）

第二节　天然气水合物开采诱发海底滑坡的数值模拟

一、模型构建与分析方法

以含水合物沉积物的海底斜坡为研究对象，探究在海水压力作用下，水合物分解对海底斜坡稳定性的影响。根据地质情况（苏丕波等，2020；杨承志等，2020）并结合相关研究成果（Kong et al.，2018；Song et al.，2019b），在不考虑地震、海平面变化、人为扰动等非常规因素影响下，可认为海底斜坡稳定性主要受斜坡角度、海水深度、水合物分解程度、水合物储层埋深与水合物储层厚度等因素影响。

建立含水合物沉积物海底斜坡模型为二维平面模型（图 6.6），根据地震反射剖面图以及 BSR 位置（图 6.7），可确定水合物储层埋深、厚度等实际尺寸。依据相关文献（宋本健等，2019；Kong et al.，2018）并考虑优化，模型坡长 1800m，坡角 6°，模拟水深 800m，水合物储层厚度 30m，埋深 250m，坡顶、坡底长 800m，模型总跨度 3390m。将模型划分为上覆岩层、水合物储层、周围岩层、下伏岩层共四层岩体，采用三角形平面应变单元类型，并对水合物储层进行加密。本构模型采用莫尔-库仑模型，边界条件为：模型左右边界限制水平位移，模型底部边界限制各个方向位移。考虑到气、固、液三相耦合的非确定性，同时强度折减主要与 c、φ 相关，因此本节假设水合物分解过程中水、气可快速排出，不考虑孔隙压力的影响，即模拟砂质水合物储层的分解过程。根据水合物力学特性实验以及相关模拟研究成果（石要红等，2015；张旭辉等，2010；Kong et al.，2018），经试算模拟后，力学参数见表 6.1，水合物饱和度为 0.25。

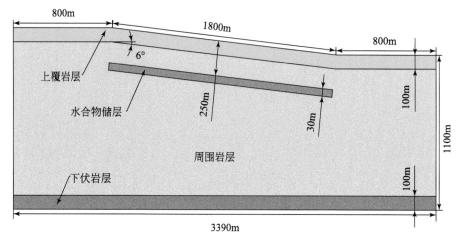

图 6.6　海底斜坡示意图

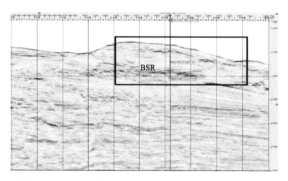

图 6.7　地震反射剖面图（框选区域深色为 BSR）

表 6.1　海底斜坡力学参数

土层信息		内聚力 c/kPa	内摩擦角 φ/ (°)	剪胀角 ψ/ (°)	容重 γ/（kN/cm³）	弹性模量 E/MPa	泊松比 v
上覆土体		260	2.1	1.05	19.50	260	0.30
水合物	未分解	780	2.9	1.45	20.00	375	0.35
	分解 25%	600	2.8	1.40	19.99	298	0.34
	分解 50%	540	2.6	1.30	19.98	220	0.33
	分解 75%	310	2.5	1.25	19.97	160	0.32
	分解 100%	240	2.3	1.15	19.96	125	0.31
水合物周围土体		350	2.5	1.25	19.60	300	0.30
下伏土体		500	2.7	1.35	19.80	500	0.30

　　水合物分解会引起水合物储层力学参数的降低，因此，需要考虑的关键问题在于当水合物分解程度不同时，与之对应的水合物储层力学特性的变化；采用强度折减法对水合物分解后的边坡进行分析时，不同分解程度所对应的基数"1"（宏观海底斜坡整体力学参数）也不相同；此外，不同分解程度水合物储层在分解之前的状态是完全相同的（均是在上覆海水压力以及自重应力下的平衡状态），因此，不能简单地将水合物分解后的力学参数赋予储层后，再进行初始平衡和强度折减。通过以上分析，采用两步折减法可以简单而有效地解决上述含水合物沉积物海底斜坡问题。

　　"两步折减法"的处理步骤如下。

　　（1）增加场变量，将需要进行初始平衡时的各岩层力学参数设置为对应场变量初值（需小于1），在此设为"0.5"。

　　（2）根据实际情况，将受扰动影响后的力学参数赋予地质对象整体或部分岩层，并设置为对应场变量值"1"。

　　（3）在场变量值"1"对应力学参数基础上进行参数折减，赋予各场变量值对应力学参数。

　　（4）建立第一个分析步（初始平衡），并采用场变量初值对应的力学参数。

　　（5）建立第二个分析步，并进行强度折减，折减至场变量值"1"。

　　（6）建立第三个分析步，并进行强度折减，折减至场变量终值。

　　当需要对不同扰动程度的影响效果进行分析，或者对不同扰动程度地质对象进行强度折减时，只需对扰动岩层场变量值"1"对应力学参数进行修改即可。两步折减法可用式（6.2）表示。

　　综上所述，两步折减法所解决的问题可概述为"变动强度稳定性分析"（如地震、爆破、水合物分解、堆载预压等），尤其适用于部分区域强度变化的整体稳定性对比分析。两步折减法的主要优势在于：避免了重复进行地应力平衡以及力学参数赋值；可实现不同扰动程度、不同扰动形式（线性、非线性）的边坡稳定性分析；可实现小范围强度变化的整体稳定性分析。

二、水合物分解对海底斜坡的影响

　　考虑到引起水合物分解的原因众多，而地震、火山喷发、气候变化、海平面下降等（刘锋等，2010）都会引起温压环境的显著变化，进而造成水合物大范围分解，同时考虑到模型尺寸以及对两步折减法的有效验证，本节水合物分解为储层整体分解。图6.8、图6.9为统一图例范围后不同水合物分解程度下的垂直应力、位移云图，对图中峰值数据进行汇总得到表6.2。由图6.8、图6.9及表6.2可知，水合物分解主要对位移云图产生影响，对于应力云图影响较小。不同水合物分解程度下的应力云图基本一致，仅是图例数据的微小波动；水合物分解后，储层上方产生了显著的位移变化，由坡脚至坡顶位移逐渐增大，最大值出现在水合物上覆岩层坡顶区域。随水合物分解程度增加，峰值区域逐渐由坡顶向坡脚扩散。

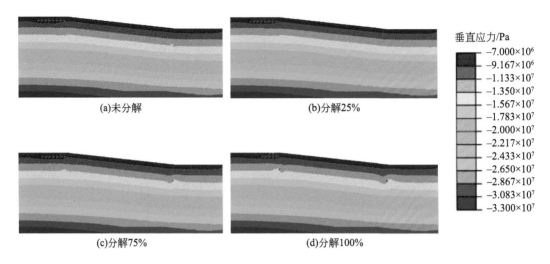

(a)未分解   (b)分解25%

(c)分解75%   (d)分解100%

图 6.8　不同水合物分解程度下的应力云图

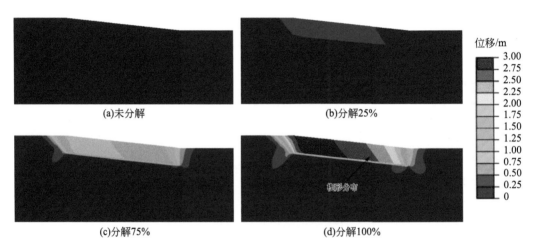

(a)未分解   (b)分解25%

(c)分解75%   (d)分解100%

图 6.9　不同水合物分解程度下的位移云图

表 6.2　水合物不同分解程度的应力、位移峰值

峰值	分解程度				
	未分解	25%	50%	75%	100%
应力/Pa	-3.199×10^7	-3.199×10^7	-3.199×10^7	-3.200×10^7	-3.201×10^7
位移/m	3.818×10^{-4}	4.401×10^{-1}	1.002	1.934	2.972

由于应力峰值出现在模型底部，而水合物影响范围有限，整体云图中并不能体现出水合物分解对应力场所造成的影响。因此有必要对水合物区域的应力变化进行分析，同时考虑深度方向上的应力、位移变化，布设 S1～S4 四条测线，S1 沿水合物储层方向，S2～S4 则基本沿垂直方向，如图 6.10 所示。

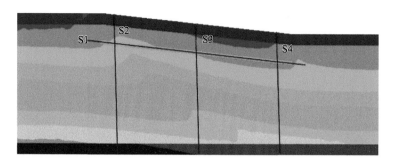

图 6.10　测线布设图

（一）横向分析

图 6.11 为不同水合物分解程度下 S1 测线应力、位移变化曲线，横坐标蓝色加粗为水合物储层区域，坐标 200～2000m。由图 6.11（a）可知，不同水合物分解程度下位移曲线呈现相似的变化规律，均是坡顶位移大于坡脚位移，最大位移出现在坐标 500m 处，与位移云图一致，即最大位移出现在距坡顶一定距离处；随水合物分解程度增加，测线整体位移不断增大，峰值逐渐升高；值得注意的是，水合物储层下边界处位移由初期的升高变为陡降，且陡降幅度随水合物分解程度增加而增大。这是因为当水合物分解后，应力释放，下边界处受到周围岩层的"挤压"作用（类似于采矿中的"底鼓"与"片帮"）（王红伟等，2019；Guo et al.，2018）而产生"挤压位移"，其与水合物分解造成的"分解位移"相互影响，分解初期水合物储层下边界的"分解位移"相对"挤压位移"要小，因此呈现升高的形态；随着水合物分解程度增加，"分解位移"不断增大，同时结合图 6.11（b），水平方向"挤压位移"与"分解位移"方向相反，因此两者叠加的总位移相较于"分解位移"要小得多，即呈现出陡降的形态。

由图 6.11（b）可知，水平位移整体规律与图 6.11（a）类似，不同的是在水合物储层两端位移为负值，测线整体则为正值。这表明，在水合物分解过程中水合物储层水平位移沿储层倾向正方向，两端则沿倾向负方向，这是水合物分解后周围岩层的"挤压应力"与斜坡坡面水压共同作用的结果。由于斜坡的倾斜作用，坡面水压对岩层具有沿倾向负方向的推力作用，水合物储层下边界在"挤压应力"与坡面水压共同作用下产生了沿倾向负方向的水平位移；根据相关文献（李相斌等，2017；许锡昌等，2015），斜坡附加应力存在非对称性，越靠近斜面坡顶附加应力越小，即水合物储层上边界的"挤压应力"远小于下边界，因此上边界沿倾向正方向的"挤压应力"被坡面水压所影响，最终产生沿倾向负方向的水平位移；随水合物分解程度增加，两端位移逐渐减小，由倾向负方向向正方向转变，这表明水合物分解所引起的位移效果在不断向两端扩展。

根据图 6.11（c），竖向位移变化规律与图 6.11（a）、图 6.11（b）一致，随水合物分解程度增加，竖向位移不断增大，整体呈现负值，即产生了向下的竖向位移。同样在坡脚储层下边界处位移受水合物分解影响较小，坡脚处位移降低相对于图 6.11（a）、图 6.11（b）则要"平缓"，表明坡脚处位移的陡降主要由水平位移陡降所引起。

图 6.11（d）为应力变化规律图。在水合物储层上下边界外，应力基本不受水合物分解

的影响，而在水合物储层，随水合物分解程度增加，应力不断降低，这与位移变化规律相反。当水合物分解程度较低时，应力曲线呈现坡顶高，坡脚低的趋势，峰值同样出现在坐标 500m 处，这与位移曲线一致，而随水合物分解程度增加，应力曲线逐渐趋于平缓，即水合物储层区域应力基本保持一致。

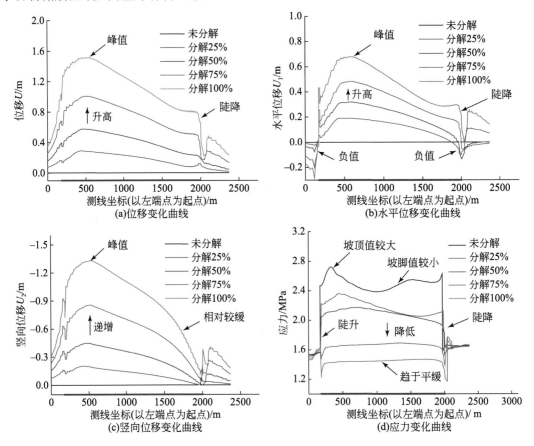

图 6.11　不同水合物分解程度下 S1 测线应力、位移变化曲线

由以上分析可知，水合物分解所引起的位移、应力变化主要对水合物储层区域产生影响，尤其是靠近坡顶处最为明显。因此，对于实际海底斜坡区域的天然气水合物开采，其竖井位置应尽量避免设置在坡顶附近，而应设置于坡脚或远离斜坡区域。

为了更加直观地了解水合物分解所造成的影响，取 S1 测线代表区段（300～2000m），对其进行上（300～1000m）、下（1000～2000m）区段的划分，分别求得不同水合物分解程度下代表区段、上段、下段的位移与应力均值，得到图 6.12（a）；根据应力变化曲线［图6.11（d）］，同样取上（200～600m）、下（800～1200m）两代表区段，分别求取不同水合物分解程度下，两区段的应力均值，并作差，得到图 6.12（b）。

由图 6.12（a）可知，无论是上段位移还是下段位移，均与水合物分解程度呈正相关关系，且随水合物分解程度增加，其位移增长幅度也逐渐升高。相同水合物分解程度下，上段位移大于下段位移，这与位移云图所对应；应力则随水合物分解程度的增加呈负相关关系，即水合物分解程度越高，应力越小。

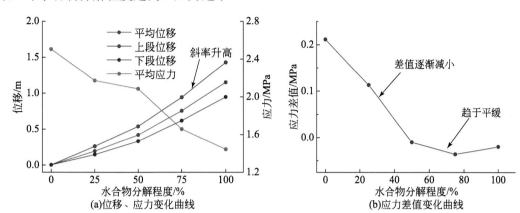

图 6.12　代表区段位移、应力变化曲线图

由图 6.12（b）可知，当水合物分解程度较低时，上、下段的应力差值较大，而随水合物分解程度增加，上下段的应力差值逐渐变小，直到水合物完全分解，上、下段应力几乎相等，即水合物分解对于"斜坡应力"分布具有"稀释均化"的影响。

（二）纵向分析

图 6.13 为不同水合物分解程度下 S2～S4 测线位移变化曲线。根据图 6.13（a），纵向上，位移变化主要集中在水合物储层及其上部区域，而水合物储层以下位移变化甚微；随水合物分解程度增加，位移整体不断升高，随坐标自上而下，位移单调递减，且水合物分解程度越大，递减趋势越明显。

由图 6.13（b）可知，S2～S4 呈现不同的变化规律，在水合物储层及以上区域，随坐标自上而下，S2 测线单调递减，S3 及 S4 则单调递增，且越靠近坡脚，递增趋势越明显，同一坐标值下，S2 位移最大，S3 次之，S4 最小；在水合物储层以下区域，各测线单调递

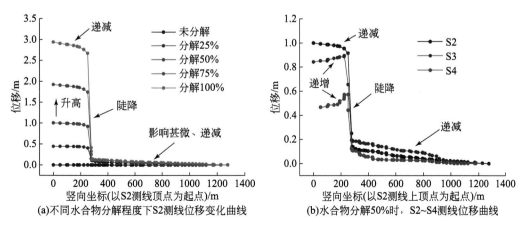

图 6.13　不同水合物分解程度下 S2～S4 测线位移变化曲线

减，在同一坐标值下，S3 位移最大，S2 次之，S4 最小，这一大小规律与水合物储层上部区域截然不同。

结合位移云图，分析原因如下：由于斜坡的倾斜特性，水合物分解后，位移首先从坡顶位置开始逐渐向坡脚呈现"楔形"状扩散（图 6.9），S2 测线位于坡顶位置，当水合物分解 50%时，S2 测线水合物储层上部区域处于位移"完全发育"范围内（云图深红色区域）；而 S3 及 S4 由于远离坡顶，并没有处于"完全发育"范围内，仅是靠近水合物储层部分处于"楔尖"位置，因此该处位移大于其上部位移。S4 处于坡脚位置，测线顶部位移变化较小，其与"楔尖"区域位移差值更大，递增趋势也更为明显。将图 6.9 中图例范围进一步离散发现，水合物储层上部位移显著增加的同时，下部区域位移呈现下凹"圆弧形"分布，因此由于位置差异性，测线 S3 位移最大，S2 及 S4 位移较小。基于 S2~S4 测线的位移大小关系，并注意到位移云图的"圆弧形"分布与最终形成滑坡的"圆弧形"坡面极为相似，可知，含水合物沉积物海底滑坡的形成与水合物分解所引起的位移变化具有直接关系。

（三）影响实质

通过横、纵向的综合分析可知，水合物分解的影响范围有限，主要对纵向上部区域、横向储层范围区域产生影响。同时可以得出如下结论：水合物分解是一个应力释放、位移增加的动态过程，而位移增加的大小则与应力释放程度相关。由于海底斜坡的倾斜特性，地应力平衡后沿斜坡层面的应力分布存在不均匀性，这种不均匀性呈现坡顶大坡脚小的趋势。水合物分解过程中，岩层应力得以释放，其随斜坡分布的不均匀性消失，位移则重新呈现不均匀特性，即由坡顶至坡脚，位移逐渐减小，这与所释放的应力相对应。因此水合物分解的影响实质是将沿斜坡分布的"应力非均匀性"转换为"位移非均匀性"，且位移大小与分解前后应力差值呈正相关关系。

从动量的角度分析，取水合物储层一微元，在水合物分解过程中，满足式（6.3）：

$$F \cdot \Delta t = \mathrm{d}m \cdot \Delta v \tag{6.3}$$

式中，F 为水合物分解过程中微元所受平均合外力；Δt 为水合物分解时间；$\mathrm{d}m$ 为微元质量；Δv 为水合物分解过程中微元平均速度变化量。

由图 6.8 可知，水合物分解过程伴随着位移增大，即合外力发生了变化，而各微元质量 $\mathrm{d}m$ 近乎相等（排出的水、气相对储层质量较小），时间 Δt 相同，Δv 由 F 所决定。根据图 6.11（d），水合物分解之前，沿斜坡层面应力呈现坡顶大坡脚小，而在水合物分解结束后，沿斜坡方向应力几乎相等，因此这一过程中，沿坡脚至坡顶微元所受合外力 F 逐渐增大，即 Δv 沿坡脚至坡顶逐渐增大，则相同时间内，越靠近坡顶则位移越大。

同时根据上述分析，当对稳定性较差的海底斜坡区域进行水合物开采，或由于水合物开采可能引起海底滑坡时，可考虑采取"竖井+水平井"并结合多分支孔的联合开采方式（图 6.14），在水合物储层下部区域设置水平井，并将竖井设置于远离斜坡区域，而这种非单一竖井的多井联合作业模式也是未来水合物开采的发展趋势（Yu et al.，2019）。

三、海底斜坡稳定性影响因素的正交试验分析

利用 SPSS 软件构建了考虑斜坡倾角、水深、水合物分解程度、水合物储层厚度、水

合物储层埋深的五因素五水平正交模拟试验方案，以探究不同因素对海底斜坡稳定性的影响，试验方案见表6.3。

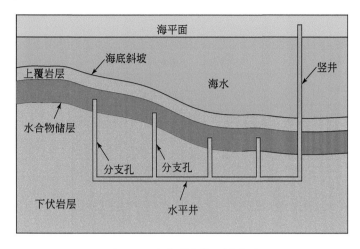

图6.14　多井联合作业模式图

表6.3　正交试验设计表

编号	影响因素					安全系数	编号	影响因素					安全系数
	斜坡倾角/(°)	水深/m	水合物储层埋深/m	水合物储层厚度/m	水合物分解程度/%			斜坡倾角/(°)	水深/m	水合物储层埋深/m	水合物储层厚度/m	水合物分解程度/%	
1	3	800	250	20	0	4.906	14	9	1400	340	20	75	1.978
2	3	1000	370	50	75	5.270	15	9	1600	310	50	25	2.044
3	3	1200	340	30	25	5.704	16	12	800	370	60	25	1.126
4	3	1400	310	60	100	5.956	17	12	1000	340	40	100	1.180
5	3	1600	280	40	50	6.558	18	12	1200	310	20	50	1.276
6	6	800	340	50	50	2.368	19	12	1400	280	50	0	1.384
7	6	1000	310	30	0	2.596	20	12	1600	250	30	75	1.438
8	6	1200	280	60	75	2.686	21	15	800	310	40	75	0.903
9	6	1400	250	40	25	2.926	22	15	1000	280	20	25	0.950
10	6	1600	370	20	100	3.094	23	15	1200	250	50	100	1.084
11	9	800	280	30	100	1.486	24	15	1400	370	30	50	1.144
12	9	1000	250	60	50	1.714	25	15	1600	340	60	0	1.234
13	9	1200	370	40	50	1.732	—	—	—	—	—	—	—

（一）极差分析

极差分析可以直观且简单地确定不同因素对于试验结果影响的主次关系。各因素水平的极差分析结果，见表6.4，其中Ⅰ～Ⅴ表示各因素的不同水平值，均由小至大排列，R表示极差。根据表6.4，R_A（斜坡倾角）$>R_B$（水深）$>R_E$（水合物分解程度）$>R_D$（水

合物储层厚度）＞R_C（水合物储层埋深）。即各因素对试验结果影响程度由强到弱依次为
A（斜坡倾角）＞B（水深）＞E（水合物分解程度）＞D（水合物储层厚度）＞C（水合
物储层埋深）。同时还可发现 R_A、R_B 远大于 R_C、R_D、R_E，而 R_C、R_D、R_E 之间差别并不
明显。

表 6.4　极差分析表

水平	斜坡倾角/(°)（A）	水深/m （B）	水合物储层埋深/m （C）	水合物储层厚度/m （D）	水合物分解程度/% （E）
Ⅰ	28.394	10.789	12.068	12.204	11.852
Ⅱ	13.670	11.710	13.064	12.368	12.750
Ⅲ	8.954	12.482	12.775	13.299	13.060
Ⅳ	6.404	13.388	12.464	12.150	12.275
Ⅴ	5.315	14.368	12.366	12.716	12.800
R	23.079	3.579	0.996	1.149	1.208

（二）方差分析

极差分析虽然可以直观地确定影响因素间的主次关系，但是不能有效区分试验结果之
间的差异来源，即无法判断试验结果差异是否是由于因素不同而引起的，而方差分析可以
弥补极差的不足，实现各因素对试验结果影响的显著性分析。方差分析结果见表 6.5。根据
表 6.5，斜坡倾角、水深的显著性水平分别为 0.000 和 0.047，均小于 0.05，表明这两个因
素对于海底斜坡安全系数具有显著影响，尤其是斜坡倾角对于海底斜坡的安全系数具有极
其显著的影响；水合物储层埋深、水合物储层厚度、水合物分解程度的显著水平则远大于
0.05，表明这三个因素对于斜坡安全系数的影响不显著。进一步比较各因素的显著性水平
可知，对试验结果影响程度由强到弱依次为 A（斜坡倾角）＞B（水深）＞E（水合物分解
程度）＞D（水合物储层厚度）＞C（水合物储层埋深），这与极差分析结果一致。

表 6.5　方差分析表

源	Ⅲ型平方和	自由度	均方	F 值	SIG
修正模型	73.114	20	3.656	62.133	0.001
截距	157.437	1	157.437	2675.840	0.000
斜坡倾角（A）	71.067	4	17.767	301.969	0.000
水深（B）	1.564	4	0.391	6.644	0.047
水合物储层埋深（C）	0.118	4	0.029	0.500	0.741
水合物储层厚度（D）	0.180	4	0.045	0.766	0.599
水合物分解程度（E）	0.185	4	0.046	0.786	0.589
误差	0.235	4	0.059	——	——

注：$R_方$=0.997（调整 $R_方$=0.981）。

（三）边际均值、变化规律

图 6.15 为共计 25 种试验方案下的安全系数柱状图。根据图 6.15，除个别试验方案外，

绝大多数试验方案所得安全系数均在安全线以上，尤其是斜坡倾角 3°时安全系数大于 5，表明海底斜坡具有良好的稳定性。安全系数随试验方案的不同呈现较强的规律性，结合表 6.3～表 6.5 可知，图 6.15 的递减、递增规律分别由斜坡倾角和水深所引起，且这两个因素对安全系数的影响非常显著。当对不同因素水平下的边际均值进行求取时，就存在变化规律被斜坡倾角与水深所掩盖的可能性，这种误差是由于个别因素的异常显著性（Sig 值）所引起的。因此，当需要对波动规律作进一步分析时，应首先排除异常显著性因素的干扰（Song et al.，2019b）。

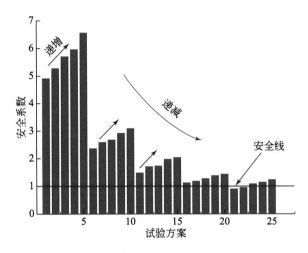

图 6.15　不同试验方案下的安全系数柱状图

对不同因素水平下的安全系数边际均值进行求取，获得安全系数变化规律，如图 6.16 所示。根据图 6.16（a），安全系数与斜坡倾角呈负相关关系，随斜坡倾角不断增加，安全系数的降低幅度逐渐减小，两者呈现类抛物线关系。斜坡倾角 15°时，安全系数基本接近于安全线，海底斜坡处于临界稳定状态。将斜坡倾角与安全系数的关系进一步整理，分别以 F_s、1/tanβ 为坐标，得到图 6.16（b），两者满足式（6.4）：

$$F_s = k / \tan \beta + b \qquad (6.4)$$

式中，F_s 为安全系数；β 为斜坡倾角；k，b 为一次函数系数。根据式（6.4），安全系数与斜坡倾角正切值的倒数（1/tanβ）呈一次函数关系，并且式中 $b\approx0$，即安全系数与斜坡倾角正切值的倒数（1/tanβ）成正比。这样通过坐标转换就将斜坡倾角与安全系数之间的非线性关系转变呈线性关系，同时表明斜坡倾角对安全系数的影响是通过斜坡倾角的正切值（tanβ）来体现的。

根据图 6.16（c），安全系数与水深呈正相关关系，且单位水深增加所引起的安全系数增量为定值；由图 6.16（d）可知，安全系数与水合物储层厚度、水合物储层埋深、水合物分解程度的关系并不符合单调关系，而是随水深变化呈现一定波动。由图 6.15 可知，这是由于斜坡倾角与水深的异常显著性所引起的，即水合物储层厚度、水合物储层埋深、水合物分解程度对安全系数的作用效果被斜坡倾角与水深的误差所掩盖。

图 6.17 为在排除斜坡倾角、水深影响后，安全系数随水合物分解程度、水合物储层埋

深、水合物储层厚度变化规律图（斜坡倾角 6°，水深 800m）。根据图 6.17，安全系数随水合物分解程度增加单调递减，随水合物储层埋深增加单调递增，与水合物储层厚度之间的

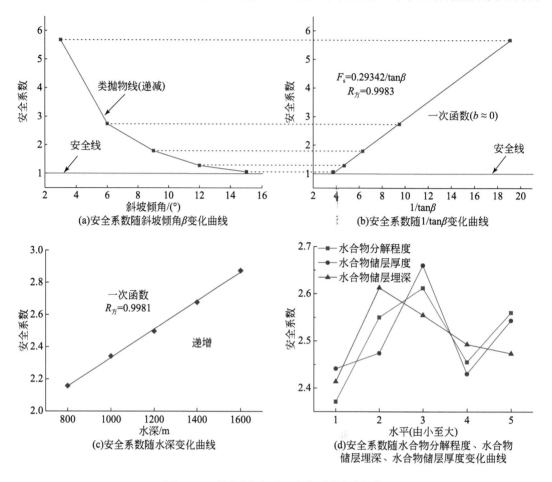

(a)安全系数随斜坡倾角β变化曲线

(b)安全系数随1/tanβ变化曲线

(c)安全系数随水深变化曲线

(d)安全系数随水合物分解程度、水合物储层埋深、水合物储层厚度变化曲线

图 6.16　不同因素水平下安全系数变化规律

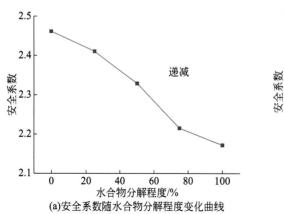

(a)安全系数随水合物分解程度变化曲线

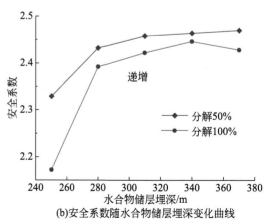

(b)安全系数随水合物储层埋深变化曲线

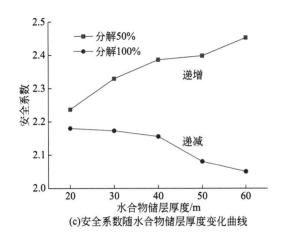

(c)安全系数随水合物储层厚度变化曲线

图 6.17　安全系数随水合物分解程度、水合物储层埋深、水合物储层厚度变化规律

关系则随水合物分解程度的变化而变化。由图 6.17（b）可知，当水合物分解程度不同时，安全系数与水合物储层埋深之间基本为正相关关系，且随水合物储层埋深不断增加，安全系数增长幅度逐渐降低。因此，预计存在一个临界埋深，当埋深持续增长至大于临界埋深时，将基本不会对安全系数产生影响，即水合物储层埋深对安全系数的影响是有一定限度的。

根据图 6.17（c），当水合物分解程度不同时，安全系数与水合物储层厚度之间的关系亦不同。水合物分解程度较低时，安全系数与水合物储层厚度呈正相关关系；而水合物分解程度较高时，两者呈负相关关系。分析认为，这是不同水合物分解程度下水合物储层与周围岩层之间的相对"力学差异性"所造成的。当水合物分解程度较低时，水合物储层力学性质（力学参数）较周围岩层高，对海底斜坡具有"加固增强"作用；当水合物分解程度较高时，水合物储层力学性质显著低于周围岩层，斜坡强度被"拉低"。因此，安全系数与水合物储层埋深之间呈现如图 6.17（c）所示的变化规律。

参 考 文 献

费康，张建伟.2010.ABAQUS 在岩土工程中的应用. 北京：中国水利水电出版社.

孔亮，刘文卓，袁庆盟，等.2019. 常剪应力路径下含气砂土的三轴试验. 岩土力学，40(9): 3319-3326.

李相斌，郭玉涛，蔡乔，等.2017. 黄土斜坡地基附加应力. 土木工程与管理学报，34(3): 119-124.

刘锋，吴时国，孙运宝.2010. 南海北部陆坡水合物分解引起海底不稳定性的定量分析. 地球物理学报,53(4): 946-953.

鲁晓兵，张旭辉，王淑云.2019. 天然气水合物开采相关的安全性研究进展. 中国科学：物理学 力学 天文学，49(3): 7-37.

石要红，张旭辉，鲁晓兵，等. 2015. 南海水合物黏土沉积物力学特性试验模拟研究. 力学学报，47(3): 521-528.

宋本健，程远方，李庆超，等.2019. 水合物分解对海底边坡稳定影响的数值模拟分析. 海洋地质与第四纪地质，39(3): 182-192.

宋海斌.2003. 天然气水合物体系动态演化研究（Ⅱ）：海底滑坡. 地球物理学进展，3: 503-511.

苏丕波, 梁金强, 张伟, 等. 2020. 南海北部神狐海域天然气水合物成藏系统. 天然气工业, 40(8): 77-89.

王红伟, 伍永平, 焦建强, 等. 2019. 大倾角煤层大采高工作面倾角对煤壁片帮的影响机制. 采矿与安全工程学报, 36(4): 728-735, 752.

王辉, 修宗祥, 孙永福, 等. 2022. 考虑天然气水合物上覆层不排水抗剪强度深度变化的海底斜坡稳定性影响分析. 高校地质学报, 28(5): 747-757.

许锡昌, 陈善雄, 姜领发. 2015. 斜坡地基附加应力分布规律模型试验及数值模拟. 岩土力学, 36(S2): 267-273.

杨承志, 罗坤文, 梁金强, 等. 2020. 南海北部神狐海域浅层深水沉积体对天然气水合物成藏的控制. 天然气工业, 40(8): 68-76.

张旭辉, 王淑云, 李清平, 等. 2010. 天然气水合物沉积物力学性质的试验研究. 岩土力学, 10: 3069-3074.

张旭辉, 胡光海, 鲁晓兵. 2012. 天然气水合物分解对地层稳定性影响的离心机实验模拟. 实验力学, 27(3): 301-310.

赵亚鹏, 孔亮, 刘乐乐, 等. 2021. 基于两步折减法的含天然气水合物沉积物海底斜坡稳定性分析. 天然气工业, 41(10): 141-153.

Fredlund D G, Krahn J. 1977. Comparison of slope stability methods of analysis. Canadian Geotechnical Journal, 14(3): 429-439.

Guo G, Kang H, Qian D, et al. 2018. Mechanism for controlling floor heave of mining roadways using reinforcing roof and sidewalls in underground coal mine. Sustainability, 10(5): 1413.

Kong L, Zhang Z, Yuan Q, et al. 2018. Multi-factor sensitivity analysis on the stability of submarine hydrate-bearing slope. China Geology, 1(3): 367-373.

Kvalstad T J, Andresen L, Forsberg C F, et al. 2005. The storegga slide: Evaluation of triggering sources and slide mechanics. Marine and Petroleum Geology, 22(1): 245-256.

Milkov A V, Sassen R, Novikova I, et al. 2000. Gas hydrates at minimum stability water depths in the gulf of mexico: Significance to geohazard assessment. Gulf Coast Association of Geological Societies Transactions, 50: 217-224.

Mountjoy J J, Pecher I, Henrys S, et al. 2014. Shallow methane hydrate system controls ongoing, downslope sediment transport in a low-velocity active submarine landslide complex, Hikurangi Margin, New Zealand. Geochemistry, Geophysics, Geosystems, 15(11): 4137-4156.

Schwehr K, Driscoll N, Tauxe L. 2007. Origin of continental margin morphology: Submarine-slide or downslope current-controlled bedforms, a rock magnetic approach. Marine Geology, 240(1-4): 19-41.

Song B, Cheng Y, Yan C, et al. 2019a. Seafloor subsidence response and submarine slope stability evaluation in response to hydrate dissociation. Journal of Natural Gas Science and Engineering, 65: 197-211.

Song B, Cheng Y, Yan C, et al. 2019b. Influences of hydrate decomposition on submarine Landslide. Landslides, 16(11): 2127-2150.

Sultan N, Cochonat P, Foucher J P, et al. 2004. Effect of gas hydrates melting on seafloor slope instability. Marine Geology, 213(1): 379-401.

Wallace L M, Beavan J. 2010. Diverse slow slip behavior at the Hikurangi subduction margin, New Zealand. Journal of Geophysical Research: Solid Earth, 115: B12402.

Yu T, Guan G, Abudula A, et al. 2019. Application of horizontal wells to the oceanic methane hydrate production in the Nankai Trough, Japan. Journal of Natural Gas Science and Engineering, 62: 113-131.

Zhao Y, Kong L, Liu L, et al. 2022. Influence of hydrate exploitation on stability of submarine slopes. Natural Hazards, 113(1): 719-743.

Zienkiewicz O C, Humpheson C, Lewis R W. 1975. Associated and Non-associated visco-plasticity and plasticity in soil mechanics. Géotechnique, 25(4): 671-689.